动物育种和遗传学
Animal Breeding and Genetics

［荷］ 科尔·奥尔登布鲁克（Kor Oldenbroek）
莉丝贝特·范德·瓦依（Liesbeth van der Waaij） 编

乔瑞敏　译

中国农业出版社
北 京

前　言

本书涵盖了荷兰的本科课程《动物遗传育种学》的教学内容，由荷兰应用科学大学提议编写，经瓦赫宁根大学与研究中心、动物育种和基因组中心（ABGC）组织编写完成。主编是瓦赫宁根大学与研究中心的两名动物育种学家，荷兰遗传资源中心的 Kor Oldenbroek 教授和 ABGC 的 Liesbeth van der Waaij 教授。4 名本科教学教师对书籍的初稿进行了严格的修正，他们分别是来自邓伯契应用科技大学的 Aline van Genderen，瓦赫宁根市万豪劳伦斯坦应用科学大学的 Hans van Tartwijk，德伦特的克里斯蒂安农业学院的 Jan van Diepen 和代尔夫特市荷兰应用科学大学的 Linda Krijgsman。本书的撰写得到了瓦赫宁根大学 WURKS 项目的支持。

如果您对本书中的内容有疑问，请发送邮件至：kor. oldenbroek@wur. nl。

如果发表和引用教材中的部分内容，请仔细阅读瓦赫宁根大学与研究中心的有关声明：http：//www. wageningenur. nl/en/Disclaimer. htm。

如果需要引用本书中的内容，请附上：Kor Oldenbroek and Liesbeth van der Waaij，2015. Textbook Animal Breeding and Genetics for BSc students. Centre for Genetic Resources The Netherlands and Animal Breeding and Genomics Centre，2015. Groen Kennisnet：https：//wiki. groenkennisnet. nl/display/TAB/。

什么是动物育种学？

这是一本关于动物育种的书，但什么是动物育种？动物育种就是选择性育种：只选择达到一定质量标准的公母畜进行育种。同时，心中要有一个预先设定的目标：向着一个特定的方向，在遗传上提高群体的表现。因此，动物育种就是制定一个育种规划，根据预先设定的育种性状，选择最好的公母畜繁育下一代，从而使下一代的平均表现优于公母畜。换句话说：选择性育种会导致种群平均值从一代到下一代的转移，虽然乍一看，你可能会认为动物育种就是饲养动物并确保它们能繁殖，因此动物育种只涉及优化繁殖技术或相关的一些东西，但事实并非如此。

定义

动物育种（Animal breeding）是指对家畜进行选择性育种，在下一代中提高目标（可遗传）性能的品质。

动物育种和遗传学

本书的目的

我们首先从动物育种的基本知识开始，包含一些遗传学的概念，这些概念是理解动物育种中用的遗传过程所必需的。然后，在接下来的章节中，我们将深入阐述开展一项育种规划的所有步骤。作为一名动物育种工作者，您首先要确定想要提高群体的什么品质，再收集个体在该品质上的表现情况以及个体间的遗传关系信息，确定哪些个体具有最好的遗传潜力，并确定用什么样的比例来育种，从而在下一代中获得一定的遗传增益，选择这些优秀的个体繁育后代，再评估最初设定的育种目标是否实现。每一代育种都要经历这个循环，因此，在任何一代，你都可以在一定程度上调整这些步骤，但不应该每一代都调整育种目标，因为单一一个世代的育种工作不会带来太多的遗传改良，遗传改良更多是来自多世代育种工作的成功积累。为了适应市场的变化，你可以调整育种目标，也可以在群体中出现不良遗传改变时调整育种目标，而且必须在发现不良遗传效应的第一时间就进行调整。在几乎每一章中，我们都会聚焦育种规划中的一个特定步骤，解释该步骤的主要目标，介绍该步骤面临的挑战并提出应对的方法。

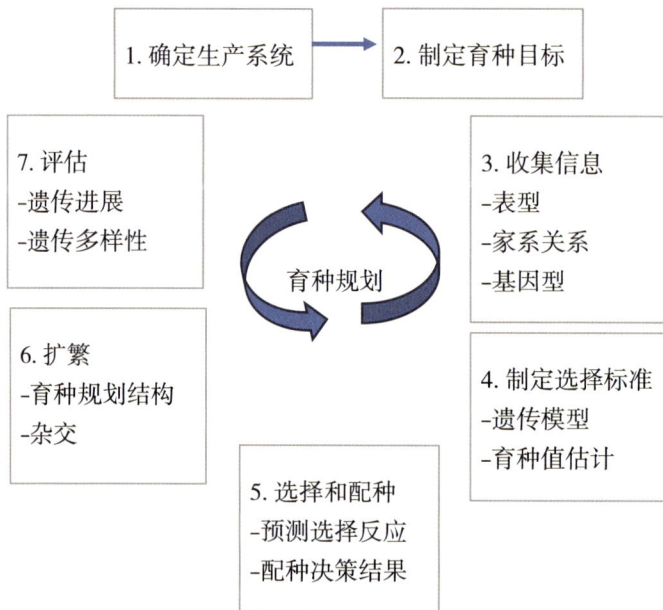

你会发现有些主题在许多章节中反复出现。因为它们与育种规划的许多环节有关，并且在每个环节中都有需要特别注意的地方，所以我们没有将它们单独列为一章。例如，遗传关系的作用。学习本书之后，你将理解如何组织一项育种规划，有哪些关键点，以及某些育种措施的结果是什么。书中的每一章都会先简要概述一个主题，简单介绍该主题在育种规划中的作用和需

要注意的关键点，然后再深入介绍一些工具（公式），这些工具（公式）的计算结果可以帮助我们精确地执行育种规划，我们将再使用其中的一些公式进行一些基础的运算。

Johan van Arendonk 教授

瓦赫宁根大学动物遗传育种中心主席

目 录

1　动物育种学导论

本章介绍了动物育种的历史，以及自然选择的重要性和驯化过程中的重要方面。人类从 250 年前开始在自然选择的基础上通过人工选择创造品种。如今，一些高产的农场动物（如牛、猪和家禽）的育种工作，掌握在跨国公司手中。这些公司投入了大量的资金来制定先进的育种规划。绵羊、山羊、马和一些伴侣动物（如犬）的育种工作，则依赖于育种工作者基于书本知识或者和育种协会合作进行。动物育种致力于通过改变动物的重要性状的遗传能力来提高其性能。重要性状由社会需求决定，可能会随着时间的推移而改变。动物育种受群体遗传学、数量遗传学和分子遗传学的研究发展影响很大。有时，动物育种过程中也会出现意外的负效应，需要进行适当纠正。接下来，我们将以一种循环的形式呈现一项育种规划：每一世代都从制定育种目标开始，到严格评估下一代获得的结果为止，评估的结果可能会导致你需要重新考虑下一轮的育种目标。

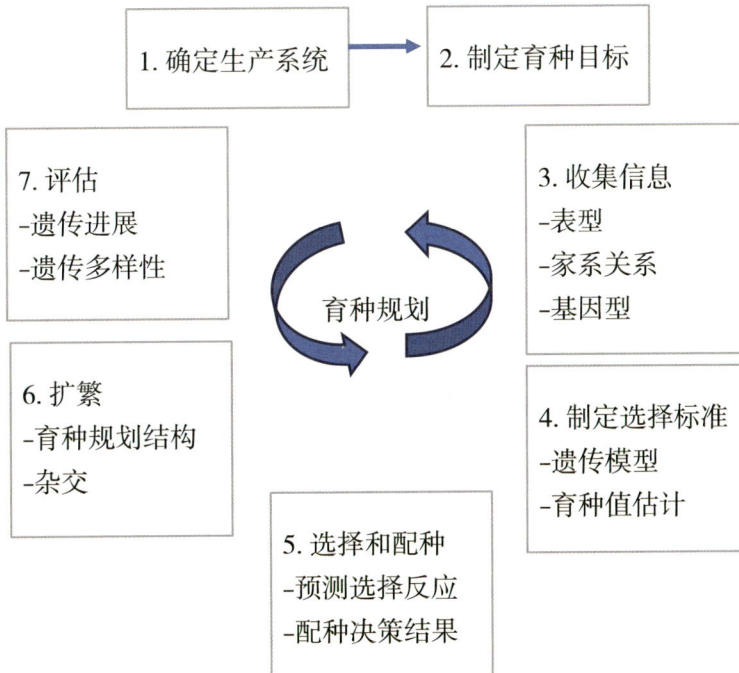

1.1　动物育种的历史：科学和应用

在动物育种中，有五个非常重要的方面需要考虑：

动物育种和遗传学

（1）选择性育种获得成功的重要前提是选择的性状（如奔跑速度、产奶量或毛色）必须是可遗传的。

（2）动物必须具有不同的遗传背景才有选择的可能性。

（3）选择的方向由人类确定，人类决定用哪些动物配种繁育下一代。

（4）动物育种的成功与否，可以通过观察世代间群体的平均表型来判断。因此，动物育种是在群体水平上发挥作用的，而不是想当然认为的个体水平。

（5）动物育种的成功可以理解为多世代选择积累的结果。育种决策面向未来。

> **定义**
>
> 性状（Trait）是一种显著的表型特征，通常属于一个个体。在实践中，性状是可以记录或测量的一个个体的任何信息。
>
> 表型（Pheotype）是指就某个性状而言，个体可以被观察或测量到的特征，同时依赖于个体的遗传背景（只要是可遗传的）和外部环境，如营养水平。

可遗传的性状

预测动物育种是否成功之前，我们需要讨论育种成功与否依赖的一个非常重要的因素：为什么后代的表现会和父母相似？只有在被选择的性状是可遗传的前提下，选择育种才有可能成功。只有当性状可遗传时，后代的表现才会和父母类似，又因为只有少部分个体被选择用于育种、繁育后代，因此只有选择最好的父母，下一代个体的平均表现才会比当前世代好。如果一个性状的表现取决于或至少部分取决于动物的遗传组成（DNA），那么这个性状就是可遗传的。动物之间的表现差异（部分）可以用动物之间的遗传差异来解释。关于这种可遗传性的更多细节将在本书后面进行介绍。

总的来说，动物育种涉及人类对某些环境下特定可遗传性状的有意选择。在大多数动物育种规划实践中，对一个以上的性状同时进行选择，多性状综合表现优异的动物将被选为种畜。一般情况下，这些性状的组合通常包括表现（如产奶量、产蛋量、生长和运动表现）、健康和繁殖性状。选择一组性状在理论上很容易变得非常复杂，因此，在本书中，我们用单一性状的选择来解释动物育种的理论。

在本章的其余部分，我们将从零开始（也就是从驯化开始）简要介绍动物育种的历史，你会发现动物育种的发展与社会的发展是齐头并进的。然后，我们将探讨当前动物育种的形势和面临的主要挑战。我们还将尝试展望动物育种的未来——社会需求的发展方向是什么，这种需求将如何影响动物育种决策？首先，让我们回顾一下一切是如何开始的：驯化。

1.2 自然选择

动物育种听起来好像完全掌握在人类手中。与自然条件下的种群相比，确实如此，因为人类决定哪些动物可以繁衍后代哪些不可以。选择育种换句话说就是人工选择。然而，对于自然条件下的种群，还有另外一种力量起着重要作用，那就是自然选择。在自然选择中，决定动物能够存活和繁殖的不是人类，而是环境。因此，即使我们决定了哪些动物可以作为父母本，它们仍然需要存活到可以繁殖的年龄，并且有能力成功繁殖才行。因此，可以想象，自然选择同样会导致群体平均值的定向变化。动物必须适应它们所处的环境，那些适应性最好的个体在生存和繁殖方面将最成功，换句话说：自然选择的方向是适应环境。

定义

　　自然选择（Natural selection）是环境适应性更强的动物发生更大改变以生存和繁育更多后代的过程。因此，下一代对环境的平均适应性将比这一代更高。

　　尽管动物育种被定义为人类的有意选择，但自然选择同样也会发挥作用。在某些情况下，自然选择的作用甚至会和选择育种的方向相反。在这种情况下，如果没有人类的干预，具有人类所需特性的动物将不会顺利地存活和/或繁殖后代。例如，许多奶牛的高产奶量和妊娠之间存在负相关，产奶量高的奶牛难以繁殖后代，需要养殖者付出额外的努力。产奶量高的奶牛也经常有健康问题，因此其后代的数量比其产奶量一般的"姐妹们"少。选择育种经常与自然选择相互竞争。我们已经非常熟悉并习以为常的是，品种中一些最好的个体往往在生存和/或繁殖的某些方面需要人类帮助。我们认为家养动物是由人类"创造"而来的，我们需要接受"创造"带来的特定缺点。但在这条路上我们应该走多远呢？例如，经过人工选择后，一些犬和肉牛品种有了过宽的肩（或大头）。宽肩（或大头）的后代出生困难，如果没有助产甚至剖宫产等人为的干预，母犬（牛）和后代会容易死亡。换句话说，我们应该密切关注选择育种带来的不良后果。

1.3　驯化和动物育种

　　现在，让我们来讨论家养动物和动物育种的历史。驯化是从什么时候开始的？选择育种是从什么时候开始的？如何组织起来的？科学在动物育种中的作用是什么？动物育种技术如何发展至今？社会和文化在这一切中扮演着什么角色？首先，让我们来回答第一个问题：这一切是如何开始的？何时开始的？

定义

　　驯化（Domestication）是野生动物转变为家养动物的过程。

　　家养动物需要与人类（近距离地）生活在一起，因此它们必须变得温顺，同时还必须满足人类饲养它们的需求，这些都可以通过选择育种来实现。人类的需求会随着时间的推移而改变，随之而来的就是相应地改变选择育种计划。驯化经常会导致一种动物变得与其

动物育种和遗传学

野生近亲截然不同。驯化的结果是动物对人类越来越依赖，以至于失去野外生存的能力。

犬的驯化

第一个被驯化的动物物种是犬。犬被驯化的时间至今仍存在许多争论，但大约是在12000年前。关于犬的驯化是如何开始的，有一个吸引人的理论是：人类开始定居并成为农民时开始存储剩余食物。温顺的狼能勇敢地吃人类的剩余食物，从而获得了一个安全的食物来源。此时，温顺是一种优势，所以自然选择的压力是不能太害怕人类。最终，人类和犬的这些祖先发展出一种共生关系：犬的祖先开始为人类执行一些"任务"，如人类接近危险时警告人类，帮助人类狩猎，为人类提供温暖等；作为回报，人类为这些动物提供食物。这种共生关系现在仍存在于非洲、亚洲和某些南欧国家的土狗种群中。人们相信，当前的家犬品种源自这些土狗，也有证据表明土狗在遗传上确实介于狼和犬之间。

其他物种的驯化

人类和犬的祖先之间的这种共生关系，可能仅存在于犬的驯化过程中。人类对其他动物的驯化可能更暴力：把它们抓起来关在围栏里，或者绑起来，至少在晚上是这样。它们只能在牧民的监督下才能出去觅食。只有那些不具有攻击性且不太害怕人类的动物才能适应新处境。因此，在这些情况下，选择（主要是自然）育种也取决于动物的性情。表1-1列出了一些家养动物大致的驯化时间和地点。这些都是近似的估计，因为很难做出准确的估计，特别是对于远古时期就开始的驯化事件而言。即使是近期发生的事件，也不能直截了当地确定驯化的时间，因为很难断定什么时候才算是动物被驯化了，特别是当物种的驯化同时发生在不止一个地方且这些驯化地之间又彼此独立的时候。

表1-1 动物物种驯化的时间和地点

物种	拉丁名称	时间	地点
犬	*Canis lupus familiaris*	前30000年	欧亚
绵羊	*Ovis orientalis aries*	前11000—前9000年	南亚
家猪	*Sus scrofa domestica*	前9000年	近东，中国和德国
山羊	*Capra aegagrus hircus*	前8000年	伊朗
家牛	*Bos primigenius taurus*	前8000年	印度，中东和北非
瘤牛	*Bos primigenius indicus*	前8000年	印度
猫	*Felis catus*	前7500年	塞浦路斯，近东
鸡	*Gallus gallus domesticus*	前6000年	印度，东南亚
美洲驼（无峰驼）	*Lama glama*	前6000年	秘鲁
豚鼠	*Cavia porcellus*	前5000年	秘鲁
驴	*Equus africanus asinus*	前5000年	埃及
家鸭	*Anas platyrhynchos domesticus*	前4000年	中国
水牛	*Bubalus bubalis*	前4000年	印度，中国

（续）

物种	拉丁名称	时间	地点
马	*Equus ferus caballus*	前 4000 年	欧亚草原
单峰骆驼	*Camelus dromedaries*	前 4000 年	阿拉伯半岛
蜜蜂	*Apis*	前 4000 年	多个地方
蚕	*Bombyx mori*	前 3000 年	中国
驯鹿	*Rangifer tarandus*	前 3000 年	俄罗斯
原鸽	*Columba livia*	前 3000 年	地中海盆地
鹅	*Anser anser domesticus*	前 3000 年	埃及
双峰驼	*Camelus bactrianus*	前 2500 年	中亚
牦牛	*Bos grunniens*	前 2500 年	中国西藏
亚洲象	*Elephas maximus*	前 2000 年	印度河流域文明
羊驼	*Vicugna pacos*	前 1500 年	秘鲁
雪貂	*Mustela putorius furo*	前 1500 年	欧洲
鲤	*Cyprinus carpio*	未知	东亚
家养火鸡	*Meleagris gallopavo*	前 500 年	墨西哥
金鱼	*Carassius auratus auratus*	未知	中国
欧洲兔	*Oryctolagus cuniculus*	600 年	欧洲
日本鹌鹑	*Coturnix japonica*	1100—1900 年	日本
金丝雀	*Serinus canaria domestica*	1600 年	加那利群岛，欧洲
花枝鼠	*Rattus norvegicus*	18 世纪	英国
狐狸	*Vulpes vulpes*	18 世纪	欧洲
欧洲水貂	*Mustela lutreola*	18 世纪	欧洲
澳洲鹦鹉	*Nymphicus hollandicus*	18 世纪 70 年代	澳大利亚
仓鼠	*Mesocricetus auratus*	19 世纪 30 年代	美国
银狐	*Vulpes vulpes*	19 世纪 50 年代	苏联
球蟒	*Python regius*	19 世纪 60 年代	非洲
马鹿（赤鹿）	*Cervus elaphus*	19 世纪 70 年代	新西兰
大西洋鲑	*Salmo salar*	1969 年	挪威
大西洋鳕	*Gadus morhua*	进行中……	挪威

1.4　驯化在继续

　　驯化不仅发生在古代，至今仍在发生！驯化通常发生在人类用于消费或作为宠物的物种身上，并且这些物种在它们的自然栖息地变得很稀少。为了防止它们灭绝，人们试着将它们圈养起来进行繁殖。作为回报，人们可以很容易地接近这些动物，并且可以通过选择育种来优化这些动物以满足市场（预期）的需求。"市场"是一个非常宽泛的概念，它不但包括人类对动物源性食品的需求，还包括农场主的各种需求。例如，可以用机器挤奶的奶牛，能执行特定任务的犬，具有特定性情的马，等等。在某些（罕见的）情况下，人类给予某些动物物种新的任务，然后驯化它们。最近的一个例子是驯化"嗅探黄蜂"用于探测爆炸物。黄蜂个头小，可以飞行，进入机器无法到达的地方。训练后的黄蜂可以在对人（或犬）很危险的地方嗅出不同类型的爆炸物。未来，这些"嗅探黄蜂"可能就会不同于野生黄蜂，这是对可训练性定向选择的结果。

驯化的先决条件

驯化也可能会失败，如对斑马的驯化。尽管人们做了许多尝试，但斑马至今仍未被驯化。虽然斑马与马和驴的关系较近，而且可以将其在一个封闭的区域内饲养繁育，但除了例外的情况，我们仍没能驯服它。在圈养环境中经过几个世代的人工饲养和选择育种，并没有使斑马在遗传上变得温顺。为什么呢？我们不清楚。但成功驯化似乎必须有一系列的先决条件，斑马可能不满足其中的一种或多种。一些显而易见的驯化条件如下：

（1）动物应能适应人类提供的饲料，这可能和它们在野外觅食不同（在多样性方面）。

（2）动物必须能够在相对封闭的圈养环境中存活繁殖。因此，需要很大领地的动物不适合驯化。

（3）动物需要天性冷静，易受惊或易暴躁的动物容易逃跑。

（4）动物需要有灵活的社会等级制度，且愿意承认人类高于它们。

不符合以上所有标准的物种很难被驯化。目前人类已经驯化了相当数量的动物物种，而且这个数量还在不断增加。早期的驯化可能主要受自然选择驱动，环境适应性最好的动物有最大的机会成功繁衍下一代。真正意义上的选择育种是相当近期才出现的。

1.5 动物育种的起源：一部科学史

始于18世纪

18世纪之前，动物育种，也就是选择育种实际上并不存在。当然，人们会把自己的动物和附近他们喜欢的优良动物进行配种，但没有以系统化的方式，也没有根据预先定义的特征进行选配，这些特征不会在繁殖过程中发生改变。欧洲的动物育种起源于英国。罗伯特·贝克威尔先生（Robert Bakewell，1725—1795）首先引入了对动物表现进行准确记录的方法，从而使客观选择成为可能。他采用近亲繁殖（让有亲缘关系且具有相似性状的动物之间进行交配）固定动物的某些特征。他还引入了后裔测定的方法：通过评估第一批（少量）后代的表现，选出最佳父本用于育种。他提倡一种理念"最好的与最好的交配"。贝克威尔通过改良旧的林肯羊培育出了一种新的莱斯特绵羊。新莱斯特绵羊的羊毛质量好，羊肩肉肥美，在当时很受欢迎。贝克威尔还注意到，与其他牛相比，长角牛的生长性能更好，饲料消耗量更少。因此，他还研究了如何使长角牛更有效地长肉。令人惊讶的是，他是在不了解遗传学知识的情况下取得了这些成就。

良种登记造册

随着时间的推移，越来越多的人开始使用贝克威尔引入的选择育种方法。随着选择育种世代不断增加，人们越来越难以记住动物之间的关系，特别是早期的系谱关系。于是人们开始在纸上记录系谱。这样一来，动物的正确信息就可以被一直利用，并且可以用来证明动物属于哪个品种。1791 年，英格兰针对纯种马建立了第一本良种登记册。这个登记册并不包含所有个体的血统，只包含在重要比赛中获胜的赛马。继赛马之后，短角牛（1833 年）是下一个建立良种登记册的品种。在欧洲的其他国家，如法国，从 1826 年起开始为马建立良种登记册，从 1855 年起开始为牛建立良种登记册。1876 年，美国为巴克夏猪建立了第一本国际良种登记册。1874 年，荷兰皇家狩猎协会（荷兰犬科动物管理委员会的前身）建立了第一本犬的良种登记册。19 世纪末到 20 世纪初，在动物育种过程中建立良种登记册成了标准。

品种认定

随着良种登记册的建立，品种也随之形成。但关于"品种"一词真正的含义，到现在仍有争议，这点从犬种的定义就可窥见一斑。国际犬科联合会（FCI）和国际犬科俱乐部联合会都是建立良种登记册的组织。国际犬科联合会认定了 339 个犬种，英国的犬科俱乐部只认定了 210 个犬种，而美国的犬科俱乐部甚至只认定了 162 个犬种。

> **定义**
>
> 品种（Breed）是经过多世代选择育种，在性能、外观和遗传上比较稳定的特定物种的一群个体。
>
> 物种（Species）是能够成功交配并产生可育后代个体的最大种群。

有趣的是，这些良种登记册是在没有任何遗传学知识的情况下建立起来的。育种者对遗传的直觉足以催生选择育种。

1.6 19 世纪的育种

1859 年，查尔斯·达尔文（Charles Darwin，1809—1882）根据在"小猎犬号"航行中收集到的一些发现出版了《物种起源》。他揭示了自然选择的力量，并得出结论：环境适应性最强的个体具有最大的机会进行生存和繁殖，即适者生存，不同的环境会产生不同方向的选择压。这些都基于他在加拉帕戈斯群岛上的发现：加拉帕戈斯群岛不同岛屿上地雀的喙长得不一样。这些岛屿之间存在食物来源、捕食者等差异，使地雀的喙经过很多世代之后发展出不同的特点。这些地雀适应了各自特定的环境。

达尔文也将他的想法运用在了物种驯化上：

"我们不能假设所有的品种都是突然产生且像我们今天所看到的那样完美有用；事实上，在许多情况下我们知道这并不是它们的历史，关键在于人工选择累积的力量。自然赋予连续的变异，人类在对自己有用的方向上累积这些变异，从这个意义上说人类是在为自己创造有用的品种"。

引自查尔斯·达尔文的《物种起源》（1859 年，第 30 页）

尽管如此，达尔文仍然不了解遗传的基本规律。1865 年，修道士格雷戈尔·孟德尔（Gregor Mendel）发表了豌豆的遗传研究结果。他指出遗传物质遗传自父母双方，彼此独立，因此每个个体（二倍体）携带基因的 2 个拷贝，其中只有 1 个拷贝会继续传递给后代，传递的结果是随机的（自由组合）。他还指出这些基因拷贝（等位基因）可以是显性的（1 个等位基因就可以表达该基因），隐性的（基因的表达需要 2 个等位基因）或加性的（等位基因的表达量是等位基因双拷贝表达量的一半）。这些发现在当时的动物育种中并没有产生直接的影响，直到 1900 年才被人们认可。

1.7　20 世纪的动物育种

我们今天仍在使用的大部分动物育种理论都是在 20 世纪上半叶发现的。统计学家 R. A. 费舍尔（Ronald Aylmer. Fisher，1890—1962）认为性状的多样性可能取决于大量被称为孟德尔因子（基因）的参与，他发表了很多关于统计和动物育种的文章，但直到 1918 年才发表其主题论文。费舍尔、休厄尔·赖特（Sewall Wright，1889—1988）和约翰·伯顿·桑德森·霍尔丹（John Burdon Sanderson Haldane）是群体遗传学理论的奠基人。托马斯·亨特·摩尔根（Thomas Hunt Morgan，1866—1945）和他的同事将遗传学的染色体理论与孟德尔的遗传定律联系起来，开创了一个新的理论，他们认为细胞的染色体携带着真正的遗传物质，摩尔根因此获得了 1933 年的诺贝尔奖。

20 世纪上半叶，美国艾奥瓦州艾姆斯的杰伊·劳伦斯·拉什（Jay L. Lush，1896—1982）被称为现代动物育种之父。他主张动物育种应该基于数量统计和遗传信息，而不是主观的动物外貌。1937 年，他出版的《动物育种计划》一书对全世界的动物育种产生了巨大的影响。

拉诺·尼尔森·哈泽尔（Lanoy Nelson Hazel，1911—1992）受到《动物育种计划》一书的启发后，开始在艾姆斯为拉什工作。1941 年，哈泽尔获得了博士学位。哈泽尔在自己的博士论文中提出了选择指数理论。数十年来，选择指数方法都被用于确定选择性状的权重。在开发这种方法的过程中，他还提出了如何估计遗传相关，这对为选择的性状分配适当的权重至关重要。哈泽尔还开发了最小二乘法（一种统计技术），用于处理动物数据中经常出现的亚群数目不等的情况。

哈泽尔的统计技术后来一直被用于优化动物不同性状表现的权重，选出最优的性状组合，直到统计学家查尔斯·罗伊·亨德森（Charles Roy. Henderson，1911—1989）提出估计育种值（EBV）的概念。亨德森是哈泽尔在艾姆斯的学生，他提出了估计育种值的方法，根据动物的估计遗传潜力对动物进行排名，从而提高选择的准确性，加快世代间的遗传进展。1950 年，亨德森通过推导 EBV 的最佳线性无偏估计（BLUP）进一步提高了估计育种值的准确性。但 BLUP 这个术语直到 1960 年才开始被人们使用。亨德森还建议通过整合群体的全部系谱推导个体之间的遗传关系。通过这种方法就可以利用"亲属"的表现估计个体的育种值。于是，动物模型诞生了。不幸的是，那个年代计算机的性能非常有限，无法用动物模型算出育种值。因此，直到 20 世纪 80 年代后期，动物模型才被实际运用到动物育种中。当前在动物模型理论中，挪威的西奥·穆维森（Theo Meuwissen）教授和澳大利亚的迈克·戈达德（Mike Goddard）教授提出了一个伟大的想法：开发一种整合大规模 DNA 信息估计基因组的育种值的方法。

1.8　DNA 在动物育种中的应用

1953 年之前，科学家们一直使用统计数据和假定的机制预测遗传。没人知道遗传现象背后的确切机制是什么。但在 1953 年，沃森和克里克利用富兰克林和威尔金斯的研究结果，发现了 DNA 的双螺旋结构，并因此共同获得了诺贝尔奖。自 DNA 的结构被发现以来，研究 DNA 的方法发生了巨大的改变。一开始，研究 DNA 要花费大量的人力、物力和财力。如今，可以利用机器进行大规模的基因分型。例如，在非常短的时间内，在成千上万个个体中，可以完成超过 60000 个遗传标记的基因分型。一个遗传标记可以看作是基因组上的一种"特征"，它的位置和组成（"外观"）是已知的，因此可以根据这些遗传标记的不同外观对不同的动物进行比较。

基因组选择背后的主要理论是，动物的 DNA 组成和表型之间的相关性可以增加，甚至取代估计育种值。只要有了动物的 DNA 信息，就不必等它们长大测量表型，我们可以在它们很小的时候就对它们进行选择。我们也可以将这种方法用在难以测量的表型上，比如与疾病相关的表型。这样做的目的是为了防止更多的动物感染疾病。如果我们只需要感染有限数量的动物，测量它们对感染的反应，将它们的反应与它们的 DNA 联系起来，再根据这种联系和其他动物的 DNA，预测其他动物对该疾病的敏感性而不必感染其他动物，那将是非常理想的。本书后面会有关于基因组选择的更多内容。穆维森和戈达德（及其同事）甚至进一步研究了如何将全基因组序列（一个个体的所有 DNA）纳入基因组估计育种值，但由于测序费用目前还太高，因此全序列测序可能在未来才会进行大规模应用，但其发展很迅速，我们必须为未来做好准备。

1.9　动物育种：连接社会需求

在荷兰等发达国家，动物育种特别是农场动物育种已经发展成为一项拥有现代化技术及需要大规模数据采集和分析能力的专业化产业，这个产业推动了高效和有效的育种规划的发展，为世界各地提供了成千上万经过遗传改良的动物。然而，这种大规模动物育种工作的运行需要庞大的基础设施、高质量的数据收集、大型的计算能力和高素质的人才。因此，并不是所有的地方都能组织开展这种级别的育种规划（至少目前还不是），特别是在发展中国家，他们现在的发展状况仅仅相当于工业革命（始于 1750 年左右）之前的欧洲。

在发展中国家，饲养动物有多种目的：生产食品，役用，获得兽皮和/或羊毛御寒，以动物的粪便作为土地的肥料和生火的燃料，作为储蓄财产（需要时出售动物），提高社会地位（拥有的动物越多社会地位越高），多余的动物或动物产品还可以在市场上出售。发展中国家也在努力提高动物的生产力，以提高当地贫困居民的福利。发达国家的特定品种的动物具有一致的类型和性能，而且发达国家通常能很好地组织动物的选择育种，有很好的育种结构和所需的基础设施。在许多发展中国家，情况（还）不是这样。然而，许多发展中国家也已经开展了越来越多的选择育种工作，而且其中有许多都相当成功，成功的一个重要因素是这些国家的教育水平在不断提高。

影响动物育种的事件

20世纪发生了很多影响动物育种的事情。工业革命极大地改变了社会。人们从农场搬到城镇，在工厂工作。从事粮食生产的农民少了，所以必须提高每个农场的粮食产量。与此同时，工业技术迅速发展。19世纪末人类发明了火车，20世纪初发明了汽车，不久之后又发明了飞机。20世纪50年代，拖拉机在农场的使用更加普遍。第二次世界大战前后，在牛中开始使用人工授精技术，一头公牛可以繁殖更多的后代。液氮冷冻精液技术的发明，使1头公牛可以在非常大的区域内被广泛利用。这些技术的发展对动物的使用产生了影响，特别是牛和马。起初，牛和马主要用于耕地，但当拖拉机出现后，它们变得有点多余，也就没有了持续养牛的必要。因此，牛在很小时就会被屠宰。马也经历了很艰难的时期，因为它们没有太多的用处了。直到20世纪60年代，赛马开始流行起来。过去，只有军官和富人才会从事赛马这项运动。当骑马在女性中更受欢迎时，而且收入一般的人也能从事这项运动时，马的数量再次增加。

食品生产对许多物种都很重要

第二次世界大战之后，食品生产明显是重中之重，必须让每个人都能获得足够质优价廉的食物。因此，必须提高动物源性食品的生产效率。提高动物源性食品的生产效率可以通过选择育种来实现，但也可以通过调整管理措施来实现。在环境可控的条件下饲养猪和鸡，可以饲喂相同质量的饲料，且饲料摄入量可以直接用于生产而不必用于保暖或抗感染等事情上。因此，人们开始在严格、高效可控的室内封闭环境中饲养动物，农场也更专注于（几种）农作物或动物的生产。那时，大量商品的远距离运输开始变得更容易，特别是通过海上运输。在荷兰，意味着可以进口大量的热带作物，如木薯和大豆。这些相对便宜的产品被用作昂贵的谷物的替代品，用于生产浓缩饲料。过去，养猪通常和其他类型的农业生产结合在一起，因为猪可以消化大量的剩余产品。浓缩料的出现使猪和家禽的专门化养殖成为可能。而牛，由于需求量降低，且饲养到屠宰体重的成本也相当高，因此，那些没有被用于乳制品工业生产的小牛就变得多余了。于是，一些农民开始专门饲养这些小牛，并在它们较小的时候出售，于是一个新的行业诞生了：小牛育肥。

1.10　育种活动组织

育种活动组织的开始

过去，人们在一定的区域内组织猪、马和牛的登记造册。农场主将有繁殖潜力的雄性动物带去展览，人们根据外观对雄性动物进行评判。雌性动物的主人通过观察决定选用哪个雄性动物和他们的动物进行交配。20 世纪 60 年代后期，为了防止传播传染病，育种者首先开始不再公开展览公猪。20 世纪 70 年代，奶公牛也不再公开展览，而且人们也意识到在育种中生产数据比外观更重要。对于出口的动物（精液），证明它们从未接触某些病原体很重要。种马则仍在展览会上展示，也用于骑马比赛。如今，所有参加展示和/或比赛的马匹都接种疫苗。每个品种的马都有良种登记册，但也有一些例外，特别是在赛马的育种中。人们更感兴趣的不是马是什么品种，而是马是什么类型。例如，KWPN 的荷兰温血马登记名册已经从登记荷兰本地马种，发展成了登记在荷兰的马种。KWPN 的育种目标是培育更好的运动型马。该良种登记册如今是开放的，由市场驱动，不再专注于纯种选育，只要符合 KWPN 的标准，允许使用其他国家的种马。

当前的育种组织

商业农场动物育种过去发生了很大变化：从最初由农场主饲养公母畜，到由人工授精（AI）公司饲养公畜（在牛中），再到出现母畜育种公司（在猪中）。过去几十年，拥有良种登记册的人急剧减少，很多区域性良种登记册发展成了单一的国家级良种登记册（在牛中）或者国际性的育种公司登记册（在猪中）。起初，合并良种登记是为了联合各方力量，但后来由于更大的公司接管了较小的公司，良种登记逐渐被大公司垄断。家禽育种者开始专注于蛋鸡或肉鸡育种，并将其作为产品出售而不出售鸡蛋或鸡肉，他们一直在发展自己的系谱登记系统。在牛的育种中，公牛归一家公司所有，而（大多数）母牛是私人所有。育种公司主要出售精液而不是公牛。因此，从某种意义上讲，育种公司出售的是"一半小牛"（精子），"另一半小牛"（卵细胞）是私人所有。猪和家禽的育种公司出售的则是终产品动物，这和牛的育种公司大不相同。这意味着，如果其他人得到了他们的畜禽原种，就可以"复制"该产品，不需要育种成本。这就是猪和家禽育种公司不出售纯种动物的一个重要原因：一旦出售，纯种动物的遗传信息就会泄露。他们不出售纯种动物，只出售杂交动物或杂交动物的精液，因此别人不能繁殖出他们的终产品。商业公司通常会饲养多个品种或品系。猪和家禽的育种公司通常饲养多个品系，配套生产出最终产品，因此他们也保留了多个系谱记录。但是，这些系谱记录仅用于选择育种。当购买他们的产品时，你拿不到这些系谱信息。荷兰有两家种猪公司：托佩克（Topigs）和海波尔［Hypor，汉德克斯（Hendrix-Genetics）的子公司］。汉德克斯也拥有蛋鸡品种伊莎（ISA）和火鸡品种海布里德（Hybrid）。肉鸡育种由一家名为科布的美国公司垄断，其在荷兰的分公司属于科布欧洲公司。全球范围内的育种公司的数量正在减少，尤其是家禽育种公司，目前只有 2 家主要的育种公司从事蛋鸡和肉鸡育种。种猪育种公司的数量稍多，但只有 5 个较大的。在牛的育种中，由于许多品种的精液在国际间频繁交流，尤其是荷斯坦-弗里斯兰牛，因此，在世界范围内该群体实际已经成为一个整体，只是会同时出现在不同的良种登记册中而已。总之，农场动物育种是一个日益全球化的产业。农场动物的育种与马和伴侣动物的育种之间有很大不同，尤其是赛马，赛马的良种登记越来越国际化，育种者之间的竞争也日益激烈。荷兰最大的赛马育种登记册是 KWPN 的登记名册。KWPN 培育的表演盛装

动物育种和遗传学

舞步和跳跃马术的马在国际上都非常成功。种马只有通过严格的选拔标准才会被登记入册。KWPN 的登记名册是一个开放的登记名册，它不仅收录在荷兰出生和繁殖的马，也认可在其他登记名册上登记的马，只要它们能通过 KWPN 的筛选标准。

1.11 社会与育种的关系

我们现在处于哪个社会阶段？动物育种领域发生的变化总是与社会的变化息息相关，是技术可行性与市场需求的体现。当前社会的哪些变化可能会对动物育种产生影响呢？与 30 年前相比，发达国家的人变得相对富裕，食物变得相对便宜。荷兰人均收入中食品支出的比例从 1980 年的 24％下降到 2010 年的 9.8％。欧洲国家人均收入中食品支出的平均比例为 12％，俄罗斯为 31％，印度为 36％，而一些东非国家甚至超过了 50％（来自 FAO 的数据）（图 1-1）。

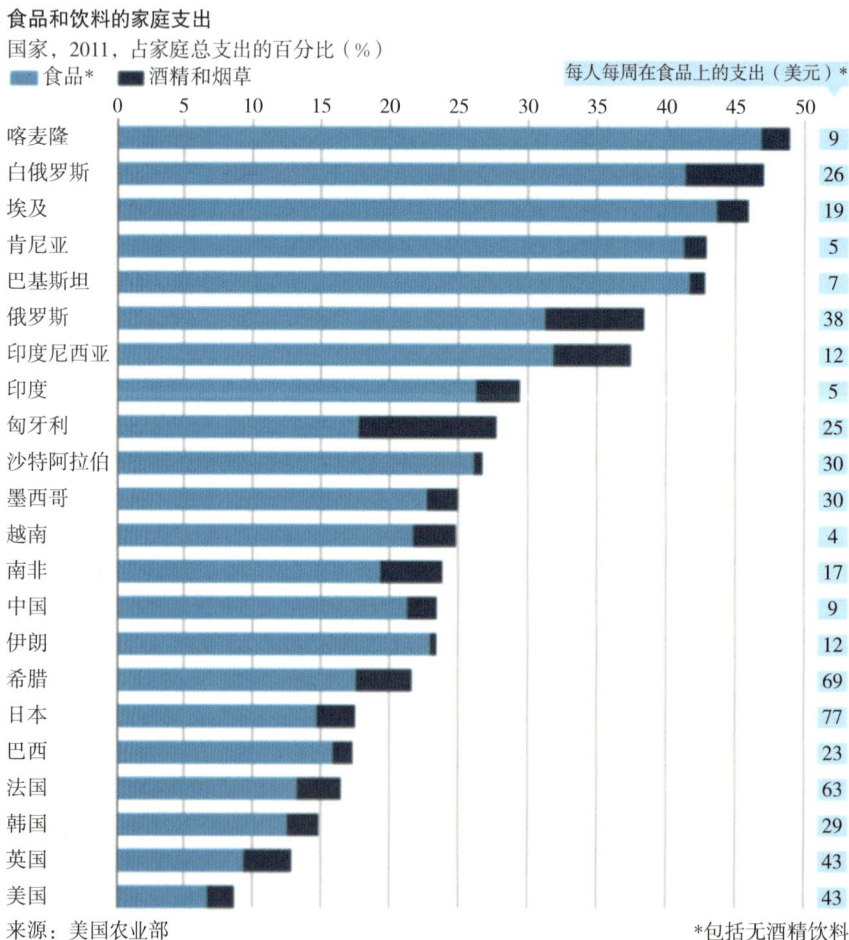

食品和饮料的家庭支出
国家，2011，占家庭总支出的百分比（%）
食品*　酒精和烟草　　　　　　　　　每人每周在食品上的支出（美元）*

国家	支出比例	每周支出（美元）
喀麦隆		9
白俄罗斯		26
埃及		19
肯尼亚		5
巴基斯坦		7
俄罗斯		38
印度尼西亚		12
印度		5
匈牙利		25
沙特阿拉伯		30
墨西哥		30
越南		4
南非		17
中国		9
伊朗		12
希腊		69
日本		77
巴西		23
法国		63
韩国		29
英国		43
美国		43

来源：美国农业部　　　　　　　　　　　　　　　　　*包括无酒精饮料

图 1-1 食品和饮料的家庭支出

廉价的食物意味着可以用相同的钱买到更多的食物。在西方国家，人们越来越关注食品的生产方式，更加喜欢天然健康的本地食品。此外，他们认为动物产品的生产也应该注重动物福利并且是友好的方式，这在西方文化中很正常，但这是富裕的明显标志：富人有能力关心这些问题。在一些贫困地区，人们更关注食物的数量和质量，而不是生产方式。

未来的挑战

世界人口正在迅速增长，特别是城市人口（如图 1-2 所示），这就需要充足的食物。目前我们正在使用的资源是地球生存所需资源的两倍。与此同时，在发达国家大约 20% 的食物被浪费，而发展中国家仍然存在着相当大的粮食短缺。未来的挑战是减少发达国家的浪费，增加发展中国家的粮食供应，同时减少碳排放。另外一个挑战是使用生物燃料代替矿物燃料。关于许多农作物，如小麦或甘蔗，正在以牺牲粮食生产为代价生产生物燃料。

单位：十亿个

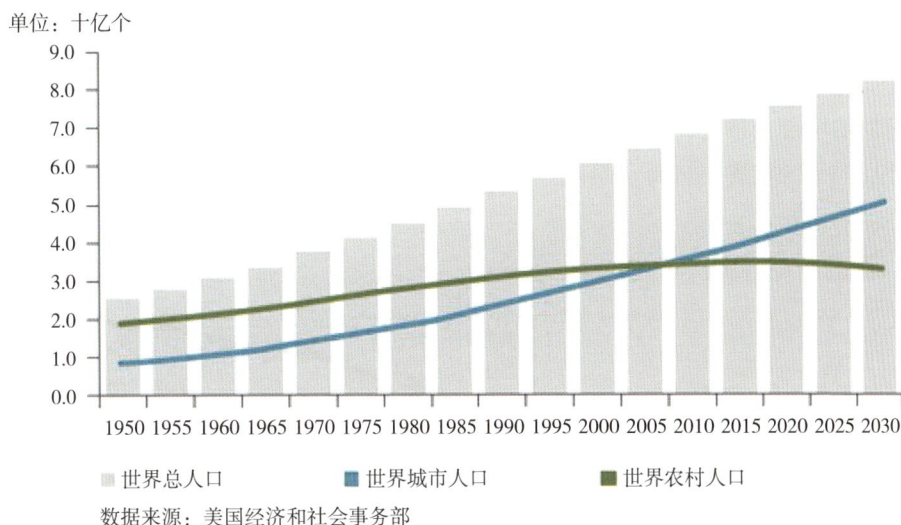

数据来源：美国经济和社会事务部

图 1-2　世界城市人口的增长情况

综上所述，动物育种行业需要预测许多发展方向。由于农场动物育种已经成为一个全球化的行业，因此，育种公司需要开发适合各种市场需求的产品。在荷兰，越来越多的消费者愿意把钱花在环境友好型和动物友好型的产品上。而有些国家或地区面临的主要问题仍然是温饱问题，那里的人们更关注产品的价格而不是生产方式。动物育种公司需要为这两种"市场"服务。同时，动物育种公司还肩负着道德责任：在饲养满足特定市场需求的动物提供产品的同时，也应考虑碳排放问题。例如，目前正在进行的两项研究：猪和鸡能否饲喂生物燃料工业的废料？如何通过选择育种减少牛的甲烷排放？

1.12　动物育种的结果

动物选择育种已有近 300 年的历史，取得了很多成果。例如，犬类育种已经取得了明显的成效，通过选择育种培育出了非常高的犬，如爱尔兰猎狼犬（>71cm）；体重非常大

动物育种和遗传学

的犬，如南非獒犬（50～80kg）；身材非常小的犬，如吉娃娃（20cm）；跑得非常快的犬，如灰狗（17.5m/s）；其他不同外形和用途的犬种。选育技术决定了世代间遗传进展的多少。引入新的选择技术可以提高选择的准确性和效果，特别是生殖技术，如人工授精技术（AI），可以让公畜获得大量的后代，从而可以选择最好的公畜进行育种，而不会减小种群的规模。在母畜，虽然没有对后代数量产生类似影响的繁殖技术，但像胚胎移植（ET）或卵泡收获技术，也有助于繁殖出更多的优秀母畜的后代，比每年通常只产一个或几个后代的普通繁殖技术要多。

牛的育种进展

从图1-3左图中我们可以看到，从1945年到2000年，荷兰的牛奶产量一直在增加，但1970年以前的增长幅度比1990年以后要平缓得多。造成这一现象的原因有很多，重要的原因包括：人工授精技术的大幅应用提高了公牛的选择强度；引入了更准确的估计育种值技术；引入了自动挤奶技术；散养代替了圈养，以及有了更好的营养水平。右图为1995—2013年产奶量的表型变化趋势与遗传变化趋势的比较。可以看到，在这段时期内，实际产奶量的增加与估计产奶量遗传潜力的增加非常接近，两种情况都接近1500kg。这表明，环境的系统改善，如自动挤奶、散养和饲料质量的提高，对所有的奶牛都有相似的影响。

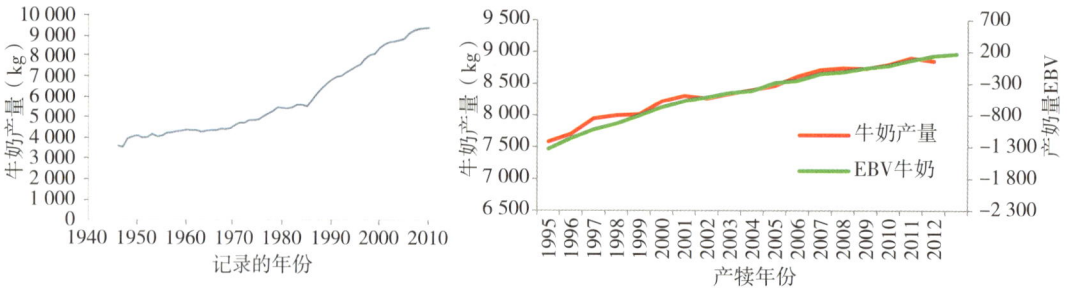

图1-3 左图为1945—2010年荷兰黑白花奶牛产奶量的变化趋势。右图是1995—2013年荷兰黑白花奶牛产奶量变化（红色）与产奶量估计育种值变化（绿色）的对比图。EBV＝估计育种值（来源：CRV，荷兰）

家禽的育种进展

图1-4展示了自20世纪50年代以来肉鸡和蛋鸡育种取得的成果。从图1-4左图来看，尽管改善营养对肉鸡有影响，但选择育种是导致不同周龄肉鸡体重大幅增加的最重要原因。令人难以置信的是，在相同饲料配方下，通过选择育种，肉鸡84d的体重从1957年的1907g增加到了2001年的5958g，增重了2倍多！从图1-4右图来看，选择育种对蛋鸡的影响没有那么大，但经过43年的选择性育种后，蛋鸡的开产日龄提前了28d（＝15%），产蛋重增加了7g（＝12.5%），产蛋量也增加了，并且还节约了近10%的饲料！这还只是1993年的生产成绩，而选育一直还在继续，在这个过程中，蛋鸡的体重基本保持不变。

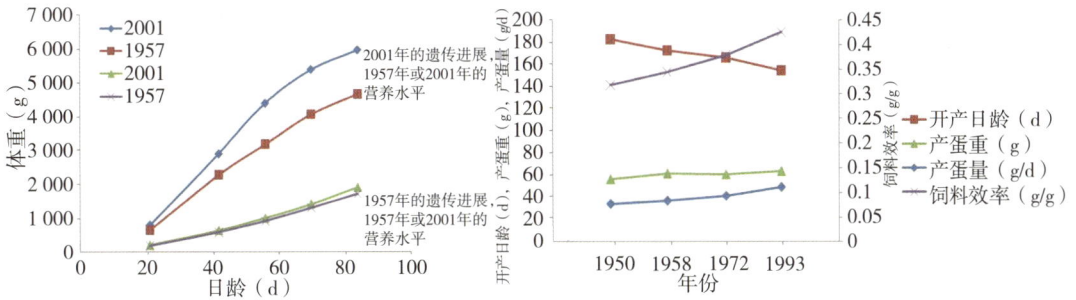

图 1-4 左图是 1957 年和 2001 年遗传进展和营养水平对特定日龄肉鸡体重的影响（Havenstein 等，2003），右图是 1950—1993 年选择育种对蛋鸡开产日龄、产蛋重、产蛋量和饲料效率的影响（Jones 等，2001）

马的育种进展

经过 20 年的选择育种，马术比赛用马奔跑 1km 的用时（跑步速度）线性下降了约 1s（图 1-5），而且这种进展速度没有减缓的趋势。在赛马领域，选择育种开始时也很成功，选择育种使赛马跑得更快。然而，赛马选育的成功似乎在 20 世纪 50 年代初就停滞了。图 1-5 右图描绘了肯塔基赛马获胜所用的时间，该时间从 1973 年开始就不再变化！虽然选择育种一直在继续，也使用了更先进的技术，但赛马的奔跑速度并没有继续变得更快，为什么会这样呢？这一点目前还不太清楚，因为仍然有证据表明赛马存在遗传变异，有些个体在遗传上优于其他个体，还可以对赛马的性能进行选择。知道如何再次提高赛马速度的人将会变得非常富有。

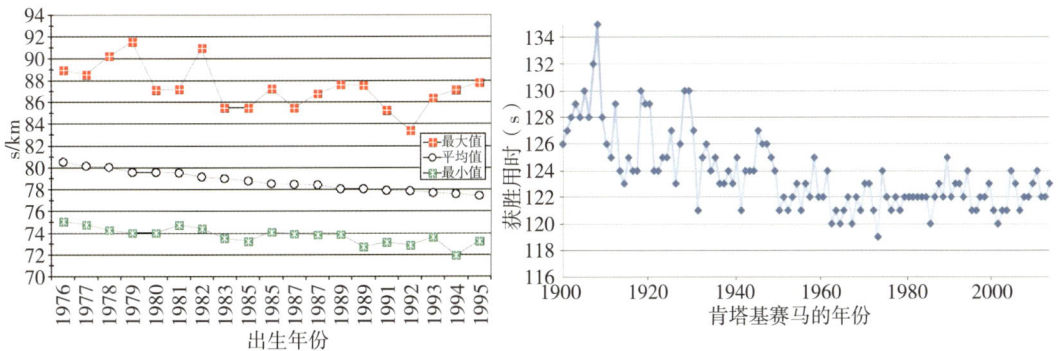

图 1-5 左图是 1976—1996 年瑞典标准种马奔跑速度的变化趋势（来源：Arnasson，2001），右图是 1900—2013 年肯塔基赛马中纯种马比赛获胜用时的变化趋势（来源：http://www.horsehats.com/KentuckyDerbyWinners.html）

猪的育种进展

猪的选育也取得了类似的进展（图 1-6）。经过 10 年的选择育种，种猪的性能包括生长性能、眼肌（肉中昂贵的部分）面积、瘦肉（背膘厚度）和繁殖性能（产活仔数）都取得了较大进展，增加效益的性状（眼肌和活仔数）有了明显的提高，增加成本的因素（如脂肪沉积和出栏天数）明显减少。

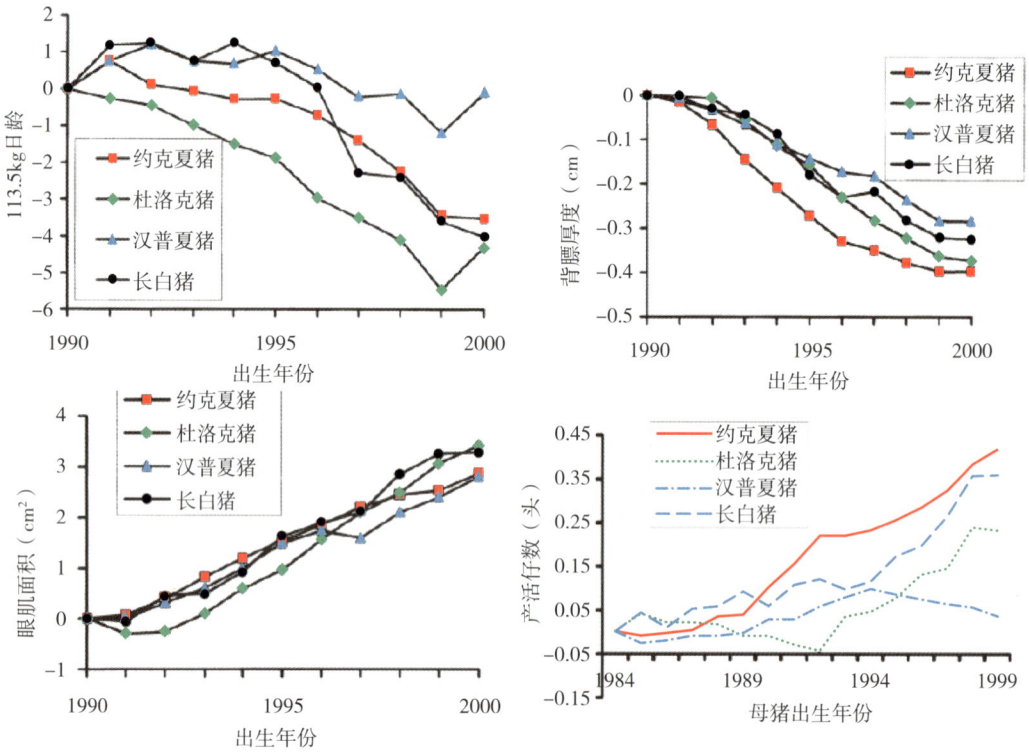

图 1-6 1990—2000 年美国登记入册的 4 个品种猪群的表型变化趋势：113.5kg 日龄、背膘厚度（cm）、眼肌面积（cm^2）和产活仔数（头）（来源：Chen 等，2002，2003）

1.13 动物育种的负效应

我们在动物育种实践中得到的结果并不都是有利的。有些例子表明动物的选择育种有些过度，也有一些例子表明选择育种在提高某些性能的同时也无意间损害了其他未被选择的性能，即所谓的负相关效应。这两种选择育种负效应都很难预测，通常只有进行了选择育种之后才能注意到。这是因为我们需要一段时间才能意识到负效应的出现不是巧合，而是确定会发生，而且在整个群体中发生的频率越来越高。即便到了那个时候，我们有时还需要回顾比较才能意识到负面后果，因为负效应带来的变化很缓慢，缓慢到我们会习惯它们的存在。

犬育种的负效应

在犬类的选育中，有一些明显的选择过度的例子。部分是因为犬类的选择育种历史悠久，但主要是因为人们根据外表对一些犬品种进行选择，最极端的外表往往被认为是最好的，直到现在，仍然基于外表（图 1-7）对这些品种进行选择。事实上，有些犬种的头骨形状使它们很难正常进食，例如上颌比下颌短得多的拳师犬或斗牛犬；有些使它们很难正常呼吸，因为上颌较短的品种会导致面部平坦；有些导致犬在没有医疗干预时出现生育甚至交配困难（如斗牛犬）；有些头骨太小造成眼睛有外凸的风险（如吉娃娃犬）。这些都是明显的选择过度的例子，这些例子中的大多数只与头骨有关。其他有损犬类健康的特征有：耳朵太长容易感染（如巴吉度猎犬）；背颈部过长导致容易患椎间盘疾病（如腊肠犬）；皮肤过多导致皮肤褶皱之间容易发炎（如斗牛犬）；背部倾斜导致臀部问题（如德国牧羊犬）。所有这些例子都与选择育种有关，选择育种把品种选育得越来越极端，因为这就是我们看上它们的原因。回顾过去，我们才意识到我们对它们的选择过度了。然而，这种认识是非常缓慢的，因为我们已经习惯了它们的某些特征，在很长一段时间内都认为它们是正常的。重要的是，我们要认识到可以通过反向选择逆转这些效应。

斗牛㹴

巴吉度猎犬

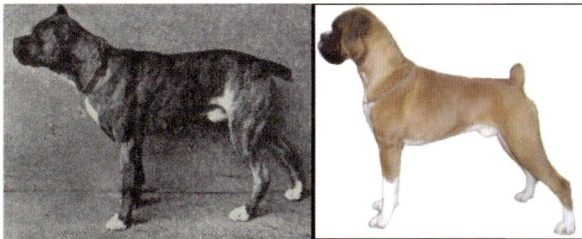

拳师犬

斗牛犬

腊肠犬

德国牧羊犬

图 1-7 《各个国家的犬》(Mason，1915) 和 2012 年的代表性犬种。这些犬种曾经都很强壮健康，但对其外观的强烈选择给它们造成了一些健康问题（来源：http：//dogbehaviorscience. wordpress. com/2012/09/29/100-years-of-breed-improvement/）

农场动物育种的负效应

不仅仅是犬，其他物种的选择育种也存在过度的情况。选择体型较大的后代增加了难产的比例，如特克塞尔绵羊有时需要剖宫产，剖宫产几乎成了比利时蓝牛和荷兰改良红白花牛的标准生产方式。针对特克塞尔绵羊难产问题的选择育种已经降低了助产比例，这种情况的负效应可以逆转。但比利时蓝牛和荷兰改良红白花牛的情况更棘手，恢复过程需要几代的时间。

分娩问题不是农场动物选择育种遇到的唯一意想不到的负面后果。我们的生产目的是为每个人提供大量价格低廉的食物。这个生产目的催生了集约化的养殖体系，如生猪和家禽养殖体系。在这些养殖体系中，人们会尽可能地降低动物产品的生产成本，使它们吃得少、长得快、产得多。多年来，这项工作一直进行得很顺利。看到产量获得了直线增长后，育种者们甚至一度认为遗传改良将不会有极限，会一直提高下去。不幸的是，20 世纪 80 年代，表型的高强度选择给生产性状带来的负效应越来越明显。例如，肉鸡由于长得快，其新陈代谢开始出现异常；蛋鸡产蛋越来越多，但却无法摄入足够多的钙，导致出现越来越多的骨折现象；高产期奶牛和母猪的繁殖力开始下降。图 1-8 对这一现象进行了解释。如图 1-8 所示，产犊间隔、身体状况评分、泌乳量、首次受精天数、56d 后的不返情率、平均受精次数的变化趋势以预测传递能力（Predicted Transmitting Abilities，PTA）的形式进行了展示。在英国，PTA 特别用来指示传递给后代的育种值。自从这些负效应变得明显以来，选择压力已经从主要的性能表现转向更多地关注动物健康和繁殖性能。这种转变已经成为所有农场动物育种的趋势。图 1-8 显示奶牛育种关注点的转变始于 20 世纪 90 年代初，这点从图中曲线斜率变得平坦可以看出。

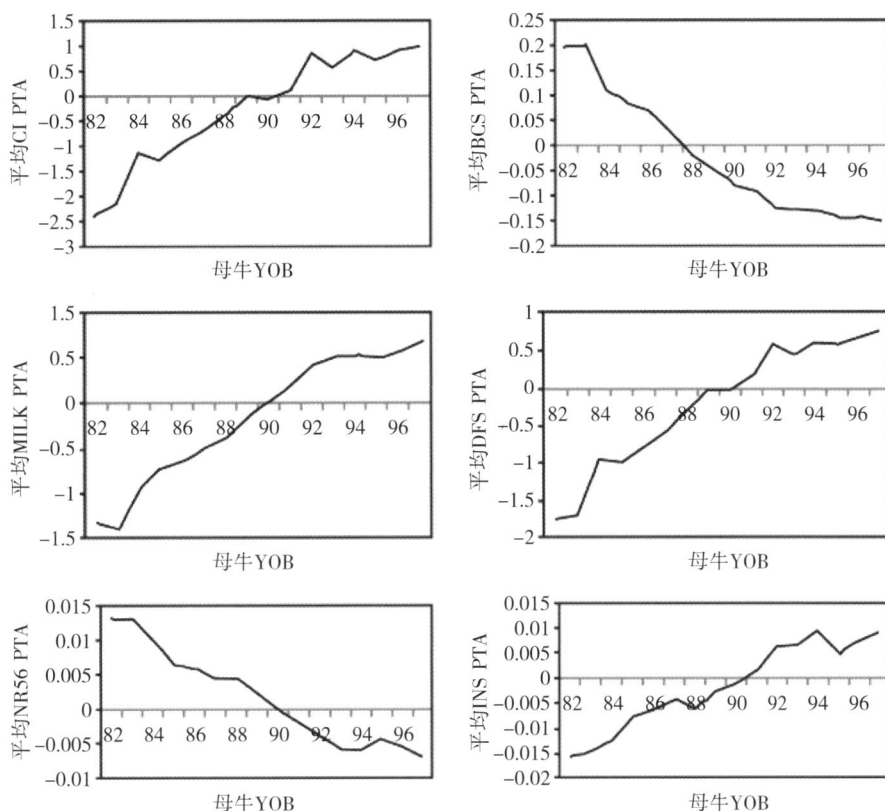

图1-8 英国奶牛繁殖力相关性状的遗传趋势，以每头母牛的出生年份（YOB）、产犊间隔（CI）、身体状况评分（BCS）、泌乳量（MILK）、首次受精天数（DFS）、56d后的不返情率（NR56）和受精次数（INS）的预测传递能力（PTA）来表示。PTA等于估计育种值的一半：传递给后代的部分（资料来源：WALL等，2003）

1.14 动物育种的关键事项

（1）在动物育种中，人们选择能繁殖出优于当代平均水平的后代的亲本。

（2）自然选择，是天然的选择，对动物适应其所处的环境非常重要。

（3）动物育种获得成功的一个重要前提是性状是可遗传的，表明性状可以从父母传递给后代。

（4）人类对动物的驯化始于犬，随后是农场动物。物种的驯化需要形成特定的特征。在驯化的物种内部，环境的变化会对物种提出新的要求，因此驯化过程仍在进行中。

（5）250年前，动物的选择育种随着品种和良种登记制度的形成而开始。20世纪，动物育种的科学基础开始发展。过去50年中，繁殖学的发展及应用使动物育种更加高效。近年来，分子遗传学的发展对动物育种产生了很大的推动作用。

（6）育种活动受社会发展的直接影响并与之息息相关：育种要满足人们对动物源性食

动物育种和遗传学

品、伴侣动物和休闲的需求。

（7）育种规划急剧提高了牛、猪和家禽的产奶量、产肉量和产蛋量，马的性能也得以极大提高。

（8）动物育种不仅带来了正向结果，也会产生一些负效应：近交和围绕体型外貌的单一选择增加了犬类的健康问题，减少了动物福利。农场动物因人们对其产量的选择而隐含着品质和适应性下降的风险。

2 动物育种的基础

动物育种规划

动物育种基于一个事实,即父母特征或多或少地反映在其后代身上。这是因为性状或多或少具有遗传性。亲本把 50% 的 DNA 遗传给后代,这些 DNA 包含着性状的可遗传能力。动物育种根据特定的性状选择最好的个体作为亲代,通过这种方式,子代的基因在目标性状上得到改良。从长远来看,随后的育种活动按下面所示的育种规划执行。

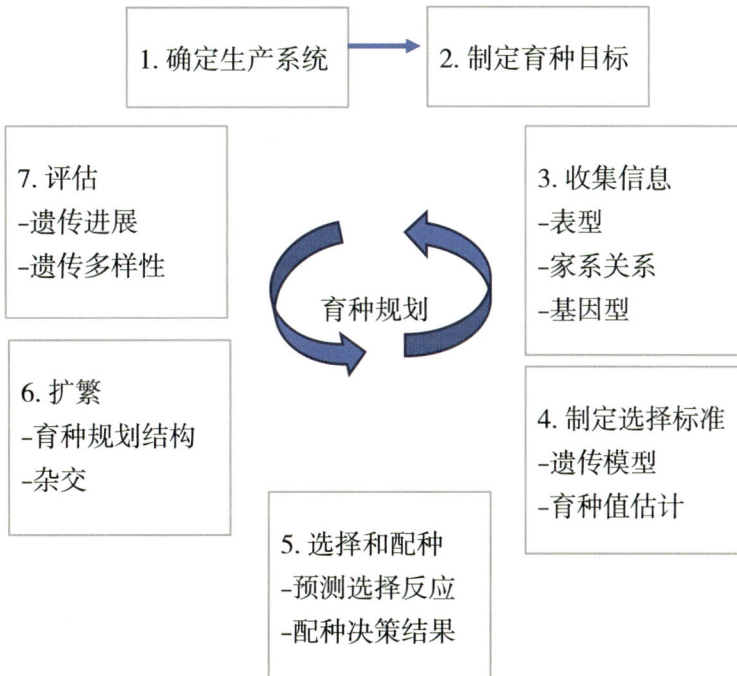

```
┌─────────────┐      ┌─────────────┐
│ 1. 确定生产系统 │ ──→ │ 2. 制定育种目标 │
└─────────────┘      └─────────────┘

┌─────────────┐                      ┌─────────────┐
│ 7. 评估      │                      │ 3. 收集信息   │
│ -遗传进展    │                      │ -表型        │
│ -遗传多样性  │       育种规划        │ -家系关系     │
└─────────────┘                      │ -基因型       │
                                     └─────────────┘
┌─────────────┐                      ┌─────────────┐
│ 6. 扩繁      │                      │ 4. 制定选择标准 │
│ -育种规划结构 │                      │ -遗传模型     │
│ -杂交        │                      │ -育种值估计    │
└─────────────┘      ┌─────────────┐  └─────────────┘
                     │ 5. 选择和配种 │
                     │ -预测选择反应 │
                     │ -配种决策结果 │
                     └─────────────┘
```

2.1 制定一项育种规划

2.1.1 生产系统

制定育种规划,一是要描述生产系统(1)。简单地说,就是分析我们饲养动物的方式及目的。关于这方面需要考虑什么呢?对于养在舒适家中的宠物犬来说,行为和健康很重要。对于常年生活在恶劣条件下的健康绵羊来说,适应性和放牧很重要。对于处于高成本集约化养殖系统中越来越多的肉鸡而言,日增重最重要。

动物育种和遗传学

2.1.2 育种目标

二是，要明确子代需要改进哪些性状，育种的目标是什么（2）？这个问题与我们饲养哪些动物密切相关，值得深入研究。要确定一个持久的目标，因为动物育种目标的实现是世代累积的结果。育种目标包括生产性状、产品品质性状、健康和福利性状、体型性状、运动表现、繁殖性状等。

2.1.3 收集信息

三是，在确定育种目标后，要收集相关信息（3）。这一步涉及动物性状（也就是表型），这些性状可以帮助评估个体在育种目标方面的价值。例如，如果马匹育种的目标是跳跃能力，那么就收集跳跃相关的数据。如果猪的育种目标是繁殖力，那么就记录产仔性状。其他的相关信息还包括动物的系谱。动物育种的核心在于将遗传能力从一代传递到下一代。当你想追溯或探究可遗传性状的传递过程时，记录亲子关系，也就是动物的系谱至关重要。如今，DNA 分析技术已经在动物中展开应用，也可用于追踪或影响性状遗传能力的传递过程。

2.1.4 育种值估计和选择标准

四是，在确定育种目标并记录候选亲本的相关信息之后，就必须确定哪些个体能作为亲本（4），哪些动物不能。基于遗传模型建立一项包含系谱信息的统计模型，计算性状的估计育种值。如今，也可以用动物的 DNA 信息估算育种值。估计育种值表明了动物在育种目标上的育种潜力：最低的估计育种值对育种目标性状有负效应，最高的估计育种值可以改良育种目标性状。

2.1.5 选择和配种

五是，在得到公母畜的估计育种值后，就要开始实际的亲本选择（5）。估计育种值高于平均估计育种值的亲本可以提高后代的育种目标性状。例如，当选择产奶量估计育种值最高的一群公畜作为父本时，女儿的产奶量会比当代奶牛的平均产奶量要多。选择合适的亲本会对下一代产生积极的选择反应。选择带来了育种目标性状的进展。在选择了亲本之后，还要做出另一个选择：哪个公畜应与哪个母畜交配？例如，可以根据系谱信息或公母畜的性状进行选择配对。

2.1.6 传播遗传增益

六是，在许多育种方案中，有表型记录的动物数量远远小于为人类服务的动物种群的数量。选择反应的传播取决于育种规划的结构（6）。在商品猪和家禽的育种规划中，选择发生在育种规划的顶端，并通过少量"扩繁群"将核心群获得的选择反应传递给产肉或产蛋的商品群。在牛的育种中，人工繁殖技术，特别是人工授精技术，使优良的公畜有机会繁衍大量的后代，广泛地传播优异个体的基因。因此，选择少量的动物可能就会对种群的性能产生很大的影响。在商业育种方案，如家禽和猪的专门化品系杂交生产方案中，通常先选育具有特定性能的品系，再通过品系之间的大量杂交获得同时具备各品系优良性能的杂交后代。

2.1.7 评估育种规划的结果

七是，育种规划要定期评估（7）。第一个需要评估的是：我们达成想要的目标了吗？就育种目标性状而言，后代表现得更好了吗？观察到选择的不良影响了吗？比如，我们发现产肉动物的后代比父母生长得更好，但它们的腿部问题更多。第二个需要评估的是：后代动物之间的亲缘关系发生了什么变化？会不会由于我们选了少数关系密切的个体作为种畜，导致后代之间的亲缘关系比它们父母之间更密切？我们是否降低了群体的遗传多样性？

然后，育种循环随着我们对生产系统的变化进行严格评估之后再次开始，需要回答的问题包括：市场需求是否发生改变？例如，对猪肉质量的需求有没有发生变化？生产环境是否发生改变？例如，奶牛场的产奶配额未来是否会被取消？

2.2 以 DNA 为载体

DNA 作为遗传信息的载体传递给后代

作为一名育种者，我们都想把现在最好的遗传物质传递给后代。遗传物质储存在动物细胞核内的染色体中，这些动物是下一代个体的候选亲本。遗传物质的传递过程开始于含有基因的染色体转移至精细胞和卵细胞。当精子和卵子结合成合子时，具有独特遗传物质组成的后代就产生了。减数分裂在染色体从亲代遗传给子代的过程中起着重要的作用，传递过程在一定程度上遵循孟德尔遗传定律（见第 1 章），同时在一定程度上也包含随机事件。孟德尔遗传定律将遗传上具有亲缘关系的个体联系起来，如父母和后代，父母双方各自将 50% 的染色体遗传给子代，因此它们与后代具有 50% 的相同 DNA 和基因价值。因此，父母的表型特征可以在后代的表型中得以体现。总之，子代和亲代及更多具有血缘关系的个体间共有一部分相同的 DNA，它们之间存在遗传关系。

染色体是 DNA 单元

哺乳动物和鸟类体细胞的细胞核中有成对的染色体（DNA 单元）。每个物种都有一定数目的染色体，见表 2-1。

表 2-1 不同物种的染色体对数

物种	染色体对数
人	23
牛	30
马	32

（续）

物种	染色体对数
猪	19
绵羊	27
山羊	30
兔	22
鸡	39
鸭	40

2.3 染色体的结构和组成

不同物种间染色体数目的不同造成了生殖隔离。在精子和卵子结合形成受精卵的过程中，单条染色体重新组合为成对的染色体。当精细胞和卵细胞来自不同的物种时，由于染色体数目不同，这个过程就会失败。

染色体呈双螺旋结构，由核苷酸组成的两条生物聚合物构成。每个核苷酸由碱基（鸟嘌呤、腺嘌呤、胸腺嘧啶和胞嘧啶），以及核糖（或脱氧核糖）和磷酸构成的骨架组成（图2-1）。碱基用字母 G、A、T 和 C 表示。碱基（G、A、T、C）与核糖或脱氧核糖结合。在一个物种和一个品种内，核苷酸和碱基以固定的顺序排列。

DNA

■ 核苷酸

■ 每个核苷酸：4个碱基中的1个

■ 碱基：T、A、C、G

■ 编码和非编码区域

　● 95%的DNA：非编码区域

　● 仍在探索

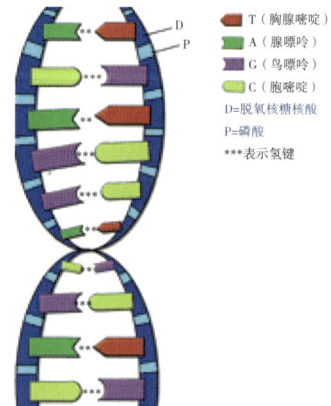

图 2-1　DNA 的双螺旋结构

T（胸腺嘧啶）
A（腺嘌呤）
G（鸟嘌呤）
C（胞嘧啶）
D=脱氧核糖核酸
P=磷酸
***表示氢键

ANIMAL SCIENCE GROUP
WAGENINGEN UR

2.4　染色体和基因从亲本传递给子代

为了了解具有亲缘关系的动物间的遗传关系，必须知道新生命的起始过程，即精子、卵子和受精卵的发生过程。在哺乳动物和鸟类中，所有的细胞都是二倍体，细胞核中的所有染色体都是成对存在的。

> **定义**
>
> 染色体（Chromosome）是一段离散的 DNA，是基因组的基本结构之一。所有的核 DNA 都位于染色体上。染色体的数目因物种而异。位于同一条染色体上的基因通常一起遗传给后代。
>
> DNA 是脱氧核糖核酸（Deoxyribonucleic acid），是一种具有双链螺旋结构的大分子聚合物，存在于高等生物的所有细胞中，携带着遗传信息。
>
> 基因（Gene）是遗传信息单元，是染色体上含有遗传信息的一个 DNA 区域，该区域转录成 RNA，RNA 进而翻译成具有生理功能的蛋白质。基因可以突变为各种形式的等位基因。
>
> 等位基因（Allele）是位于一对同源染色体相同位置上控制同一性状不同形态的基因。在同一位置上，不是所有的个体都携带完全相同的 DNA 核苷酸序列。这种等位基因的变异是遗传变异的来源。
>
> 基因座（Locus），又称基因位点、座位，是染色体上的一个位置，比如一个基因或一个基因的一部分，locus 的复数是 loci。

举个例子来说明这些定义：MC1R 座位（Melanocortin 1 receptor gene，黑皮质素 1 受体基因）位于犬的 5 号染色体。已知该基因有两个等位基因 E 和 e。具有原始野生型等位基因 E（非突变的等位基因）的犬的毛色为黑色。E 突变形成等位基因 e 后，导致 MC1R 功能丧失，基因型 e/e 的犬的毛色呈鲜红色或黄色。

2.5　基因及其等位基因在表型中的表达情况

所有体细胞的染色体成对存在：一条来自父本，一条来自母本。因此，基因都是一式两份。这些基因可能是相同的，即来自父本的等位基因与来自母本的等位基因相同，个体在这个基因上纯合，这个个体的所有后代都会遗传这个等位基因。这些等位基因也可能不同，即个体在这个基因上是杂合的，这个个体的后代可能会得到亲本两个不同等位基因中的任何一个。

动物育种和遗传学

　　基因有三种基因型：如 *EE*、*Ee* 或 *ee*。这些等位基因的组合可能对应不同的表型。在犬的皮肤细胞中，假设等位基因 *E* 产生真黑色素，使皮肤呈现黑色，*e* 产生褐黑色素，使皮肤呈现红色。那么，*EE* 基因型犬的皮肤就是黑色的，*ee* 基因型犬的皮肤就是红色的。但是 *Ee* 基因型的犬是什么颜色呢？结果显示它们也是黑色的！这种现象被称为显性效应：在杂合子中，*e* 等位基因的表达没有在表型中体现出来，等位基因 *E* 对 *e* 呈显性，或者从等位基因 *e* 的角度看，*e* 对 *E* 呈隐性。

　　如果一个基因参与影响一个数量性状的表达，比如一头成年山羊的体重，那么不同的等位基因可能有不同的表达方式，从而导致成年山羊的体重产生微小的差异。示例如下：

　　（1）GG 基因型个体体重 40kg，Gg 基因型个体体重 38kg，gg 基因型个体体重 36kg。杂合子个体的体重等于两种纯合子个体的平均体重，表示等位基因 G 和 g 具有可加性，我们称这种现象为共显性。

　　（2）GG 基因型个体体重 40kg，Gg 基因型个体体重 42kg，gg 基因型个体体重 36kg。杂合子个体的体重高于两种纯合子个体的平均体重，甚至高于最高纯合亲本的体重，我们称这种现象为超显性。

除了单个基因座上一个基因的不同等位基因的影响外，不同基因座上不同基因的等位基因也可能相互影响，共同作用于它们影响的性状。同样有两种可能：如果不同基因座上不同等位基因的效应是可加的，那么这种影响效应就等于个体等位基因效应的总和；如果这些效应没有可加性，那么这种情况就被称为上位现象。

> **定义**
>
> 上位性（Epistasis）是指基因座之间不具有可加性。影响一个性状的一个基因座的基因型值取决于其他基因座的基因型，或者一个基因型的表型值取决于另一个基因座的基因型。

上位性的例子（Minkema，1966）

鸡的羽毛颜色由两个基因座 E 和 S 的不同等位基因间的相互作用决定。E 基因座有两个等位基因 E 和 e^+。S 基因座有两个等位基因 S 和 s。E 对 e^+ 呈显性，导致个体的羽毛为全黑色，e^+e^+ 个体只有一部分区域的羽毛是黑色的。在非黑色的羽毛区域内，SS 或 Ss 个体的羽毛是银色的，ss 个体的羽毛是金色的。因此，金色或银色只在 e^+ 个体中表达，E 座位的黑色对金色或银色的显性作用取决于 S 基因座的等位基因。

2.6 减数分裂造成个体后代间的差异

在精细胞和卵细胞中，染色体不再成对出现，而是以单条形式存在。在睾丸和卵巢中，成对的染色体分裂成染色单体，每条染色单体随机进入精细胞或卵细胞，这个过程叫做减数分裂。图 2-2 用一个雄性动物的三对染色体来说明：

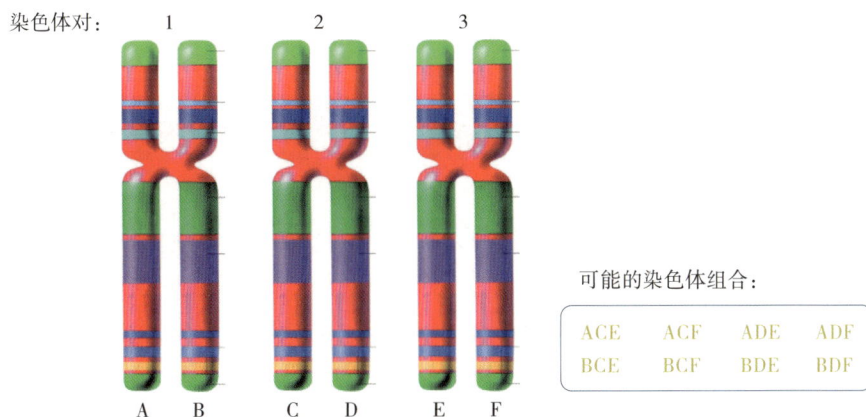

染色体对： 1   2   3

可能的染色体组合：

ACE	ACF	ADE	ADF
BCE	BCF	BDE	BDF

A   B   C   D   E   F

图 2-2 减数分裂引起染色体不同组合的示例

染色体对 1 由染色体 A 和 B 组成，染色体对 2 由染色体 C 和 D 组成，染色体对 3 由染色体 E 和 F 组成。在减数分裂过程中，染色体对分开，随机进入精细胞。通过这种方式，精细胞有 8（2^3）种不同的染色体组合，即 ACE、ACF、BCE、BCF、ADE、ADF、BDE 和 BDF。当一个物种有 n 条染色体时，父母会产生 2^n 种不同的精子或卵细胞。

動物育种和遗传学

> **定义**
>
> 减数分裂（Meiosis）是生殖细胞形成配子的过程。在二倍体中是指从二倍体祖细胞产生单倍体细胞（精子或卵细胞）的过程。
>
> 孟德尔抽样（Mendelian sampling）是亲本基因随机抽样的过程，源自亲本产生配子时等位基因的随机分离及胚胎合子形成过程中配子的随机组合。

2.7 亲缘个体具有相似的 DNA

减数分裂使精子和卵细胞各自含有亲本 50％ 的 DNA（亲本 DNA 遗传给后代的自然法则），并各自含有亲本独一无二的染色体组合（两代间 DNA 的随机传递）。精子与卵细胞结合成受精卵后，受精卵的细胞核内又恢复到体细胞时的成对染色体。这就意味着每个个体的染色体，一半来自母本，一半来自父本。因此，动物与父母之间的亲缘关系为 0.5，这就是加性遗传关系。但是，亲本的每个精细胞和卵细胞都含有独一无二的亲本染色体组合。因此，同一父母本的后代（全同胞）在性状上仍然存在差异。由于全同胞平均共有亲本 50％ 的 DNA，因此全同胞的加性遗传关系为 0.5。

> **定义**
>
> 两个个体间的加性遗传关系（Additive genetic relationship）是指两个个体间由亲缘关系带来的共有 DNA 的数量。

一些加性遗传关系见表 2-2。

表 2-2　加性遗传关系举例

亲缘关系	共有相似 DNA 的比例（％）
父（母）子或父（母）女	50
祖父母-孙子（女）	25
曾祖父母-曾孙子（女）	12.5
全同胞兄弟-全同胞姐妹	50
半同胞兄弟-半同胞姐妹	25

因此，亲缘关系个体间具有相似的 DNA，它们之间平均共有 DNA 的比例确切已知，但在没有进一步了解其 DNA（基因型）或表型之前，我们不清楚它们共有的是哪部分 DNA，哪些等位基因。

2.8 动物育种基础的关键事项

（1）育种规划是一系列的育种活动：确定育种目标，记录表型、基因型和系谱，利用遗传模型估计选择性状的育种值，根据估计育种值选择下一代的亲本，对亲本进行选配，将遗传优势传递给生产群，基于保持遗传多样性和实现选择反应评估育种规划。

（2）哺乳动物和鸟类的体细胞核内存在成对的染色体。物种间染色体数目的不同导致了生殖隔离。染色体是由核苷酸构成的双螺旋大分子复合物，位于高等生物的所有细胞中，携带着遗传信息。

（3）基因是遗传的基本单位，是染色体上含有遗传信息的 DNA 区域，转录成 RNA。RNA 翻译成具有生理功能的蛋白质。基因可以突变成各种形式的等位基因。

（4）所有体细胞中染色体都是成对的，一条来自父本，一条来自母本。因此，所有的基因都是成对的。成对的基因可能完全相同，即来自父本和母本的等位基因完全相同，那么动物在该基因上是纯合的。来自父本和母本的等位基因也可能不同，那么动物在该基因上是杂合的。

（5）等位基因可以是显性的，也可以是隐性的（基因座上两个等位基因间的相互作用）。等位基因的效应可能具有可加性，即共显性（杂合子基因型值等于两个纯合子基因型值的一半），或超显性（杂合子具有比亲本更高的基因型值）。

（6）一个基因的等位基因也可以与另一个基因的等位基因相互作用：上位性。

（7）精细胞和卵细胞中没有成对的染色体。在睾丸和卵巢中，成对的染色体分裂成染色单体。染色单体随机进入精细胞或卵细胞，这个过程称为减数分裂，并导致孟德尔抽样，即每个精细胞或卵细胞都含有来自亲本的等位基因的独特组合。

（8）由于减数分裂，精细胞和卵细胞各自含有亲本 50％的 DNA。一个卵细胞与一个精细胞结合后，受精卵的细胞核中再次有了成对的染色体，这意味着每个动物都从父亲和母亲那里获得各自一半的染色体，一半的基因价值。因此，每个动物与亲本间的遗传关系为 0.5，这种现象称为加性遗传关系。

3 饲养动物的目的决定育种目标

本章我们将解释和讨论制定育种目标（育种规划的第二步）。饲养动物或饲养品种的目的（育种规划的第一步）可能完全不同，对设定和定义育种目标有很大影响。

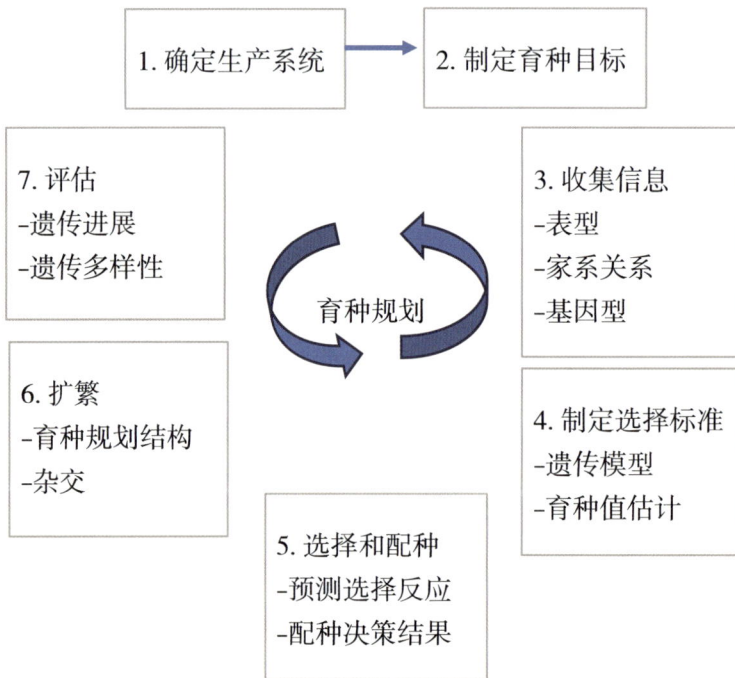

```
┌─────────────────┐      ┌─────────────────┐
│ 1. 确定生产系统  │ ───→ │ 2. 制定育种目标  │
└─────────────────┘      └─────────────────┘

┌─────────────────┐                        ┌─────────────────┐
│ 7. 评估          │                        │ 3. 收集信息      │
│ -遗传进展        │                        │ -表型            │
│ -遗传多样性      │        育种规划         │ -家系关系        │
└─────────────────┘                        │ -基因型          │
                                           └─────────────────┘
┌─────────────────┐                        ┌─────────────────┐
│ 6. 扩繁          │                        │ 4. 制定选择标准  │
│ -育种规划结构    │                        │ -遗传模型        │
│ -杂交            │                        │ -育种值估计      │
└─────────────────┘                        └─────────────────┘

        ┌─────────────────┐
        │ 5. 选择和配种    │
        │ -预测选择反应    │
        │ -配种决策结果    │
        └─────────────────┘
```

本章将介绍以下主题：
- 动物育种的挑战
- 设定育种目标
- 测定育种目标性状
- 育种目标性状的权重
- 范例：猪的育种目标受消费者、社会观点和技术发展的影响
- 范例：马的育种目标
- 范例：荷兰奶牛育种的泌乳量指数（INET）

- 范例：顶级育种者对犬的育种方法
- 范例：埃塞俄比亚土鸡的生产目标

3.1 动物育种的挑战

农业粮食生产面临的主要挑战是人口的持续增长。全球的人口数量到 2050 年将达到 90 亿（联合国发展纲要，2005）。畜牧业通过生产高质量的食品在农业中发挥着重要作用。在发展中国家，动物不仅提供肉、奶和蛋，还提供纤维、肥料、燃料和耕作畜力等。发展中国家利用动物育种促进肉食品生产和供应面临的主要挑战是生产效率和适应性。在发达国家的集约化动物生产系统中，动物的健康和福利是动物育种者面临的新挑战。

动物育种面临的挑战受多种因素影响，由动物所有者、动物产品消费者、食品工业及越来越多的公众需求依次决定。在不同的需求之间找到适当的平衡点是一个持续的过程，需要预测未来的条件，并仔细规划，建立有效的育种规划。

小种群动物育种面临的挑战

在小种群中，用于食品生产的育种机会很有限。在这样的种群中，几乎所有的动物都必须作为下一代的亲本（至少雌性都会），从而获得足够多的后代。这样一来就不能针对食品生产相关的性状对亲本进行选择。在小群体中，人们关注更多的是如何保留群体的遗传多样性，避免近交，维持种群。正如后面我们将要解释的，近交会降低后代的适应性，加大隐性遗传缺陷的发生率。这就意味着在小种群中，几乎所有雌性和雄性动物都必须繁育后代，几乎不可能针对育种目标性状进行选择。

3.2 育种目标取决于生产系统

动物除了可以生产食品之外，还可以满足人类的多种需要，如役用、成为宠物、参与休闲活动、参与文化活动和自然管理。动物的用处和动物产品的消费者的意愿在很大程度上决定了育种的目标和育种规划。在这些针对动物功能而非食品生产的育种规划中，除了常规的育种目标性状，还有几个性状也很重要，如动物的健康和福利、耐粗饲性、在极端气候条件下生产和繁殖的能力。图 3-1 展示了家畜在发展中国家的作用。图 3-2 展示了印度尼西亚马都拉牛的社会文化价值。

确定育种目标之前需要回答许多和生产系统有关的问题。例如，饲养这些动物的目的是什么？如何销售这些动物和产品？饲养和管理的注意事项有哪些？育种者是否有组织？有合适的育种规划吗？可以记录哪些性状？人工繁殖技术适用吗？生产系统的这些方面面决定了育种规划和选择育种目标性状的可能性。

- 生产：奶、肉、皮革、肥料
- 积累财富
- 应对突发事件的安全保障
- 社会地位
- 文化意义

图 3-1　畜牧业在发展中国家的作用

地方品种的社会文化价值

Karapan 地区

Sonok 地区

图 3-2　印度尼西亚马都拉牛的社会文化价值

3.3　选择合适的品种

制定育种规划的第一步是充分考虑品种的适应性，选择特定环境或生产系统下最合适的品种。例如，热带国家进口高产动物品种（如荷斯坦·弗里斯奶牛）的大量先例都没有成功，这些品种不适应高温环境，高温环境下几乎不能繁殖，热应激降低了其生产水平。此外，许多热带疾病也造成了高死亡率。在所有的肉食品生产系统中，动物对生产系统内条件的适应性非常重要。如果不考虑这些，动物的适应性就会降低。动物的适应性与其生存、健康和生殖有关。由于亚热带地区的病原体和流行病普遍存在，气候条件恶劣，食物和水资源匮乏，因此，与进口品种相比，适应当地环境的本地品种表现出了更强的抵抗力和适应能力。

3.4 育种目标

制定育种规划，首先要确定育种目标，然后要设计一个能够实现该目标的遗传进展方案。结构化的育种规划主要包括：确定育种目标的相关性状，收集相关性状的表型数据，分析数据确定优良个体，利用优良个体繁殖下一代。

> **定义**
>
> 育种目标（Breeding goal），是指需要改良的性状，包括每个需要改良性状的重点，为群体改良指明方向。
>
> 育种规划（Breeding program），是针对育种目标生产下一代动物的一项规划，包括记录选择的性状，估计育种值，选择后备亲本，选配，以及选择适当的（人工）繁殖技术，见本章开头的育种规划图。

特别注意：具有最佳价值的性状

对于大多数性状，育种目标是持续改进，但对于某些性状，育种目标是达到中间值（如市场需求的鸡蛋重量为 $55\sim70g$）。成年动物体重的大小与屠宰收益正相关，与饲料利用效率负相关。生产的目标是高胴体价值和低饲料成本。因此，在许多肉类生产系统中，动物的成年体重具有最佳值。

3.5 育种目标面向未来，需要坚韧不拔的精神

理想情况下，育种目标有一个标准，可以按照这个标准对动物进行排名。育种目标旨在面向未来。实际情况下，育种目标往往不是一个性状，而是包含不同重要性的一组性状。制定育种目标时，通常需要同时改进多个性状。育种工作者要仔细制定育种目标，并为之持续进行多世代选育。育种是每个世代向着育种目标性状循序渐进的过程，育种的成功在于每一代的积累。如果每个世代都改变育种目标，那就不会累积成功（见第 1 章）。育种目标包括哪些性状，应该由性状的经济价值和遗传力确定（见本章关于荷兰奶牛泌乳量育种的例子）。育种目标可以通过性状的权重系数来表示。权重系数基于性状的经济价值或每个性状期望获得的遗传进展而定。

育种目标受育种者的意愿，生产者和加工商的需求或动物产品消费者的行为，甚至社会的期望影响。但是，育种目标中包含的性状越多，每一代在每个性状上取得的进展就越少。

育种规划的结果往往在选择决策做出多年后才会实现，说明在确定育种目标时要预测未来的需求并关注投资回报。大多数育种目标必须经过几个世代的选择后才能实现，这需

要育种者的坚持，育种目标的频繁变化会阻碍育种规划的世代进展。

3.6 育种目标包括多个性状

食品生产的育种目标不分物种，都是通过：①提高生产力（增加产量和经济效益）；②提高饲料转化率（减少每千克产品的饲料用量和成本）；③提高繁殖力、健康水平和存活率（减少后备个体和成本），来提高总效率（产量除以饲料消耗量）、降低成本。附加的育种目标性状可能是更加注重改善动物福利和减少环境的影响。

如今，奶牛、猪和家禽的商业育种计划中都含有复杂的育种目标且十分成熟精妙，其他物种的育种规划较为简单且育种目标性状数量有限。例如，全球范围内的小型反刍动物（绵羊和山羊）用于肉品生产的育种计划就不是特别复杂，其中生长性状似乎最重要。商品猪和家禽的育种则开发了具有不同育种目标的专门化品系，通过品系间杂交，生产兼具不同品系特性的肉蛋产品。由于专门化品系育种目标性状的数量有限，因此每个品系都可以获得很大的进展，再通过品系间杂交将每个品系中达到较高水平的育种目标性状组合在一起。事实证明，这种情况下获得的利润比在一个品系或一个品种内选择所有重要的育种目标性状获得的更多。

专门化品系应用的最简单的例子是猪育种中经常使用的三元杂交：首先，选择一个产仔数多的母猪品系和一个生长性能优良的公猪品系进行杂交；其次，将杂交母猪与胴体品质高的公猪品系进行杂交，生产大量兼具生长性能和胴体品质的仔猪。1970 年左右，在一项绵羊的育种试验中，芬兰长毛母羊（高产羔数的品种）与法兰西群岛公羊（配种不分季节的品种）杂交后，增加了杂交母羊的产羔数。杂交母羊与生长和屠宰性能闻名的特克塞尔公羊配种后，两年可以产 3 只羊羔。

3.7 育种目标性状的测定

- 记录育种目标性状引发很多问题：
- 可以测定哪些性状？
- 性状可以或者应该多久测定一次？
- 什么人或者使用什么工具进行测定？
- 可以或者应该测定哪些动物？
- 在动物多少日龄时测定？
- 测定的细节如何？
- 测定的准确性有多少？
- 系统效应对测定结果有影响吗？

本章我们重点讨论了与育种目标相关的性状。育种目标性状的测定应该简便、精确且经济。最后，这些性状应该是可遗传的。在第 4 章中，我们将关注性状测定的所有方面，以及通过选择达成育种目标的信息来源个体。育种目标性状是易于准确测量的可遗传性状。

3.8 育种目标决定需要测定的性状

育种目标性状可能是数量性状（如产奶量、产肉量或产蛋量），体尺性状或性能表现等。它们的计量单位是千克或简单的数字，如产多少千克牛奶、长多少克肉、产多少枚鸡蛋。

育种目标也可能是质量性状，如产品质量或品种标准的重要性状。产品性状、体型评分、疾病发病率或表现印象等都是质量性状，可以将它们按照等级进行评定：如肉质用1、2或3分别代表好、中等或差，或简单用0或1代表没有或有。

有些育种目标性状无法及时测定。例如，在肉类生产中，肉质是一个重要的育种目标性状，但是选种时不能测定犊牛、仔猪或羔羊的胴体性能。只有在屠宰后才能测定胴体组成，而宰后的动物不能再用于繁育。这种情况下，在育种决策之前，利用活体动物身体组成的指示性状，可能有助于预测胴体的组成。

育种目标性状可能很复杂，包括许多基础性状。例如，在几乎所有用于生产食品的物种中，繁殖力都是育种目标的一部分。繁殖力受雌性和雄性的繁殖性状共同影响，雄性动物的精子质量和受精能力是繁殖力的一部分，雌性动物的适配日龄、产仔间隔、年产仔数则是繁殖力的基础性状。在障碍赛马中，马的体型和步态都是非常重要的育种目标性状。对于工作犬来说，可训练性是除了健康、行为和体型之外的重要性状。健康、行为和体型是伴侣动物的重要目标性状。

部分物种的性能测量情况见表3-1。

表3-1　部分物种的一些性能测量情况

物种	测量性状	单位	记录员
奶牛			
	产奶量	kg	管理员/农民/机器
	乳脂率	%	实验室
	骨盆高度	cm	良种登记检查员
	乳房形状	分	良种登记检查员
	乳腺炎	%（发生率）	农民/兽医
障碍赛马			
	体型	分	检查员/裁判
	行为	分	检查员/裁判
	跳跃技术	分	检查员/裁判
	运动	分	检查员/裁判
犬			
	髋关节发育不良	分	X线技术人员

（续）

物种	测量性状	单位	记录员
	体型	分	检查员/裁判
	行为	分	驯犬员
	遗传缺陷	‰（发生率）	兽医

3.9　育种目标中不同性状的权重

育种目标可能很简单，也可能很复杂。商业育种规划中记录了许多影响收益的性状。在粗放的生产条件下或在松散的育种规划中，育种目标较为简单，只记录、使用几个能用的重要性状。

为了针对育种目标对育种后备个体进行排名，必须将各性状的价值综合成一个选择标准。选择标准的值，通过对每个性状育种值和该性状与育种目标间的相关性权重系数的乘积求和获得。相关性的大小可以基于性状的相对经济价值。这一原则如图3-3所示。

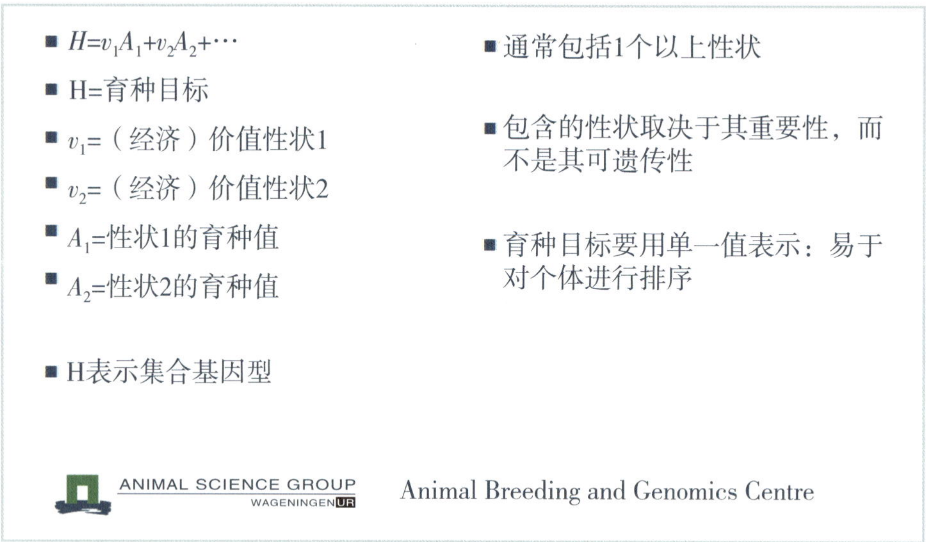

- $H = v_1 A_1 + v_2 A_2 + \cdots$
- H=育种目标
- v_1=（经济）价值性状1
- v_2=（经济）价值性状2
- A_1=性状1的育种值
- A_2=性状2的育种值
- H表示集合基因型

- 通常包括1个以上性状
- 包含的性状取决于其重要性，而不是其可遗传性
- 育种目标要用单一值表示：易于对个体进行排序

ANIMAL SCIENCE GROUP
WAGENINGEN UR

Animal Breeding and Genomics Centre

图3-3　育种目标作为单一标准

> **定义**
>
> 育种值（Breeding value），是个体作为某一个性状亲本的平均基因价值，等于随机交配时该个体的后代相对于其他所有后代的平均优势的2倍。

动物的经济价值受许多具有不同效应的性状影响：生产性状、产品质量（组成）、疾病问题、繁殖力、操作和管理的便利性。

确定育种目标有一套步骤,以衡量市场价值和非市场价值。在这套步骤中,动物被视为生产系统的一部分(在农场水平)。性状的权重主要取决于遗传增益的经济价值和表达频率,用资源效率和经济价值衡量性状权重的方法很成熟。图3-4展示了如何计算每增加一个单位的育种目标性状可以增加的净值。

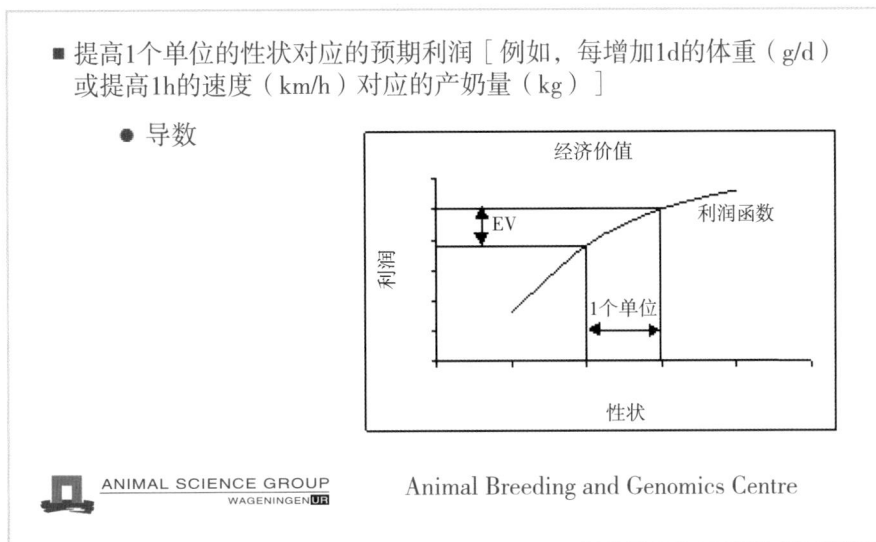

图3-4 获得经济价值的利润函数。在增加的利润中,性状的经济价值(EV)来自单位性状增加的价值

性状的组合影响育种规划的结构。育种目标性状决定测定哪些动物:测量后备个体的父母,后备个体自身,还是它们的同胞或后代?当需要同胞或后代的表型记录时,要保证有足够多的个体数量,从而获得后备个体的准确育种值信息。

被选中的种畜会在多个不同时间繁育后代,因此有必要将目前的选育成本与未来的收益联系起来,这部分的内容稍后再讨论。

3.10 育种目标的可持续性和经济性

可持续的生产系统需要考虑资源利用效率、盈利能力、生产力、产品质量、环境友好性、生物多样性、社会活力和伦理问题,要有长期有效的解决方案,因此育种目标要符合长期的生物学、生态学和社会学要求。

提高奶牛的产奶量可以减少温室气体的排放,因为达到相同的产奶水平需要的奶牛和相关配备更少。奶牛的平均寿命每提高一年将大大减少温室气体的排放量。因此,当选择指数的权重由当前的经济权重提高到环境权重后,每头奶牛每年的预期产奶量增加了。

在不同层面确定育种目标

我们可以在不同的层面上考虑育种的目标性状:①动物个体层面,提高1个性状对动物个体的收益有什么影响？②（杂交）育种系统层面，祖父母的选择对生产最终产品的杂交孙代的收益有什么影响？③农场层面，对每个农场的收入有什么影响？④产业链层面，对生产和加工有什么影响？在以上这些不同的水平上，育种目标可能会有不同的影响。例如，当牛肉生产商与屠宰场签订合同，约定每年交付固定数目的胴体时，对日增重的选择将提高生产商每年出售的胴体重，减少每年的胴体销售头数。随后，生产商饲养的动物变少，他的农场就会面临粗饲料剩余的问题，这些多余的饲料无法转化成动物胴体出售。那么，在农场层面，日增量越高，利润就越低。在奶牛的育种规划中，选择牛奶蛋白衍生品可能会提高牛奶的奶酪产量，如果牛奶生产商没有从牛奶蛋白衍生品中获得报酬，那么选择牛奶蛋白衍生品的全部利润就归奶酪加工厂所有。

3.11 饲养动物的原因决定育种目标的关键事项

（1）动物育种面临的挑战受多种因素影响，它们由动物所有者、产品消费者、食品工业以及越来越多的公众需求依次决定。在不同需求之间找到适当的平衡是一个持续的过程，需要预测未来，进行认真规划，建立有效的育种计划。

（2）育种目标给出需要提高的性状及每个性状的重点，给出群体改良的方向。大多数育种目标必须经过几个世代的选择才能实现，需要育种者坚韧不拔的精神。

（3）小种群中几乎所有的雄性动物和雌性动物都必须繁育后代。在这种小种群中，针对目标性状进行选择育种几乎不可能。

（4）动物育种规划中除了明显的育种目标性状外，其他一些性状也发挥着重要作用，如动物的健康和福利，以及在劣质饲料和极端气候条件下依然能生产和繁殖的能力。

（5）在特定的环境或生产系统中选择最合适的品种是开始育种规划的第一步，要重视品种的适应性。如果忽视这一点，动物的适应性就会降低。适应性包括生存、健康和繁殖等相关性状。

（6）如今，在奶牛、猪和家禽的商业育种规划中已经有了复杂的育种计划和育种目标。其他物种的育种规划没有那么复杂，育种目标性状的数量也有限。育种目标性状是可遗传的，并且容易准确测量。

（7）为了对后备个体进行排名，必须将各个育种目标性状的价值综合成一个选择标准。这个标准的值通过对每个性状的育种值与该性状和育种目标间的相关权重系数的乘积求和来获得，相关权重可以基于性状的相对经济价值。

3.12 范例：猪的育种目标

猪的育种目标受消费者期望、社会观点和技术发展的影响。节选自 J. W. Merks 等的文章——《猪的新育种目标和新表型》，发表在 2012 年 *Animal* 第 6 卷第 4 期第 535-543 页。

猪的遗传趋势可以改变得很快，但却需要 3~5 年的时间才能在生产群中体现出来让消费者受益。目前猪的育种规划都有育种目标，包括目标性状、目标性状的相对重要性和改良提高的方向。目标性状取决于市场对猪肉的预期需求，需求由消费者的期望和社会接受生产方式的意愿决定。因此，必须对未来的趋势很好地进行预测。与信息技术相结合的猪肉产业链的发展有利于降低育种目标相关表型（性状）收集的成本。从图 3-5 可以看出，当前农民、市民、政府和食品行业的意愿显示出猪育种需要新的"表型"：活力、均匀度、健壮性、福利、健康，以及保持生产效率和产品质量的同时减少猪肉生产过程中的"碳足迹"。

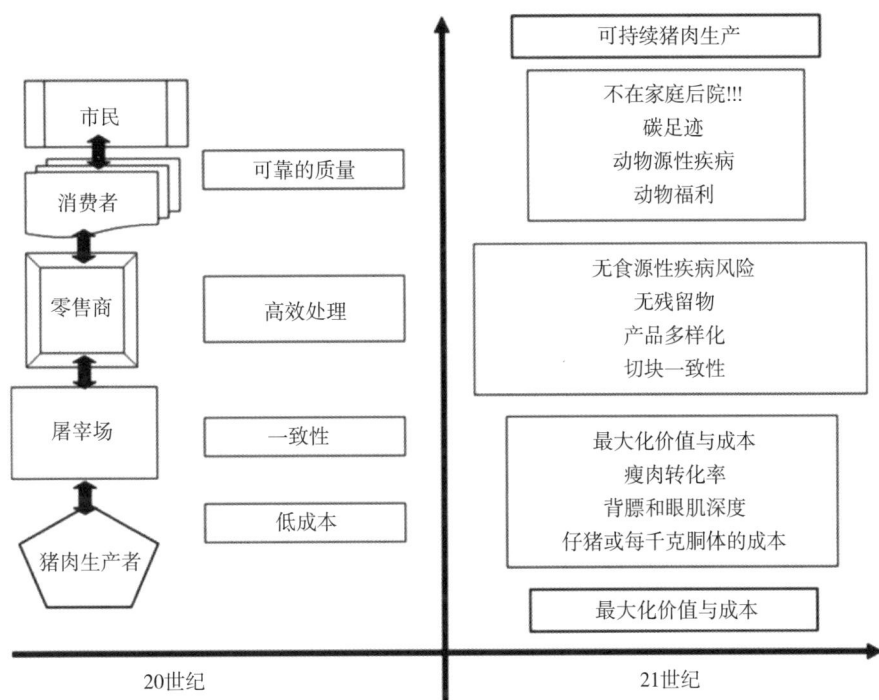

图 3-5　生产者、消费者和食品行业等的意愿显示出猪育种需要新的"表型"

提高活力可以提高仔猪妊娠期存活率，减少出生的死胎数，确保哺乳、保育和育成阶段无病死猪，降低一胎母猪的淘汰率，降低成年母猪的病死率。提高各生产阶段猪的均匀度有利于管理和加工。仔猪出生体重的均匀度好，可以降低死亡率，尤其是小猪的死亡率。蛋白质沉积的均匀度好，可以提高生长的均匀度、达屠宰体重日龄的均匀度及日粮蛋白质的利用率。提高猪的屠宰重和胴体长度的均匀度，可以提高屠宰场的工作效率。提高猪排、肉色、大理石纹和滴水损失的一致性，对零售货架和消费者都很有用。提高猪的健壮性，可以增强应激的适应能力：疾病风险、极热或极冷的温度、低质量的饲料或畜舍和管理环境的变化，如从单栏饲喂转到大群饲养。减少猪肉生产中的碳足迹，可以通过提高消化效率和减少维持需求量来实现。在猪肉生产中公猪通常会被阉割，但若公猪未阉割，炸猪排有时会有一种很难闻的气味。许多国家认为阉割会对仔猪造成痛苦，应该避免。但最近有了针对公猪气味的遗传标记辅助选择，以后就不用再阉割公猪了，这是长期以来的

动物育种和遗传学

社会愿望。基因组选择将极大地帮助选择新的"表型"，达成更复杂的育种目标。动物和胴体的自动识别，有助于记录动物在不同生产阶段的性状表现，构建信息丰富的数据库，为选择育种提供 DNA 图谱和表型。

3.13 范例：马的育种目标

KWPN 的育种目标（来源：KWPN 的性能选择，http：//www. kwpn. org/）

育种目标的确定

KWPN 的目标是培育参加盛装舞步或跳跃大奖赛的马匹。为了达到这个目标，马匹必须拥有良好的体质、功能性、优美的体型/外貌、正确的体态和温顺的性格。

第一，**良好的体质**是重中之重：训练一匹大奖赛用马是一个密集和长期的过程，需要花费很多年，8 岁之前的马很少能参加大奖赛。良好的体质，即健康的身体状况非常重要，马越健康，最终达到大奖赛要求的水平并长期保持的机会就越大。

第二，出于同样的原因，我们也尝试使马的**体型**和结构尽可能地与运动功能保持一致。为了更好地满足育种者、马的主人和骑手的需求，KWPN 自 2006 年来，在保持总的育种目标不变的前提下，扩展目标性状，为骑乘马设定了两个选育方向。从 2006 年起，骑乘马种被注册和评估为马术或跳马两个方向。培育一匹具有体格优势的马的概率要大于培育一匹没有体格优势的。类似的特定育种目标适用于驾驭专用马和 Gelders（海尔德兰）专用马。

育种成功与否的第三个因素是自然的**步态**：马是否有良好的运动器官使其能够灵活有节奏的平衡运动，是否有足够的力量、柔韧性和运动能力。

最后也是所有这些因素中最令人难以捉摸的：**温顺的性格**，马毕竟不是一辆车、一件工具或仪器，而是一匹有性格的运动员。

考虑到长时间的高强度训练，马的温顺、易于骑乘、聪明和勤奋可能是追求最高运动水平最重要的标准。

育种方向

KWPN 自 2006 年以来规划了 4 个育种方向。骑乘马的数量最多（85%～90%），可细分为盛装舞步专用马和障碍赛专用马，其余两个育种方向是日常工作用马和 Gelders 专用马。尽管每个育种方向都有自己的附加育种目标，但首先所有的马都必须遵从 KWPN 的总育种目标——培育能参加大奖赛的赛马，并：

- 具有良好的体质且能长期保持；
- 具有对人友好的性情；
- 体格良好，动作协调，性能良好；
- 具有吸引人的外表，最好还带有精致、高贵、高品质的特质。

盛装舞步专用马

KWPN 为盛装舞步专用马制定的附加育种目标包括：

- 体型长，性格温和，比例均衡，外观吸引人；
- 动作协调，步伐轻盈，平衡灵活，有力量，有冲力和有良好的自我平衡能力；
- 易驾驭骑乘，聪明，勤奋，吃苦耐劳。

障碍赛专用马

KWPN 为障碍赛马专用制定的附加育种目标包括：

- 体型长，性格温和，比例均衡，外观吸引人；
- 动作协调，步伐轻盈，平衡灵活，有力量，有冲力；
- 易驾驭骑乘，聪明，勤奋和吃苦耐劳；
- 有勇气，反应敏捷，细心，技术过硬且跳跃幅度大。

驾驭专用马

KWPN 为驾驭专用马制定的附加育种目标包括：

- 必须能够在最高水平的运动中维持竞争性；
- 动作协调，步伐轻盈，平衡灵活，有力量，有冲力；
- 易驾驭骑乘，聪明，勤奋和吃苦耐劳；
- 高傲的驾驭品质和明确的马步特征：良好的提升力、前腿动作灵活并带有高抬膝的特点，后腿充满力量并能够完全支撑身体。

Gelders 专用马

Gelders 专用马的育种目标针对以下几个方面：

- 具有多种用途，可以使用马鞍也可以不使用，外观吸引人，性格温顺；
- 动作协调，步伐轻盈，平衡灵活，有力量，有冲力；
- 在快跑和慢跑中，前腿有明显的膝盖动作，并能有效利用后腿，很好地利用飞节，有良好的运输能力；
- 谨慎，跳跃障碍技术好。

3.14 范例：荷兰奶牛育种的泌乳量指数（INET）

在荷兰，奶牛育种的泌乳量指数被称为 INET。

资源来自 Genetic Evaluation Sires（GES）网站：http://www.gesfokwaarden.eu/en/breedingvalues/pdf//E_09_EN.pdf。

简介

在奶牛的育种中，基于产奶性状的选择占比较大。辅助选择的工具是母牛和公牛的乳、脂、蛋白质指数。每千克牛奶、每千克脂肪和每千克蛋白质的育种值综合成一个单一的数字：荷兰生产指数或 INET。这些育种值综合成 INET 的评级方式，使得选择 INET 就会增加每头奶牛的产奶利润。

INET 的计算公式如下：

INET2012＝－0.03×BV kg 牛奶＋2.2×BV kg 脂肪＋5.0×BV kg 蛋白质

动物育种和遗传学

上述公式中，BV 代表育种值，－0.03、2.2 和 5.0 为 INET 系数。例如，假设一头公牛的每千克产奶量、每千克乳脂量和每千克乳蛋白量的育种值分别为＋1000、＋35 和 ＋30，那么这头公牛的 INET＝－0.03×1000＋2.2×34＋5.0×30≈195 欧元，这个公式同样也适用于母牛。

INET 的意义

育种关注的重点是选择出产奶量更高、利润更高的奶牛。INET 评级可以预测某头母牛与某头公牛配种后，后代每次泌乳可以获得的额外净收益。举个例子：我们将一头 INET 评级为 400 欧元的公牛和一头 INET 评级为 200 欧元的母牛进行配种，出生小牛的 INET 评级预期为 300 欧元，比其母本高了 100 欧元。换句话说，这头小牛预计每个泌乳期的产奶净收入将比它的母本高约 100 欧元。

INET 表示经过育种后荷兰奶牛每个泌乳期每增加 1kg 产奶量、乳脂量或乳蛋白量获得的净收益。通过育种，如果荷兰奶牛泌乳期的产奶量提高了 1kg，但乳脂量和乳蛋白量都没有增加，那么养殖者的收益为－0.03 欧元，也就是说提高 1kg 产奶量的投入比收益多 3 欧分。而如果通过选择育种提高 1kg 乳脂量和 1kg 乳蛋白量，那么养殖者的收益将增加 2.2 欧元和 5.0 欧元的收益。

计算模型

在所有其他条件不变的情况下，当每头奶牛的产量有边际增长时，通过计算农场收入的差额确定经济权重系数，以 8～10 年内（牛奶的价格）的可能情况作为计算的基本假设。每头奶牛产量的边际增长源自奶牛高产遗传潜力的边际增加。因此，奶牛场每增加 1kg 产奶量、1kg 乳脂量或 1kg 乳蛋白量，育种值分别增加多少呢？

能量和 IDP 的成本

计算模型可以计算生产牛奶、乳脂和乳蛋白所需饲料的能量和蛋白质。仅生产牛奶或脂肪需要能量，生产蛋白质既需要能量，也需要蛋白质。生产 1kg 牛奶、乳脂、乳蛋白的饲料成本为：（所需能量）×（能量价格）＋（所需蛋白质/IDP）×（价格/IDV）。生产 1kg 牛奶、乳脂和乳蛋白分别需要 0.11、5.9 和 3.0kFUM（＝kVEM）的能量和 1.56kIDV（＝kVRE）的蛋白质。

为了计算饲料成本，假设中等价格的 A 型颗粒料的价格为 18 欧元/100kg，kIDV 和 kFUM 的价格比为 6：1，则 1kFUM 的价格为 0.107 欧元，1kIDV 的价格为 0.639 欧元。

未来牛奶的价格

考虑到预期的趋势，计算 INET 系数时基于以下几点：

- 牛奶的价格为 32 欧分/kg，含有 4.2％脂肪和 3.4％蛋白质；
- 生产 1kg 牛奶消耗的土地价格为－0.015 欧元；
- 蛋白质/脂肪的价格比为 2.25：1；
- 那么，1kg 脂肪的价格为 2.85 欧元，1kg 蛋白质的价格为 6.35 欧元。

结果

根据生产牛奶、脂肪和蛋白质所需饲料的能量和蛋白质水平，计算其饲料成本，分别为 0.012 欧元、0.63 欧元和 1.32 欧元。

每千克牛奶、脂肪和蛋白质的收益分别为－0.015 欧元、2.85 欧元和 6.35 欧元。

考虑到饲料成本，从收益中除去成本剩下的净收益为：

INET＝－0.027×BV kg 牛奶＋2.22×BV kg 脂肪＋5.03×BV kg 蛋白质

加权系数四舍五入后，2012 年 4 月荷兰和佛兰德斯的 INET 为：

INET2012＝－0.03×BV kg 牛奶＋2.2×BV kg 脂肪＋5.0×BV kg 蛋白质

3.15 范例：顶级育种者对犬的育种方法

犬的育种方法

资料来源：2011 年芬兰图伦基的卡尔利·奥伊印刷公司出版的《顶级育种的关键之处》，作者为佩卡·汉努拉和莫乔·尼盖尔德，书号 ISBN 978-952-67306-5-3。

文中采访了 22 名来自欧洲、澳大利亚和美国的顶级犬类育种学家，介绍了他们的育种方法。这些国家的这些育种者在展会冠军犬的长期育种中取得了成功，育成的犬非常健康且行为良好。关于他们的育种方法，他们分享了三个重要的育种目标性状：①良好的健康状况；②期望的行为；③良好的体型外貌。他们根据这些标准在选育初期购买犬，并将健康的权重设定为高于行为和体型外貌。在整个育种过程中，他们都坚持了这个育种目标，从未与不健康或携带遗传缺陷的犬进行配种。有时他们会进行适度的近交（近亲繁殖），随后进行异型杂交（远亲繁殖）。这种育种方法和育种目标性状的优先排序是他们成为顶级育种学家的关键。

3.16 范例：埃塞俄比亚土鸡的生产目标

乡村地区的家禽育种

资料来源：尼古西·达纳等人 2010 年发表在 Tropical Animmal Health Production 杂志第 42 卷第 1519－1529 页的论文《埃塞俄比亚土鸡生产者的生产目标和家禽性状的偏好：利用地方鸡遗传资源设计育种方案的意义》。

在埃塞俄比亚，农村地区的家禽养殖系统以当地品种为主，占全国鸡肉和蛋品生产份额的 90% 以上。这一系统的特点是每个家庭养殖少量鸡，在后院以自由觅食的条件饲养，没有额外的饲料，除了夜间用围栏遮挡外，没有单独的鸡舍，并且缺乏健康护理。一项调查研究了这种生产系统的社会经济特征，确定了这些农村生产者优先考虑的育种目标和性状偏好，他们优先考虑家禽的良好适应性（抗病和抗应激能力、飞翔能力、躲避捕食者的能力、觅食活力）、活体增重和产蛋量，其次是繁殖力（就巢能力、孵化率）、体型特征、个体大小和颜色。此外，调查还发现，与饲养现代鸡种相比，乡村地区的家禽饲养者更喜欢地方鸡种，因为地方鸡种对疾病和应激的耐受性高、躲避捕食者的能力强、所需的管理水平低、觅食行为强、孵化率高、蛋和肉的口味好。这促进了一项育种规划的发展（图 3-6），

动物育种和遗传学

采用大规模选择育种方案，根据地方鸡种的自身生产特征选择公母鸡，通过五代改良方案极大地提高了生产力。公鸡以 16 周龄的活体重为选择标准，母鸡以开产日龄和达 45 周龄内的总产蛋量为选择标准。这说明育种方案不需要"复杂精妙"，而是要适应当地的条件（小农户）并增加价值链。

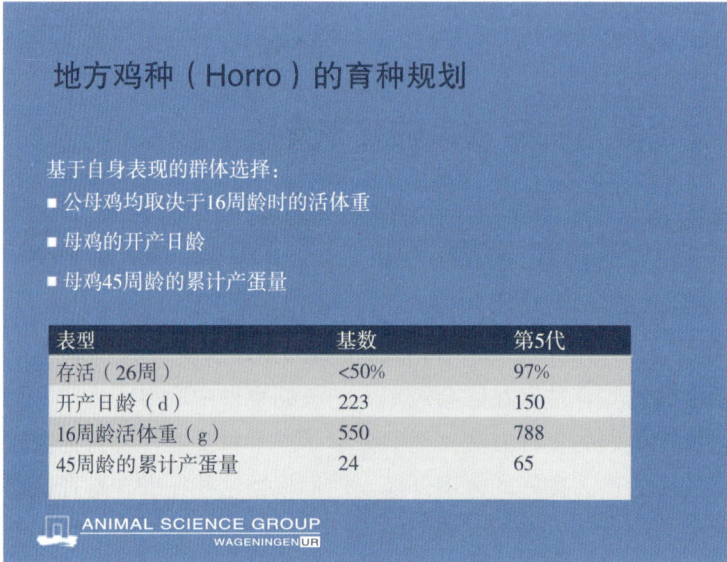

地方鸡种（Horro）的育种规划

基于自身表现的群体选择：
- 公母鸡均取决于16周龄时的活体重
- 母鸡的开产日龄
- 母鸡45周龄的累计产蛋量

表型	基数	第5代
存活（26周）	<50%	97%
开产日龄（d）	223	150
16周龄活体重（g）	550	788
45周龄的累计产蛋量	24	65

ANIMAL SCIENCE GROUP
WAGENINGEN UR

图 3-6　地方鸡种（Horro）的育种规划

4 为育种决策收集信息

了解育种目标后，就该为育种决策收集相关信息了（育种规划第 3 步）。这些信息就是动物的性状（称作表型），这些性状有助于确立动物在实现育种目标上具有的价值。当跳跃表现是马匹的育种目标时，就要收集跳跃的特征数据；当繁殖力是猪的育种目标时，就要记录产仔数性状。系谱也是动物育种中至关重要的信息。动物育种的关键是将基因的特征一代代地传递下去，当你想追溯或影响这一传递过程时，就必须记录亲子关系，也就是个体的系谱，至关重要。如今，DNA 分析技术已经应用于动物，可用于追踪或影响性状遗传力的传递过程。

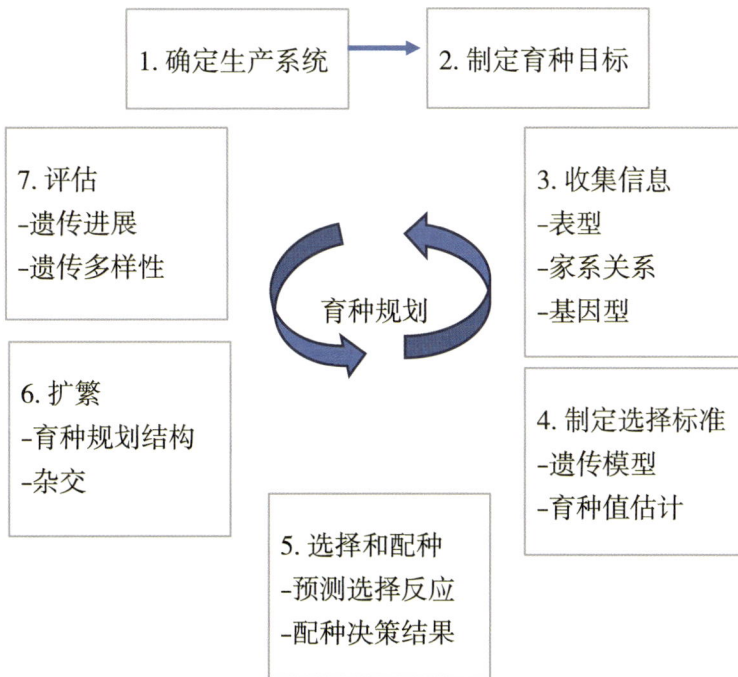

```
┌─────────────┐      ┌─────────────┐
│ 1.确定生产系统 │ ──→ │ 2.制定育种目标 │
└─────────────┘      └─────────────┘

┌─────────────┐                      ┌─────────────┐
│ 7.评估       │                      │ 3.收集信息   │
│ -遗传进展    │        育种规划       │ -表型        │
│ -遗传多样性  │                      │ -家系关系    │
└─────────────┘                      │ -基因型      │
                                     └─────────────┘
┌─────────────┐                      ┌─────────────┐
│ 6.扩繁       │                      │ 4.制定选择标准 │
│ -育种规划结构 │                      │ -遗传模型    │
│ -杂交        │                      │ -育种值估计  │
└─────────────┘                      └─────────────┘
        ┌─────────────┐
        │ 5.选择和配种  │
        │ -预测选择反应 │
        │ -配种决策结果 │
        └─────────────┘
```

4.1 动物育种中系谱的价值

由于减数分裂，精细胞和卵细胞分别含有亲本 50％ 的 DNA（基于 DNA 从亲本向子代的传递过程），这 50％ 的 DNA 形成独一无二的染色体组合（基于两代之间 DNA 传递的随机性）。卵子与精子结合形成受精卵后，受精卵的细胞核再次含有成对的染色体，这意味着每个动物染色体的一半（或一半的基因价值）来自父亲，另一半来自母亲。因此，个体与任一亲本间的遗传关系为 0.5，这被称为加性遗传关系。

> **定义**
>
> 两个个体间的加性遗传关系（Additive genetic relationship），是指两个个体间由亲缘关系带来的共有 DNA 的数量。

一些加性遗传关系的示例见表 2-2。

需要强调的是，亲本的每个精子和卵子都含有独一无二的亲本染色体组合。因此，即使拥有相同的父亲和母亲，全同胞个体之间的表型仍会有差异，这是由孟德尔抽样效应导致的。全同胞兄弟和全同胞姐妹（全同胞个体）间的加性遗传关系是 0.5，因为它们平均共享父母 50% 的 DNA。

在动物育种中，两个相关个体间的加性遗传关系具有非常重要的意义。举例来说，父女间的加性遗传关系是 0.5，他们之间共有 50% 的 DNA。这意味着可以用父亲的表型预测女儿的表型。反之亦然，女儿的表型也可以用于计算父亲的育种值。当然，性状的遗传力在这方面发挥着至关重要的作用。个体间的加性遗传关系对高遗传力性状育种的影响更大。例如，母马的体高是高遗传力性状（遗传力为 0.6），就可以用母马的体高很好地预测其女儿的体高，但母马受精成功率性状的遗传力低，仅为 0.1，因此用母马的受精成功率预测其女儿的受精成功率效果就不好，尽管母马与其女儿间的加性关系一直都是 0.5。

> **定义**
>
> 系谱（Pedigree）是种群中已知的一组亲子关系，通常以系谱图的形式展示，可用来推断种群中个体之间的关系。

以母马的系谱图为例，图 4-1 是一张荷兰种马的官方血统证明书。

4.2 动物需要唯一的识别系统

首先，只有当育种规划使用唯一可靠的识别系统时，系谱才有预测价值。在个体出生时应该给予其唯一的识别号，并且正确记录其父母的信息。许多育种规划会用遗传标记信息核查系谱的准确性（见本章示例）。其次，动物的表型（如体高、产奶量等）测定结果要和正确的识别号结合起来。错误的系谱和错误的数据记录对系谱的预测价值来说都是灾难性的。

个体与其父母的加性遗传关系是 0.5，与其祖父母是 0.25。个体和祖先的距离越近，祖先的性状在预测濒危动物的性状时就越有价值。过去，良种登记都是从系谱登记和系谱核查开始，以确保购买种畜的人能根据祖代的性状预测种畜的表现。

名字：　WIREDA　　　　　　　　注册地：　瓦尔通贝尔
身份证码：528003 03 01031　　　出生日期：2003年3月3日
评级：　　　　　　　　　　　　性别：　雌性
颜色：　棕色　　　　　　　　　类别：　二等
斑纹：　　　　　　　　　　　　肩高：
头部：不规则斑块　　　　　　　电子识别号：528210002361772
注册变更：
年龄变更：年轻的马匹，尚未进行性能测试，在腹关节内侧有白色斑点
注册注释：WITVOET（马的品种）
其他：
养殖者：S.丹尼尔，瓦赫宁根市LAWICKSE ALLEE 224街道5026号，邮编6079

KWPN
皇家协会
温血马血统簿
荷兰

父亲 MANNO 94.813 荷兰马血统簿 KEUR荣誉 二等 深色栗色马 肩高1.68m	FABRICIUS 87.2469 荷兰马血统簿 PREFERENT最高荣誉 肩高 1.68m	RENOVO 245STB−H PREFERENT最高荣誉	荷兰马血统簿	父亲：CAMBRIDGE COLE S974 母亲：UNDA STER荣誉，PREFERENT最高荣誉
		VORATIENA 79.3919 KEUR荣誉	荷兰马血统簿	父亲：PROLOOG PREFERENT最高荣誉 母亲：ORATINA STER荣誉
	GILVIA 88.140 荷兰马血统簿 STER荣誉，PREFERENT最高荣誉 棕色 1.73m	ZAKERNO 81.955 KEUR荣誉	荷兰马血统簿	父亲：PROLOOG PREFERENT最高荣誉 母亲：KERNA STER荣誉，PREFERENT最高荣誉
		ZILVIA 81.3095 KEUR荣誉，PREFERENT最高荣誉	荷兰马血统簿	父亲：INDIAAN PREFERENT最高荣誉 母亲：SILFIA STER荣誉
母亲 OREDIA 96.02119 荷兰马血统簿 STER荣誉 棕色马 肩高1.63m	FABRICIUS 87.2469 荷兰马血统簿 PREFERENT最高荣誉 肩高 1.68m	RENOVO 245STB−H PREFERENT最高荣誉	荷兰马血统簿	父亲：CAMBRIDGE COLE S974 母亲：UNDA STER荣誉，PREFERENT最高荣誉
		VORATIENA 79.3919 KEUR荣誉	荷兰马血统簿	父亲：PROLOOG PREFERENT最高荣誉 母亲：ORATINA STER荣誉
	DEREDA 85.2650 荷兰马血统簿 KEUR荣誉，PREFERENT最高荣誉 棕色 1.69m	WILHELMUS 80.3475	荷兰马血统簿	父亲：RENOVO PREFERENT最高荣誉 母亲：GEMMA STER荣誉，KROON荣誉
		TEREDA 25261STB−M KEUR荣誉，PREFERENT最高荣誉	荷兰马血统簿	父亲：HOOGHEID PREFERENT最高荣誉 母亲：OREDA STER荣誉

图 4-1　荷兰种马的官方血统证明书（KWPN 提供）

　　除了个体与祖代的加性遗传关系外，个体间的加性遗传关系也可用于动物育种。动物的全同胞兄弟（姐妹）可能也会有表型记录，全同胞个体间的加性遗传关系是 0.5，平均共有父母 50％的 DNA；半同胞个体（有相同的父亲或母亲）平均共有亲本 25％的 DNA。0.25 的加性遗传关系对预测（年轻）半同胞的性状可能也很有价值。全同胞或半同胞个体与其共同的亲本之间也有 0.5 的加性遗传关系，通常用于确定共同亲本的育种值。祖父母和孙女/孙子间 0.25 的加性遗传关系也可以用来确定祖父母的育种值。总而言之，在一个育种规划中，除了祖先以外，全同胞、半同胞及后代个体对扩展一个个体的系谱都很有价值且非常有用。所有亲缘相关个体的完整系谱可以展示出个体的全貌，为估计濒危个体的育种值提供信息。

4.3　表型收集、单基因和多基因性状

　　记录动物的某些性状不需要太多的知识或经验。动物的毛色就是一个很好的例子。例如，某个家兔品种的毛色是黑色或棕色，你可以在电脑上将黑色记为 0，棕色记为 1，或者黑色记为 1，棕色记为 2。这种性状在遗传学上被称为单基因性状，单基因性状的表达受单个基因的等位基因控制。有些性状像毛色一样，也受极其有限数量的基因影响，只能记录有限种类的表型。动物的许多隐性缺陷受单基因控制：健康或患病由一个基因的等位基因决定。从统计学角度看，这些表型都是离散变量，类别有限，描述家兔种的毛色就可以表示为：X％的个体是黑色的，Y％的个体是棕色的。

　　动物的许多性状其实是多基因性状，受多个基因共同作用。大多数多基因性状是定量的和连续的，可以用公制单位（如千克、升、毫米等）来测量。有些性状虽然是连续的，

但却用近似线性的分类方式来衡量，如动物的形态或表现，通过评判员或检查员的评分来判定，如从 1 分到 5 分或从 1 分到 10 分。还有些多基因性状（如疾病发生）呈二项分布：有病（可用 1 表示）或无病（可用 0 表示）。

4.4　平均值、变异度、标准差和变异系数

统计学中用平均值和变异度描述连续变量，用标准差、方差和变异系数描述变异度。

平均值计算如下：

样本的"平均值"等于抽样值的和与抽样数量的比值：

$$\bar{x} = \frac{x_1 + x_2 + \cdots + x_n}{n}$$

例如，4、36、45、50、75 的算术平均值是：

$$\frac{4 + 36 + 45 + 50 + 75}{5} = \frac{210}{5} = 42$$

方差的计算公示为：

$$S^2 = \sum (x_i - \bar{x})^2 / (n - 1)$$

标准差的计算公示为：

$$S_n = \sqrt{\frac{1}{n} \sum_{i=1}^{n} (x_i - \bar{x})^2}$$

标准差来自方差的平方根，如 4、36、45、50、75 共 5 个数值，计算如下：$n = 5$，均值 $\bar{x} = 42$（表 4-1）。

表 4-1　方差、标准差的计算基础

x_i	$x_i - \bar{x}$	$(x_i - \bar{x})^2$
4	-38	1444
36	-6	36
45	3	9
50	8	64
75	33	1089
$\sum x_i = 210$		$\sum (x_i - \bar{x})^2 = 2642$

其中，方差 $S^2 = 2642/4 = 660.5$，标准差 $S_n = \sqrt{2642/5} = 23.0$。

变异系数等于标准差除以平均值，计算方法如下：

$$C_v = \frac{\sigma}{\mu}$$

其中，σ 表示标准差，μ 表示平均值。变异系数 $= 23.0/42 = 0.55$，即标准差是平均值

的 55%。如果上述五个值是 5 个个体在同一表型上的值，则表明个体间存在较大差异。

4.5　测量值的正态分布

动物的许多性状都呈正态分布，表明动物的表型值分布是对称的，可以用平均值和方差来表示。在平均值上下，有相同数量的个体。离平均值越远，个体的数量就越少。用图形表示见图 4-2。

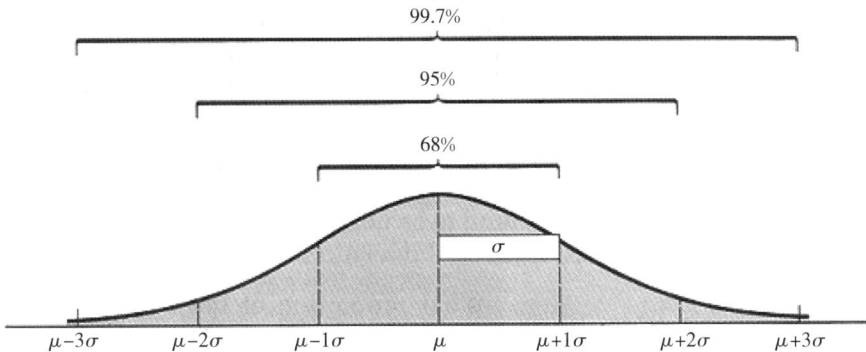

图 4-2　性状的正态分布

在正态分布中，你会发现有 68% 的动物的表型值在平均值加减一个标准差范围内，有 95% 的动物的表型值在平均值加减两个标准差范围内，有 99.7% 的动物的表型值在平均值加减三个标准差范围内。

4.6　协方差和相关性

两种性状之间可能存在一定的关系。例如，你会发现当一个表型值很高时，另一个表型值也会很高（如图 4-3 中牛的胸围和活体重），或者相反，当一个表型值高时，另一个表型值很低（如图 4-3 中猪的活体重和饲料转化率）。当然，这种关系之间的相关程度也可能不高（如图 4-3 中牛的活体重和销售价格）。这可能是由于这些性状是（或部分是）由相同的基因导致的。在动物育种中，我们经常使用协方差、相关性或回归描述性状之间的这种关系。

统计学中，随机变量 x 与 y 之间的协方差 $\mathrm{cov}(x, y)$ 表示为：$\mathrm{cov}(x, y) = E(xy) - E(x) \times E(y)$。

其中，E 代表期望值，等于总和除以测量次数。

动物育种中两个性状 x 和 y 的关系经常用 x 和 y 之间的相关性进行描述。

统计学中，相关系数表示为：$r(x, y) = \dfrac{\mathrm{cov}(x, y)}{\mathrm{Var}_x \times \mathrm{Var}_y} = \dfrac{\mathrm{cov}(x, y)}{\sigma_x \sigma_y}$。

相关系数通常用 r 表示，取值范围在 −1 和 +1 之间。正号表示两种性状呈正相关，

动物育种和遗传学

即性状 x 的值高时，大多数情况下性状 y 的值也高（当 $r=+1$ 时，总是如此）。负号表示性状 x 的值越高，性状 y 的值越低。

图 4-3 显示了三种不同情况下两个性状之间的关系（相关性）。

需要明白的是，相关性并不表示原因和结果。如图 4-3 中的第 3 个例子，猪的活体重并不是造成饲料转化率低的直接原因，反之，亦然。相关性仅仅表明两个性状间存在一定的关系，当这种关系是基于相同基因的功能时，才可以用于育种。

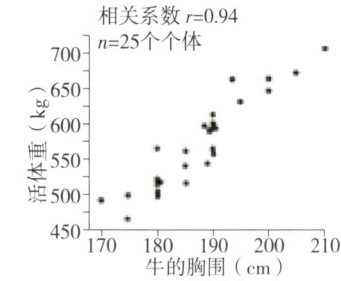

牛的胸围和活体重
相关系数：
$r=0.94$

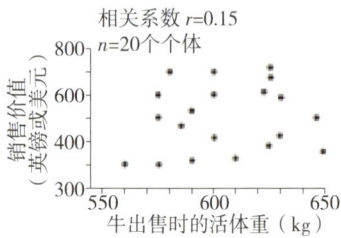

牛的活体重和销售
价格的相关系数：
$r=0.15$

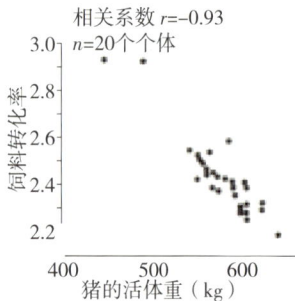

猪的活体重和饲料
转化率的相关系数：
$r=-0.93$

图 4-3　三种不同情况下两个性状之间的关系（相关性）

4.7　回归

如果性状间的相关性很高，就会引申出一个问题：当性状 x 变化一个单位时，性状 y 的变化是多少？这个问题可以用回归系数来回答。回归系数 b，是衡量 x 和 y 两个变量之间关系的一个指标，用 x 的部分方差表示。

统计学中，$b(x, y) = \dfrac{\mathrm{cov}(x, y)}{(\mathrm{var}_x)^2} = \dfrac{\mathrm{cov}(x, y)}{\sigma_x^2}$

换句话说，$b(x, y)$ 等于当 x 增加一个单位时 y 的变化量。同样，当 y 增加一个单位时，也可以计算 x 的变化量：$b(y, x) = \dfrac{\mathrm{cov}(x, y)}{(\mathrm{var}_y)^2} = \dfrac{\mathrm{cov}(x, y)}{\sigma_y{}^2}$。

回归系数可以是正的，也可以是负的，根据性状间相关性（协方差）的正负而定。性状的回归系数（如女儿的产奶量与母亲的产奶量之间）可以用来估计性状（产奶量）的遗传力。

4.8　测量误差

动物性状的测量结果称为表型。测量表型要非常仔细并严格检查，测量误差会影响表型的准确性。

> **定义**
>
> 表型（Phenotype）是性状的观测值，是遗传和环境相互作用的结果，包括测量误差。

测量误差可能具有系统性和/或随机性。系统误差可能由个体间的差异引起，如个体的饲粮组成、测定年龄、训练程度等。随机误差可能会降低性状的可重复性。例如，当你测量一个动物的长度时，重复测量 10 次，10 次测量结果间的差异可能会很大，测量时动物的轻微移动是造成结果差异大的原因；当你测量骨盆的高度时，你会发现多次测量结果的变化相当小。重复性和再现性是衡量测量准确度的指标，两者之间具有相关性，都是衡量同一个个体多次测量结果的相关性。

> **定义**
>
> 重复性（Repeatability）是指在相似条件下，同一个体不同测量结果间的一致性，代表性状测量的准确度，只受测量误差和测量次数影响。

当一个性状的重复性较低时，遗传力也会较低，意味着在育种规划中难以改良这种性状。

> **定义**
>
> 再现性（Reproducibility）指在不同地点和/或由不同的人进行测量的结果间的一致性，除了受测量误差和测量次数的影响外，还受评分人员或技术人员等系统效应的影响。

当一个表型值的重复性高而再现性低时，需要努力将表型测量标准化，并培训评分人员或技术人员进行标准操作。例如，测量猪的体重时，会在仔猪和母猪分开的固定时间（断奶时）称重一次，仔猪经过固定时间的限饲之后，在运送到屠宰场之前再进行一次称重，这样就可以计算出猪育肥期的日增重，而不会出现系统误差。对马的体尺性状进行评分时，强烈建议先培训评分员，并定期重复这样的培训。否则，两名评分员可能会对同一匹马的同一性状给出不同的分数，导致该性状的测量虽然具有高重复性，但再现性较低。

4.9 测量频率

表型的测量频率取决于许多因素。挤奶机可以随时记录每头奶牛每次挤奶的奶量，而评分员去农场评定动物的体型外貌则需要花费一定的时间和金钱，因此每年只做几次评定。疾病的发病率只有当农场主叫来兽医时才会进行记录。马的性能可以在测试中进行记录，犬的体型外貌则在特别的表演中记录。一般来说，只有当某个性状可能具有某种变化趋势时才会增加其测量频率。例如，在整个泌乳期内，奶牛、绵羊和山羊的产奶曲线可能会有所不同：具有高峰期（泌乳量和泌乳天数）和平稳期（曲线的形状为顶峰之后的平缓或急剧下降）。为了得到准确的估计泌乳量（育种目标性状），必须每六周记录一次产奶量。许多奶牛场记录产奶量的第一个理由是为了优化奶牛的饲养管理，第二个理由是为了找出产奶量最高的奶牛。

4.10 测量个体或亲属

记录哪些动物的表型主要取决于性状的特点：生长性状可以从公母畜的出生测量到死亡，泌乳量只能在母畜第一次妊娠分娩后才能开始测量，产蛋量只在产蛋期开始后才能计算，胴体性状只能在屠宰后测定，抗病性只有在病原体存在时才会表现，寿命只能在动物生命结束后确定。因此，对于不同种类的性状，要根据性状的特点，使用不同来源的信息预测出后备个体的基因价值。以下来源的信息都是有效的，因为它们都与后备个体有关。

- 亲本（系谱）的信息：产奶量、繁殖力、寿命。
- 同胞或半同胞（兄弟或姐妹）的信息：产奶量、胴体性状、繁殖力、寿命或抗病性。
- 后代的信息：产奶量、胴体性状、繁殖力、健康。

记录性状是有成本的。例如，对于犬和马，你必须组织展览，聘请评分员，这就会产生成本。对于其他物种，评分员必须到农场，对动物的体型外貌进行现场评估，否则必须购买昂贵的机器，通过扫描活体或者在屠宰场记录一些重要的表型值。低成本的测量方法有助于记录大规模的动物性状。成本较高的测量方法，如对活体动物进行超声波扫描，则只在对育种规划具有较高影响的动物中进行。

表型由多种组织机构记录，因此，当需要将多个性状的表型值放在一起计算个体的育种值之前需要费力对其进行整理。

4.11 指示性状的价值

对于那些难以测量或者在动物生命后期或生命结束时才表现出来的重要性状，指示性状可能具有一定的价值。例如，如果马的腿部质量得分和马的寿命之间存在较强的关系（相关），那么马的腿部质量得分就可以作为其寿命长短的预测指标。在这种情况下，腿部质量就可以作为提高寿命的育种目标。在猪身上进行过一项用氟烷麻醉幼龄猪的试验（图4-4），发现猪吸入氟烷后会出现不同的应激反应。因此，氟烷是猪应激敏感性的一个很好的预测因子。猪屠宰过程中的应激反应会破坏猪肉的品质，因而可将氟烷试验的结果作为猪肉品质的指示性状进行选择，从而降低猪的应激敏感性，最终改善猪肉的品质。

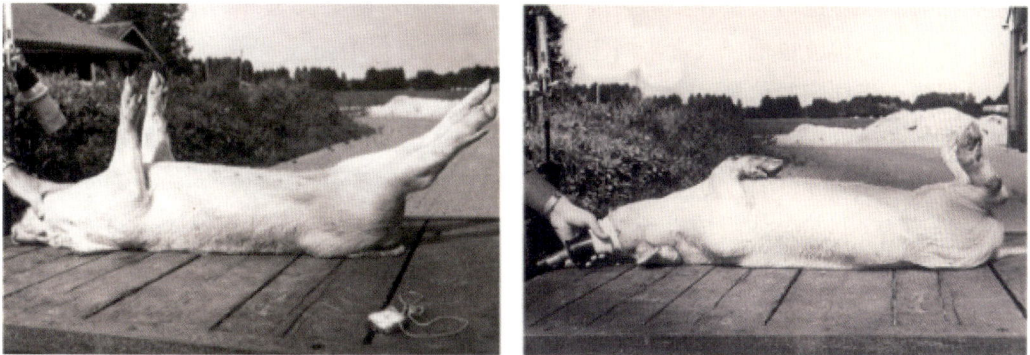

应激敏感性猪　　　　　　　　　　　　应激抗性猪

图4-4　氟烷麻醉幼龄猪试验

4.12 亲属信息的价值

祖代的信息

动物在出生甚至在胚胎形成的时候，育种者就希望知道该动物的育种值。这个幼小的动物是否只能表现出预期的性能，还是说可以被选做下一代个体的父母？能否用它改良后代？要回答这个问题，首先能做的是通过研究系谱，收集系谱中该个体的祖代的所有信息。其中，父母的信息很有价值，因为父母与子代的加性遗传关系是0.5。只有当父母的信息缺失或有限时，祖父母和祖先的信息对后代才有价值。因为如果有些等位基因没有从祖父母传递给父母，那么在个体中也就不存在了。当个体本身的表型（性能）不能确定时，系谱信息非常有用。例如，当公畜的目标性状只能在母畜青春期后才会表现（泌乳量、产蛋量和繁殖力）或目标性状只在屠宰后（胴体性状）或生命后期才会表达（与年龄有关的缺陷、寿命）的时候。

个体的信息

如果可以用个体自身的表型值，那么祖代信息的价值就会降低。此时，个体的基因价值得到了表达，还可以清楚地知道父亲和母亲基因价值的哪 50% 传给了个体。当性状的遗传力很高时，个体自身的信息非常有价值，测量误差或环境效应对这个性状的影响会非常有限。

同胞的信息

在某些物种如家禽和生猪中存在全同胞家系。家禽中的母鸡和公鸡交配后可能产生成百上千个全同胞。猪平均每窝也会有 14 个左右全同胞。全同胞个体之间的加性遗传关系是 0.5，意味着全同胞个体间确实可以互相提供育种值信息。对于间隔一段时间出生的全同胞，年长的个体可以为年幼个体的育种值估计提供有效信息。例如，在生猪育种中会利用个体的宰后胴体数据对其全同胞个体进行选择。犬中受过训练的导盲犬的信息可以为其全同胞导盲犬的育种规划提供信息。大多数物种中的雄性会与几个雌性交配产生半同胞，半同胞之间的加性遗传关系并不那么高（0.25）。因此，对于要选择的个体来说，一个半同胞个体信息的价值很低，大量半同胞个体的信息才有价值。

全同胞或半同胞的信息

大多数物种的雄性个体会有更多的半同胞。最突出的例子是人工授精技术中使用的奶公牛。在传统的奶牛育种规划中，年轻的公牛生产出第一批母牛，第一批母牛通常由 50 个以上的个体组成，于是每个女儿和年轻的公牛间都具有 0.5 的加性遗传关系，这就是一个非常有信息价值的半同胞群。一些物种，如猪、家禽、犬或鱼等，也会有全同胞群，同窝个体与母亲和父亲间的加性遗传关系均为 0.5。全同胞群也是一个有重要价值的信息来源。

整合信息来源

在育种规划中，人们不断地采集动物的数据并将其存储在数据库中。这些数据库中包含了祖代、育种后备个体、后备个体的同胞及后代的表型值。对于育种后备个体，所有这些数据都可以用统计方法进行整合，并用于估计其育种值。育种后备个体与数据库中提供信息的个体间的世代数决定了两者间的加性关系，以及该信息用来估计后备个体育种值的实用性。此外，信息的价值也取决于性状的特点（性别限制与否、测量时间等）。拥有表型信息的亲属的数量也很重要，如一个孙女的胴体数据很难说明其祖父的遗传价值，但如果有成千上万个孙女的胴体数据那就足够了，在猪肉生产中这些数据很有价值。

4.13 DNA 分析的可能性

除了表型，我们还可以收集用于各种目的的 DNA 信息。DNA 存在于染色体中，携带着动物之间的遗传差异。DNA 的这些遗传差异主要由碱基的差异引起。

有时染色体上的一个碱基被另一个碱基替代，形成点突变（动物间 DNA 组成的碱基变异），可以用分子遗传学方法进行检测。一系列的核碱基可以作为一个基因，负责产生蛋白质。

（点）突变导致一个或几个碱基被替代，形成另一个核苷酸，可能会生成新的蛋白质，或导致蛋白质功能缺失或异常。

> **定义**
>
> 突变（Mutation）是指个体染色体上的 DNA 序列发生改变，改变后的序列与从父亲或母亲遗传来的序列不一样。在遗传学上，当突变发生在生殖细胞时，这种改变可以遗传给后代，造成的影响最大。突变由细胞进程异常引起。当突变改变了 DNA 序列的功能时，可能会在种群中引入新的遗传变异。

动物的几乎所有性状都是多基因决定的，当其中某个基因在过去某个时间发生过突变且该基因对某个性状有可量化的影响时，该基因就被称为数量性状基因座（QTL）。

> **定义**
>
> QTL（Quantitative trait locus）是一个数量性状基因座，是对性状有实质影响的、离散的小片段 DNA。目前只发现了少数几个具有较大效应的 QTL。大多数复杂性状，如体重和产奶量，似乎都是由多基因调控的，这很接近许多数量遗传学理论的假设，即性状受大量微效多基因的影响。

4.14　DNA 标记

我们知道少部分 DNA 的功能，这些 DNA 可以合成蛋白质。但大量位于基因间区的 DNA 的功能我们并不知道。尽管如此，我们仍能够在实验室确定 DNA 组成的差异，使用几种分子遗传学技术寻找染色体上的遗传标记。

> **定义**
>
> 遗传标记（Genetic marker）是特定可识别的 DNA 序列。

有的遗传标记是蛋白质基因的一个等位基因，直接影响蛋白质的功能，被称为功能标记。而大多数情况下，遗传标记是染色体上一段我们不知道功能的 DNA，它因为靠近某个基因而与该基因的某个等位基因产生了联系。从动物分子遗传学工作开展以来，动物遗传学家们就做了大量的工作来寻找遗传标记。在那之前，他们只知道父本和母本分别把两个等位基因中的一个传给了后代，但他们不知道传递的是哪一个。有了遗传标记之后，就有可能追踪父本和母本把哪个等位基因传给了后代。

4.14.1　亲子鉴定

遗传标记在动物育种中具有一些重要的应用。第一个应用是亲子鉴定，它基于父亲和母亲各自将两个等位基因中的一个传递给后代。因此，在儿子或女儿中检测到的两个等位基因，一个来自父亲，一个来自母亲（见下面的例子）。

系谱的错误可能来自父母本（或精液）的错配、配种未记录、出生后不久调换幼仔或管理上的错误。根据亲子鉴定的现有经验，$2\%\sim10\%$ 的动物系谱是错的。在高成本的育种规划中，特别是当育种单元里的动物数量很大时，系谱很容易出错，因此强烈建议进行亲子鉴定。

示例：使用 18 个微卫星标记对犬进行亲子鉴定（来源：荷兰犬科动物管理委员会出版的《纯种犬的繁殖》，作者为 Kor Oldenbroek 和 Jack Windig）。

有两只名叫 Marjolein 和 Martha 的母犬在同一天出生在同一个犬舍。犬舍主人认为：Marjolein 的母亲是 Lianne，父亲是 Borus；Martha 的母亲是 Lieneke，父亲是 Bart。Borus 和 Bart 这两只公犬由附近的育种员饲养。两对犬 Lianne 和 Boris 及 Lieneke 和 Bart 在同一天交配。在打印官方系谱前，育种员像往常一样用 18 个微卫星标记对这 6 只犬进行了亲子鉴定，结果见表 4-2。

表 4-2　6 只犬在每个微卫星标记上的两个等位基因的大小（nt）

微卫星标记	Marjolein	Lianne	Borus	Martha	Lieneke	Bart
1 AHT121	102/102	102/102	97/102	97/102	97/102	102/102
2 AHT137	149/151	147/151	128/147	147/149	149/151	149/151
3 AHTH171	219/225	219/225	212/233	227/233	227/229	219/219
4 AHTH260	254/252	254/246	252/250	252/244	244/244	252/244
5 AHTK211	93/93	93/95	91/95	91/93	93/93	93/97
6 AHTK253	284/288	288/290	288/288	288/288	286/288	284/288
7 CXX279	126/126	126/128	124/128	124/128	126/128	124/126
8 FH2054	152/152	152/164	152/156	156/160	152/160	152/156
9 FH2848	230/234	234/234	230/230	230/230	230/230	230/234
10 INRA21	97/101	97/101	95/101	95/101	95/97	95/101
11 INU005	126/126	126/126	126/128	132/128	132/126	130/126
12 INU030	144/144	144/150	144/144	144/144	144/150	144/144
13 INU055	210/214	210/218	210/212	210/216	212/216	214/216
14 REN162C04	202/204	200/202	200/204	202/204	200/202	200/204
15 REN169D01	212/214	212/212	218/218	214/218	214/218	216/218
16 REN169O18	162/164	162/162	164/170	164/170	164/168	164/168
17 247M23	268/268	268/270	268/272	268/268	268/274	268/274
18 54P11	226/226	226/236	226/232	226/226	226/232	226/234

Marjolein 在微卫星标记 1（AHT121）上的两个等位基因都是 102，102 在其母本 Lianne 和父本 Borus 中都存在；Marjolein 在微卫星标记 2（AHT137）上的等位基因是

149 和 151，151 在母本 Lianne 中有，但它的父本 Borus（和母本 Lianne）没有等位基因 149！Marjolein 在微卫星标记 3（AHTH171）上的等位基因是 219 和 225，和它的母本一模一样，但它的父本 Borus 的等位基因却是 212 和 233。当用这种方法继续检查 6 只犬在 18 个微卫星标记上的所有等位基因时发现：微卫星标记 2、3、5、6、7、13 的等位基因检测结果均显示 Borus 不是 Marjolein 的父本，Bart 才是。

根据微卫星标记上等位基因的分析结果，可以看出，Martha 和 Lieneke 是母女，基于微卫星标记 2、3、5、11、13 和 16 的等位基因发现 Bart 不是 Martha 的父本。

将 Marjolein 的等位基因与 Lianne 和 Bart 的等位基因进行比较后发现，Marjolein 可能是 Lianne 和 Bart 所生，而 Martha 则是 Lieneke 和 Borus 所生。显然，配种过程出现了问题。

4.14.2 标记辅助选择

标记辅助选择

遗传标记的第二个应用是利用标记辅助选择追踪具有有利效应的等位基因。在动物生产中发现了许多与某个 QTL 密切相关的遗传标记。这些遗传标记对许多性状都具有有利作用，但目前只发现了少量的主效 QTL。因此，在引入基因组选择之前，遗传标记在选择育种中的应用很有限。

遗传标记的第三个应用是追踪具有不利效应的等位基因。首要的例子是，物种中的单基因隐性遗传缺陷。表 4-3 展示了每个物种的遗传缺陷的总数、单基因隐性（孟德尔性状）遗传缺陷的数量、DNA 因果突变的数量和可用的遗传标记，以及可以用于研究人类疾病的遗传缺陷的数量（截至 2023 年 2 月 6 日）。

表 4-3 遗体标记在单基因隐性遗传缺陷追踪的应用示例

Genetic defects: http: //omia.angis.org.au/home/

	犬	牛	猫	绵羊	猪	马	鸡	山羊	兔	日本鹌鹑	金黄仓鼠	其他	合计
所有的性状/疾病性状	580	397	302	214	214	205	190	72	58	41	40	463	2777
孟德尔性状	223	145	75	88	45	40	114	13	28	31	28	146	976
疾病性状 已知的关键突变	154	78	40	32	18	29	36	9	7	9	3	58	473
人类疾病的可能模型	296	142	165	82	77	108	41	28	37	11	14	229	1230

单基因隐性性状的遗传标记非常有价值，可以用来检测等位基因杂合子携带者。杂合

子个体虽然不表现任何遗传缺陷的症状，但却可以将遗传缺陷等位基因遗传给 50％的后代，两个杂合子个体就会有 25％的后代表现遗传缺陷症状。

基因组选择

遗传标记的第四个应用是<u>基因组选择</u>。基因组选择实质上也是一种标记辅助选择，但它使用的是覆盖整个基因组的大量遗传标记。在这种情况下，所有的数量性状基因座（QTL）至少会与染色体上的一个标记密切相关。使用单核苷酸多态性（SNP），即一个单碱基的点突变作为标记，在基因组上可以获得大量这样的标记。基因组选择就是基于分析 10000～800000 个 SNP 的信息，将这些大量的 SNP 的信息输入到基因组预测公式中分析预测动物的育种值。

在动物育种中，基因组选择遗传标记对低遗传力性状、限性性状、生命后期或屠宰后表现的性状的改良具有重要价值。

定义

基因组选择（Genomic selection）是使用覆盖目标性状大多数 QTL 的大量遗传标记进行的选择。

SNP（Single nucleotide polymorphism）是单个碱基突变导致的单核苷酸多态性。

基因组选择的一个变数是遗传标记 SNP 和 QTL 之间的重组事件。随着参考群和试验群之间世代数的增加，参考群的价值会逐渐降低（因为重组事件发生的概率会增加），这意味着需要继续记录将来后代的表型数据。

全基因组测序

最近，全基因组测序被引入选择育种。全基因组测序（又称完全的基因组测序或全部的基因组测序或整个基因组测序）是一种试验手段，可以一次性确定生物体基因组的全部 DNA 序列，包括所有的染色体 DNA 及线粒体 DNA。这项技术目前只用于科学研究，但可以展望一下它在选择育种中的实践应用，因为用它可以直接选择有利的 QTL 等位基因。

4.15 为育种决策收集信息的关键事项

（1）系谱记录是动物育种的重中之重，因为系谱可以用来确定个体间的加性关系，这种加性关系是指个体间因为亲缘关系而共享的 DNA 的数量。

（2）只有当育种规划使用唯一可靠的个体识别系统时系谱才具有预测价值。

（3）个体出生时应该取得唯一的识别号，并且有正确的父母信息。其次，动物的表型（如体高、产奶量等）测定结果要和正确的识别号结合起来。错误的系谱和错误的数据对系谱的预测价值来说都是灾难性的。

（4）单基因性状可以分类记录。当性状只有两类时，可以记为 0 和 1；当性状有 n 类时，可以记为 1、2、3、4…n。

（5）多基因性状可以用数值大小记录。群体中多基因性状的平均表现用表型平均值和个体间标准差的变异度表示。变异系数等于标准差除以平均值。

（6）两个多基因性状的关系可以用协方差、相关系数和回归表示。

（7）最好测量后备个体自身的目标性状表型值，对一些难以测量或生命后期甚至屠宰后才能表现的性状，指示性状可能具有一定的价值。

（8）由于加性遗传关系的存在，可以测量后备个体的祖代、全同胞、半同胞或后代的目标性状表型值。

（9）DNA 标记可用于亲子鉴定、标记辅助正选择（如生产性能）、标记辅助负选择（如遗传缺陷）和基因组选择。

5 遗传模型

尽管我们已经绘制出了一些动物物种的完整基因组，但我们仍然"看不出"群体中的哪一个个体的基因更优越。到目前为止，我们仍然不能全面地了解 DNA。因此，我们需要根据动物的表型来估计其遗传潜力，具体怎么做，将在第 8 章"动物排名"中详谈。本章我们将研究如何得知种群中观察到的表型差异中有多少是由动物之间的实际遗传差异造成的。例如，一头平均每天产奶 25kg 的奶牛，在基因上是否真的比每天产奶 15kg 的奶牛更好？一匹在盛装舞步测试中总是获得高分的马，真的比那些得分很低的马更有遗传优势吗？在同一名驯兽师的调教下，为什么那只优秀猎犬的全同胞姐姐表现不佳？这些问题可能没有一个统一的答案，我们将在本章找出原因。

如果回看育种规划循环图，就会发现我们现在已经到了第 4 阶段。在前面的章节中，我们已经确定了育种目标，收集了动物表型、基因型和系谱数据。本章我们将确定遗传模型，并使用该模型将测量结果转化为一套选择动物的标准。

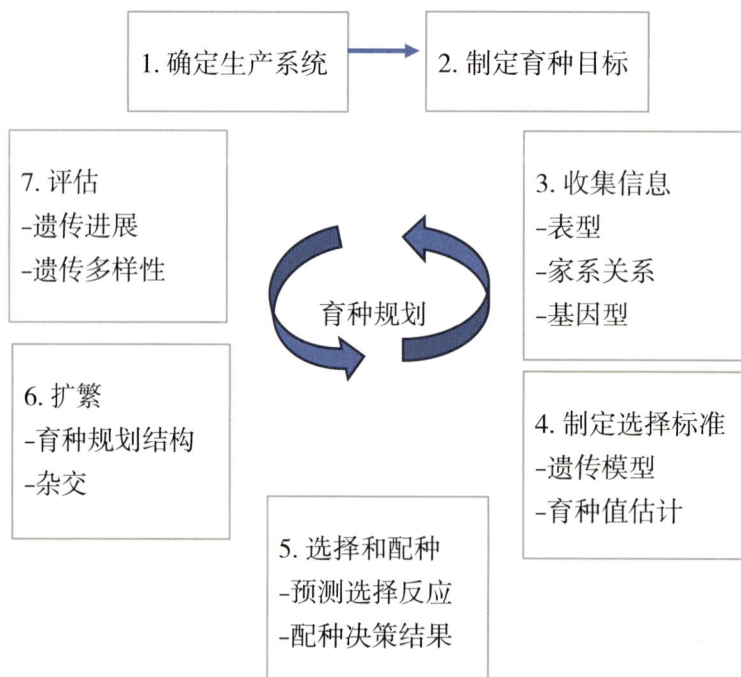

5.1 生活史中的表型和环境

在动物之间观察到的表型差异通常并非都是基因差异造成的，在一定程度上也由环境变化决定。环境对动物的表型往往有非常重要的影响。图 5-1 给出了环境对表型的影响情况。图中的绿色箭头表示动物的寿命。箭头中的竖虚线对应的是动物生命中的重要阶段，即动物生活史中的每一个新阶段。箭头上方的文本框中描述的是生活史新阶段对应的重要事件。箭头下方的文本框中列出了该阶段受到的环境影响类型。

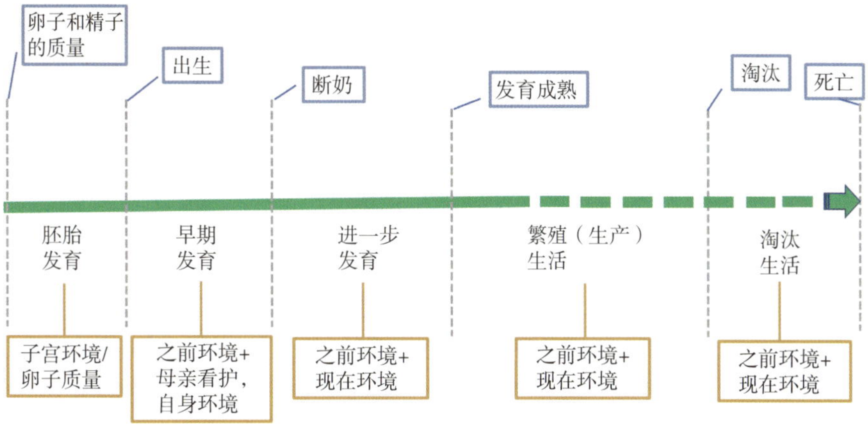

图 5-1　动物的生活史及影响环境变化的重要事件。图中底部方框中的内容表明过去的环境和当前的环境对个体都有影响。在断奶之前母亲决定个体的部分环境效应

5.1.1　出生前的事件

动物的生命始于卵细胞和精子的融合：受孕。卵细胞和精子在受精前所处的环境会影响它们的质量，从而影响新生命的开始。下一个重要的阶段是从胚胎发育到胎儿出生，哺乳动物这一时期发生在子宫中，母亲或多或少地对其有着持续的影响。产蛋物种的这一时期发生在卵子中，母亲主要影响蛋黄和蛋白的成分。胎儿出生之前，个体会遇到某些所谓的发育窗口期：特定器官组织的发育阶段。这些窗口期通常有一个固定的时间线，发育必须在这个时间线内完成，在窗口关闭之后，该阶段的发育就停止了。发育取决于遗传，也取决于环境。如果这些条件不充分，发育将不理想。

5.1.2　出生后的事件

出生或孵化后，只要和亲代生活在一起，则母亲的影响就会继续。然而，出生前环境的影响仍然存在。因此，如果子宫或卵子中缺少某种物质，那么发育就会相应地进行调整，出生后可能会出现补偿性的生长，但如果器官的发育没有达到最佳状态，那么就会成为一个既定的事实，不能再被纠正调整。出生后个体的发育仍在继续，也有若干个发育窗

口期。出生后的发育不仅包括动物身体部分的发育，也包括情感部分的发育。动物的性格大多在出生后的最初几周内形成。不理想的早期环境会对动物的情感发育造成不可逆的影响。在断奶之前，动物的环境不仅受母亲看护（包括食物供应）影响，而且还受环境内其他成员的影响，如动物的同胞。

5.1.3　断奶后的事件

断奶后，早期环境对动物发育造成的不可逆影响仍然存在。除此之外，断奶个体当前的环境也会对个体产生影响。例如，是否有食物和水，食物和饮水的品质如何，畜舍类型如何，其他动物如何影响其发育，等等。动物的发育将持续到育成阶段，可能会到持续到成熟进入繁殖生活之后。动物的第一次发情或者第一次产生可育的精子，甚至第一个后代的出生，有时也会发生在育成之前。因此，图5-1中的术语"成熟"有一点误导，它通常代表第一次繁殖时的年龄，但在图5-1中它代表的是动物发育的结束。

5.1.4　发育成熟后的事件

动物发育成熟后，将会迎来它的余生，取决于环境质量如何影响动物的表型。然而，此时个体的发育已经结束，因此，此时许多环境的影响是可逆的。动物可能会开始繁殖并对自己的后代产生自己的影响，又因为其自身又受到其父母的影响，因此，这些影响可能会继续影响它自己后代的发育。事实上，个体父母的影响会对个体后代的发育产生代际效应，这是一个相对较新的研究领域，目前人们对代际效应的重要性了解得还不多。例如，动物的母亲在怀孕期间或产卵之前食物匮乏将会影响动物的发育，动物发育受到影响后，反过来又可能会影响其后代的发育。例如，如果动物生长受限，且成年后仍保持较小体型，这就会影响其子宫的大小，从而影响其后代的发育环境。

5.1.5　繁殖后的事件

在繁殖期后，一些家畜就会被淘汰，其中既有过去生活经历的影响，也有自身环境的影响。自然界中的动物通常不会被淘汰，而是会自然死亡。农场动物通常在繁殖期结束前就被淘汰。需要注意的是，生命早期的环境影响可能会影响生命后期的表现。然而，并不是所有的早期影响都有持久的效应，有些影响是可逆的或者微不足道。

5.2　模型中的表型

正如我们看到的，动物生命过程中发生的任何事情都可能影响其表型。例如，当测量动物的身高这个表型时，应考虑遗传因素会影响动物的身高，因为如果动物的基因决定了其长不大，那么即使它可以随意进食，它的身高也永远不会长大：基因组成决定了边界。然而，同样是这个动物，如果没有得到适当的喂养，而是生病了或者生活在非常寒冷的气候中，或者它的母亲在怀它时生病了，那么这个动物甚至都达不到这个上限，它长得会比拥有同样基因组成但却拥有最好成长环境的动物更小。这些环境的影响不容易确定，因为它们开始得太早了（卵细胞和精子也受环境的影响），而且我们也不清楚哪些因素有影响，哪些因素没有。

> **定义**
>
> 环境（Environment）可以被定义为影响动物性能且与动物基因组成无关的任何东西，它开始于生命最早的时刻，甚至在受孕之前。
>
> 一般情况下，表型符合下面这一基本模型：
>
> **定义**
>
> 表型（Phenotype）＝基因型（Genotype）＋环境（Environment）
>
> 或者
>
> $P=G+E$
>
> P、G 和 E 这些符号非常重要，要记住它们，因为它们经常被用于描述表型、基因型和环境。

5.3 单基因遗传变异

动物之间的遗传差异由它们之间的 DNA 差异造成。如果一个性状（如牛是否有角）仅由一个基因决定，那么其表型就取决于这个单一基因的等位基因组合。无角是一种显性性状，牛只有在隐性等位基因 h 纯合的情况下才会长角，因此 Hh 和 HH 基因型的牛都无角，只有基因型 hh 的牛有角。在奶牛中，需要在牛很小的时候进行人工去角。然而，荷斯坦奶牛中的一些个体天生无角，因为它们携带 H 等位基因。

虽然有些毛色也仅由携带两个等位基因的单一基因决定，但可能会产生比牛有角或无角更多的表型变异。例如，没有稀释因子的马（DD）是栗色马（棕色的皮毛、鬃毛和尾巴）；含有一个稀释等位基因的马（Dd）是帕洛米诺马（稍浅色的被毛，浅色的鬃毛和尾巴）；含有 2 个稀释等位基因的马（dd）是克莱米诺马（几乎全白的皮毛、鬃毛和尾巴，浅色的眼睛）。因此，这个稀释基因产生了 3 种不同的表型，而"长角基因"只产生 2 种表型。

单基因性状看起来似乎不受环境的影响，即 P＝G，但情况并非总是如此。例如，导致人类患苯丙酮尿症（PKU）的基因。苯丙酮尿症是一种罕见的隐性遗传代谢紊乱疾病，同时携带两个隐性等位基因的孩子会患病。在荷兰，平均 18000 名儿童中就有 1 名患有此病，因此所有的新生儿都应采血检测此病。PKU 患者体内没有苯丙氨酸羟化酶或者苯丙氨酸羟化酶不起作用，因此不能分解苯丙氨酸，导致苯丙氨酸在血液和脊髓液中累积，造成神经细胞损伤，最终导致大脑损伤。未经治疗的 PKU 患者通常智力迟钝，有行为问题，同时经常患有皮肤病。PKU 的治疗方法非常简单：患者终生采用低蛋白饮食，不摄入天冬氨酸盐（因为天冬氨酸盐中含有苯丙氨酸），服用氨基酸添加剂预防营养不良。因此，这种单基因性状的表达就可以受环境影响，在这个例子中就是受饮食的影响。

5.4 多基因遗传变异

许多性状由不止一个基因决定。图 5-2 展示了三个基因决定皮肤颜色的例子。我们可以看到三个基因可以形成 64 种基因型！但这 64 种基因型没有产生 64 种表型。由于存在上位效应，基因的表达依赖于等位基因的组合，最终只有 7 种表型，64 种基因型只产生了 7 种不同的表达水平。如果算出这些基因型在每个表型中出现的频率，就会得到图 5-2 的钟形曲线。位于钟形曲线中间的表型最常见，两边的表型最不常见。参与表达某一性状的基因越多，频率图就越像一个平滑的钟形。钟形分布是离散特征表型很常见的频率分布特征。

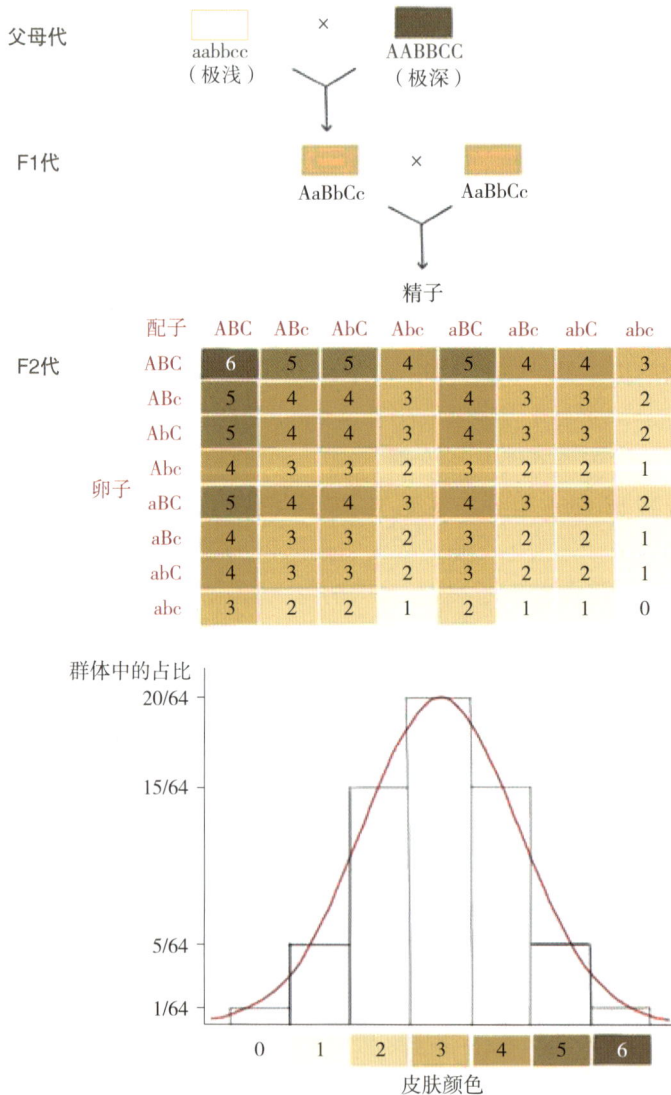

父母代　aabbcc（极浅）　×　AABBCC（极深）

F1代　AaBbCc　×　AaBbCc

精子

配子	ABC	ABc	AbC	Abc	aBC	aBc	abC	abc
ABC	6	5	5	4	5	4	4	3
ABc	5	4	4	3	4	3	3	2
AbC	5	4	4	3	4	3	3	2
Abc	4	3	3	2	3	2	2	1
aBC	5	4	4	3	4	3	3	2
aBc	4	3	3	2	3	2	2	1
abC	4	3	3	2	3	2	2	1
abc	3	2	2	1	2	1	1	0

F2代（行：卵子）

群体中的占比

20/64

15/64

5/64

1/64

0　1　2　3　4　5　6

皮肤颜色

图 5-2　三个基因决定的表型变异：64 种基因型产生了 7 种表型

动物育种中有一个普遍的假设是，性状是由无数个基因决定的，每个基因的影响都很小，因此钟形曲线非常光滑。同时也假设这些无穷多的基因的效应是可以累加的。支持这一假设的模型被称为无限小模型。

> **定义**
>
> 　无限小模型（Infinitesimal model）假设所有的性状都是由无数个基因决定的，每个基因的影响都无穷小。这一假设会产生一个平滑的钟形分布，可以用正态分布来描述，这种分布有一系列的规则，奠定了动物育种理论的基础。

最近的研究表明，尽管参与某一性状表达的基因数量不是无限的，但确实经常有许多影响效应小的基因参与其中。这种模型很方便，因为钟形分布可以用正态分布来描述，而正态分布有一套适用的统计规则可以帮助我们更容易地进行预测，而这正是我们在动物育种中想要做的：即预测动物的遗传潜力，并且可以预测如果我们使用一定比例的动物作为父母本，那么下一代将会获得什么进展，动物排名一章中将有更多关于这部分的内容。

5.5　方差组分

群体的变异可以用与正态分布有关的统计量进行量化，这个统计量被称为方差组分，通常用 σ^2 表示。因此，表型方差称为 σ_P^2，遗传方差称为 σ_G^2，环境方差称为 σ_E^2。我们的模型 $P = G + E$ 也可以用方差组分表示：

$$\sigma_P^2 = \sigma_G^2 + \sigma_E^2 + 2\,\mathrm{cov}_{G,E}$$
$$= \sigma_G^2 + \sigma_E^2$$

假设 G 和 E 之间的协方差为 0，也就是：基因型与环境互不依赖，两者之间没有关系。这一假设通常是合理的，因为我们在估计方差组分时通常只考虑单一类型的环境。将来在育种规划评估一章中，我们就会看到情况并不总是如此，但现在我们只遵循普遍的假设，即基因型和环境之间没有关系。

> **定义**
>
> 　变异度（Variation）用方差组分表示。方差组分的符号是 σ^2，方差组分的下标分别表示方差组分的类型是：P、G 或 E。

为了估计这些方差组分，我们利用以下的事实：如果一个性状是可遗传的，那么在该性状上，同胞个体之间比没有亲缘关系个体间更相似。因此，我们就可以将动物的表型信息与它们的遗传关系（即系谱）结合起来。这样一来，我们唯一不知道确切信息的部分就剩下环境了。当然我们也可以确定环境的某些组分，如畜舍和营养条件。但是，因为环境的影响在母体受孕时就已经开始了，所以我们不能确定所有的环境组分。此外，还有一些我们甚至没有意识到的因素，比如 3 周前的天气对今天的表型的潜在影响。我们可以用 σ_P^2 减去 σ_G^2 来估计 σ_E^2，即 $E = P - G$。环境的影响会导致方差估计得不准确，因此这种方差被称为误差方差，而不是环境方差。

> **定义**
>
> σ_E^2 被称为误差方差（Error variation），它不仅包括由环境影响引起的变异，还包括一些其他的影响。

5.6 遗传模型的简化

模型 $P = G + E$ 中的 G 非常复杂，因为它包含许多潜在的组分，它可以建模为：

基因型＝加性效应＋显性效应＋上位效应

或 $G = A + D + I$

我们从公式的最后面开始讲解：上位效应表示基因间存在相互作用。例如，当一个基因的表达需要另一个基因的产物，产生了所谓的基因通路时，这个基因的表达就依赖于另一个基因的等位基因组合。显性效应表示基因的表达取决于该基因本身的等位基因组合，两个隐性等位基因的组合与一个显性和一个隐性等位基因的组合会产生不同的表达水平。加性效应是指基因的效应不具有显性效应和上位效应，不依赖基因的等位基因组合，它是不同等位基因效应的累加值。

> **定义**
>
> 遗传组分包括三个潜在的效应：
>
> （1）上位效应：基因间的相互作用；
>
> （2）显性效应：同一基因等位基因间的相互作用；
>
> （3）加性效应：校正相互作用后剩下的效应。

因此，方差组分中的遗传方差可以写成：

$$\sigma_G^2 = \sigma_A^2 + \sigma_D^2 + \sigma_I^2$$

确切地说，应该将公式扩展为"$+ 2\,\mathrm{cov}_{A,D} + 2\,\mathrm{cov}_{A,I} + 2\,\mathrm{cov}_{D,I}$"。但是根据假设，这些协方差均为零，因此不将它们放进公式中。

5.7 子一代：传递模型

显性效应和上位效应的大小取决于等位基因的组合，产生配子时这两种效应会被破坏，形成后代时这两种效应又会重新建立，但我们无法对其进行预测；加性效应是可以预测的，因为它不依赖于等位基因的特定组合。

为了预测加性遗传效应，我们需要开发另一个模型来描述遗传潜力从父母双方传递给后代的情况，图5-3的兔子家族可以说明这一点。父母的基因都有2个不同的拷贝，但它们只会随机传递其中一个给后代。因此，对每个基因而言，每个亲本都有两个等位基因，这些等位基因在后代身上可能有四种不同的组合。

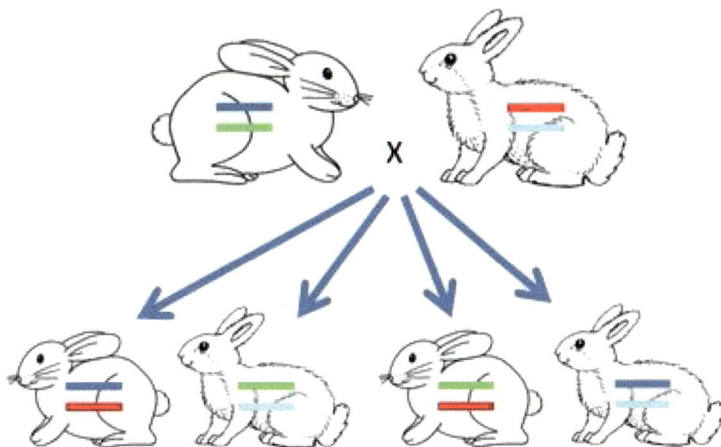

图5-3 兔子家族中基因的传递过程。子一代随机获得父母一半的基因

事实上，即使我们知道动物分别接受了父亲（sire）和母亲（dam）一半的基因，我们也无法预测后代的表现，因为我们需要知道后代接受的是哪一半基因，而这是个随机过程，也被称为孟德尔抽样（Mendelian Sampling，MS）。现在我们知道了两点：一是后代的遗传物质一半来自父亲一半来自母亲，二是存在孟德尔抽样。

> **定义**
>
> 孟德尔抽样（Mendelian sampling）表示父母双方各自分配一半遗传物质给后代的随机性。

请记住，在育种中我们只研究加性遗传效应（A），因为只有加性遗传效应的一半会遗传给后代，这部分效应被称为个体的真实育种值。

> **定义**
>
> 个体的真实育种值（A）是个体的加性遗传组分，其中的一半可以遗传给后代。

在模型中，后代的育种值可以表示为：

$$A_{后代} = \frac{1}{2} A_{父本} + \frac{1}{2} A_{母本} + MS$$

如果想估计某一世代育种值的方差组分，那么估计的公式和加性遗传方差的计算公式一样，因此，方差 A 可以写为：

$$\sigma_A^2 = \mathrm{Var}(A) = \mathrm{Var}\left(\frac{1}{2} A_{父本}\right) + \mathrm{Var}\left(\frac{1}{2} A_{母本}\right) + \mathrm{Var}(MS)$$

$$= \left(\frac{1}{2}\right)^2 \mathrm{Var}(A_{父本}) + \left(\frac{1}{2}\right)^2 \mathrm{Var}(A_{母本}) + \mathrm{Var}(MS)$$

$$= \frac{1}{4} \mathrm{Var}(A_{父本}) + \frac{1}{4} \mathrm{Var}(A_{母本}) + \mathrm{Var}(MS)$$

在无限小模型中，我们假设选择不会影响遗传方差从一代到下一代的大小，即两代的遗传方差相等，因此我们的假设是 $\mathrm{Var}(A_{父本}) = \mathrm{Var}(A_{母本}) = \mathrm{Var}(A)$，这就意味着 $\mathrm{Var}(MS)$ 必须等于 $\frac{1}{2}\mathrm{Var}(A)$，这是相当大的一部分！这就是为什么人们都说育种是一场关于遗传的"赌博"。但幸运的是，我们有工具可以减少育种中的随机因素，关于这部分的更多内容，我们将在动物选择章节中进行讨论。

5.8　遗传力

在动物育种中，我们只对 A 而不对 G 进行预测。因此，我们可以将模型 $P = G + E$ 简化为 $P = A + E$。此时应当注意，简化后的 E 比简化前的 E 大，我们无法估计简化后的 E，因为此时的 E 还包括了显性效应 D 和上位效应 I。现在，我们将 σ_E^2 称为误差方差的原因就变得更明显了，因为它包含的组分大于环境效应。

注意：动物育种者在使用这些术语时往往有点马虎。当他们谈论 $P = G + E$ 时，除非有特别说明，否则他们的意思其实是 $P = A + E$。同样的，如果他们提到 σ_G^2，他们的意思其实是 σ_A^2，除非他们特别说明。

加性遗传效应是父母双方传递给后代的那部分遗传组分。换句话说，加性遗传效应是可遗传的。为了表明某种性状的可遗传程度，人们定义了一个参数——遗传力，用来表示观察到的变异（表型方差）中有多少是由动物之间的（加性）遗传差异决定的（加性遗传方差），用符号 h^2 表示。

> **定义**
>
> 遗传力（Heritability，h^2）表示个体间由遗传变异引起的表型变异占总表型变异的比例。公式为 $h^2 = \sigma_A^2 / \sigma_P^2$，取值范围为 0～1。

如果已知一个群体的表型和遗传关系（系谱），就可以估计该表型的遗传力。h^2 为 0.3，代表观察到的 30% 的表型差异是由个体间的加性遗传差异造成的。如果所有的表型差异都是由遗传差异引起的，那么 h^2 就为 1.0。根据定义，大于 1.0 的 h^2 是不存在的。

同样，如果个体间的表型差异不是由它们的遗传差异决定的，那么 $h^2 = 0.0$。同样，根据定义，h^2 也不可能小于 0.0。

遗传力估计的限制条件

估计的遗传力是对特定性状而言的，也适用于特定环境中的特定群体。关于这点有两个重要的原因：一是，环境的影响当然也取决于环境；二是，像我们看到的人头发颜色的遗传变异一样，同一性状的遗传变异在不同种群间可能会不同。

> **定义**
>
> 遗传力（Heritability）是在特定的环境中估计的特定群体的遗传力，因为它反映的是特定群体中某一性状相对于表型变异的遗传变异。

如果在不同环境中测定了同一群体的表型，那么遗传力差异可能存在第三个原因：目标性状表现的先决条件可能因环境而异。这将导致不同环境下有不同的有利基因型。例如，如果把全球的荷斯坦-黑白花奶牛作为一个单一群体，然后比较其在荷兰和孟加拉国的产奶水平，我们很容易就能意识到这种比较可能不公平，因为荷兰和孟加拉国对顶级奶牛的品质需求不一样，于是两国奶牛的遗传方差就不一样，因为不同的品质需求意味着需要一些不同的基因，并且两国的环境也不同，所以环境方差也不一样。因此，必须在特定群体和特定环境中估计目标性状的遗传力。然而，如果有人已经针对与你的种群非常相似的种群进行了遗传力估计，且该种群的饲养环境也与你的种群相似，那么你就可以相当有把握地认为该种群的遗传力和你的种群的遗传力相似。

常见动物物种和种群一些性状的遗传力见表 5-1。

表 5-1　某些种群和物种中若干性状的遗传力

动物物种和性状	遗传力	动物物种和性状	遗传力
奶牛		**蛋鸡**	
产奶量（kg）	0.36	开产日龄	0.51
体况评分	0.22	产蛋量（个/d）	0.22
体细胞评分	0.15	产蛋重	0.60
马		**绵羊**	
自由行走	0.34	净毛量	0.47
骑乘性	0.29	纤维直径	0.45
软骨病	0.23	30 日龄到 90 日龄的日增重	0.52

（续）

动物物种和性状	遗传力	动物物种和性状	遗传力
猪		**犬**	
日增重（g/d）	0.25	性情	0.20
产仔数	0.15	髋关节发育不良	0.34
饲料转化率	0.35	产仔数	0.30
鱼（三文鱼，鲑）			
存活率	0.05		
体长	0.10		
体重	0.20		

5.9 遗传力的简单估计：亲子回归分析

有些方法可以精确地估计方差组分，并对一些系统性的影响进行校正。这些方差组分可以用来计算遗传力。有个潜在的问题是，为了准确估计方差组分，需要大量的数据记录（表型和系谱）。如果只有有限的观测值，或者没有完善的系谱，那么还有一个可以"快速"获得遗传力大小的方法——亲子回归。父母会把一半的基因传递给后代。假设目标性状仅仅是由遗传决定的，如果将双亲的平均表型值（也称为中间亲本）（x 轴）与后代的表型值绘制成曲线（y 轴），那么期望的回归系数就为 1（如图 5-4 所示）。如果目标性状受某种程度的环境影响，同时也受遗传因素的影响，那么回归系数就会大于 0 小于 1。这个回归系数是父母和子女相似度的一个指标。使它们相似的唯一因素是它们共同的遗传背景。也就是说，回归系数反映了遗传力。有时候我们没有父母双方的表型记录。例如，当一个性状只在雄性或雌性身上表现时，在这种情况下，回归系数就不能完全反映遗传力，它只能反映遗传力的一半。

图 5-4 展示了一些阿拉伯马的身高与它们父母的平均身高的回归情况。估计的回归系数，即遗传力为 0.64。估计的截距为 0.56。表明亲本的身高高于子代，也就是说亲本总体比后代体型大。提示我们这两代马所处的环境可能出现了变化。如果数据是在同一个马场收集的，那么亲本的体型就是比后代的体型大，但也可能是由于测量不准确所致，如果测量不准，这个结果就没有意义。

重要的是要记住，这不是计算遗传力的准确方法。如果有些家系处于最好的环境，有些处于较差的环境，那么就会影响结果，会增加回归系数的效应，进而夸大遗传力。同样，如果父母所处的环境与子女所处的环境非常不同，那么父母与子女间的表型关联就会减少，回归系数就会变小。幸运的是，有一些统计方法可以将这些系统性的环境影响考虑在内。

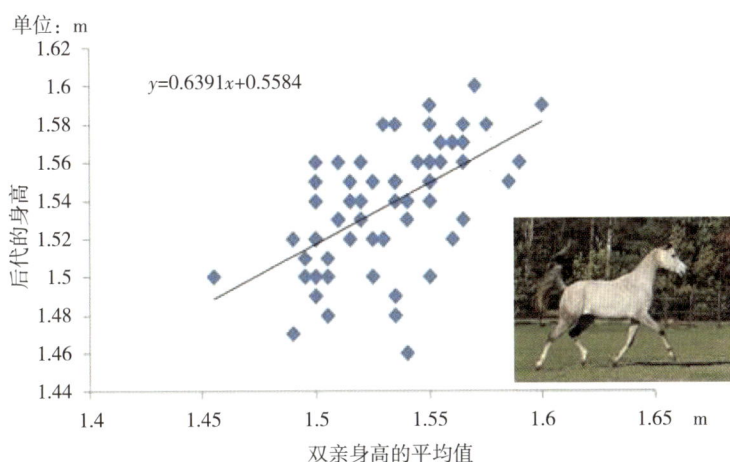

图 5-4　马后代的身高与它们双亲身高平均值的回归曲线。两者之间
的回归曲线表示该性状（马的肩高）在该种群的可遗传程度

5.10　关于遗传力的误解

人们关于遗传力有许多误解，我们将在下面讨论其中的一些。

误解 1.“遗传力为 0.40，说明 40% 的性状是由遗传决定的”。

这是一个很常见的误解，是对遗传力定义的误解。遗传力为 0.40，说明该性状所有表型方差的 40% 是由该性状的基因型方差造成的。这和该性状表达水平中的 40% 由基因决定，剩余部分由其他因素决定的定义有着非常不同的含义。

误解 2.“遗传力低意味着性状不是由基因决定的”。

遗传力大于 0，表明基因对表型的表达有影响。遗传力的大小由遗传方差与表型方差的比例决定，因此遗传力低表明遗传方差低。例如，一只手的手指数量在很大程度上是由基因决定的，但到目前为止因为大多数人每只手都有五个手指，所以手指数量的遗传方差很低。

误解 3.“遗传力低意味着遗传差异小”。

遗传力低不一定表明遗传方差小，也可能说明误差方差很大，可能是因为环境的巨大影响，也可能是因为不准确的表型记录。例如：动物对某种病原感染的抵抗力将取决于耐受该感染的遗传潜力，问题是如何测量这种潜力。如果在田野中检测一次绵羊是否感染了线虫，结果只能发现当时被感染的绵羊，而在当时未表现感染症状的其他羊中你无法区分哪些尚未被感染、哪些已经痊愈或哪些对线虫感染有抵抗力。换句话说，观测值中有很多是错误的，因为你不能正确记录每个动物的表型，这将导致一个相对较大的误差方差，最终导致遗传力很低。如果你想提高线虫感染记录的准确性，你可以多次进入田野和/或改善测量方法，那样你就能获得更准确的耐受线虫感染潜力的表型记录，从而更准确地估计该表型的遗传方差和环境方差。如果当前没有太多的遗传方差，那么遗传力依然会较低，但至少不再是因为表型的不准确造成的。

　　误解 4. "遗传力是一个固定的值"。

　　遗传力反映了遗传方差组分在一个特定群体表型方差中的相对权重，是基于特定时间的观测而来。遗传力的大小取决于群体的遗传方差，也受环境和观测值准确性的影响（见误解 3）。一个群体的遗传方差可能不同于另一个群体的遗传方差，特别是当其他群体来源于不同的品种时。在同一群体中，遗传力也会随着时间而改变。例如，如果采用了更准确的方法，记录收集了新的表型观测值，或者畜舍距离上次记录发生了变化而使环境的影响发生了变化，那么遗传力就会改变。因此，明智的做法是定期重新估计遗传力。

　　综上所述，特定环境中特定群体的遗传力大小取决于表型方差中的多大比例是由加性遗传方差决定的。特定的群体决定了加性遗传方差的大小，特定的环境影响了环境方差的大小，特定的环境也会影响表型记录的准确性，从而揭示了动物之间的差异。

5.11　非遗传的影响：共同环境引起的方差

　　一般来说，动物生活所处的环境是很难详细监测的。但是，在它们的发育过程中，有些部分是它们共有的，可能会以相似的方式影响它们。我们可以通过比较拥有相同环境的个体与拥有另一种环境的个体，对这种影响进行估计。一个常见的相同环境的例子是同窝动物（如猪、犬、羊、兔、鼠等）共享的母体环境。这些动物在发育过程中拥有相同的子宫内环境、相同的母体乳汁成分、大致相同的母亲看护，这种共享的早期环境将以类似的方式影响这些动物。另外，非全同胞个体之间也可以拥有相同的环境，如同一时间在同一孵化器中（或在同一只母鸡孵育下）孵出的小鸡就有相同的孵化环境。一般来说，幼小的动物会共享它们的第一个室内畜舍（笼子或围栏），而户外畜舍差异较大，因此，即使同在户外，环境的相似影响也会更小。

　　当然，动物成年后也会有共同的生活环境，但在动物育种中我们不再称之为"共同环境"。共同环境指的是动物在发育过程中所处的具有不可逆后果的环境。如果共同环境的条件是可满足动物需求的，那么共享该环境的动物的发育将由它们自身的潜力决定。如果动物在受限的环境中发育，那么它们的发育就不能根据自身的潜力进行，这种次优发育的后果就不可逆。而如果动物在成年后生活在受限的环境中，那么大多数的后果却是可逆的。

> **定义**
>
> 　　共同环境（Common environment）指动物在发育过程中与其他动物共享的环境。预计对所有共享该环境的动物的发育产生相同的影响。发育过程中的环境质量可能会产生不可逆的后果。

5.11.1　共同环境的重要性

我们为什么对共同环境的方差感兴趣？最重要的原因是共同环境效应的大小会提示我们环境对观测表型值方差的影响。共同环境不一定是记录表型时的环境。例如，雌性动物性成熟的年龄（第一个发情周期）可能在几个月甚至几年前受到过共同环境（如同窝个体间）的影响，如果共同环境质量良好，还可能导致早熟。

知道存在这些共享环境经历的好处是，能够量化这些经历的影响变化，可以更准确地估计遗传力。这是因为关系密切的动物之间会经历相同的环境，所以很难把共同环境效应从遗传组分中分离出来。在估计方差组分的时候将共同环境因素考虑在内，有助于将遗传方差从亲缘个体共有的实际环境影响中"脱离"出来，还可以展示早期环境对表型的影响大小。

考虑到共同环境的影响，表型方差可以表示为：

$$\sigma_P^2 = \sigma_G^2 + \sigma_c^2 + \sigma_E^2$$

我们可以定义一个共同的环境因子，代表共同环境方差相对于表型总方差的比例，用 c^2 表示，类似于遗传力 h^2。

5.11.2　共同环境效应的例子

从表 5-2 中我们可以看到共同环境对两个不同品种母猪的一些性状的影响。这种共同环境效应代表断奶前同窝成长的影响。我们发现，共同环境对母猪腿部得分的影响最大，说明腿部发育可能与母猪的乳成分有关，乳成分可能影响了骨骼的生长和发育，但这只是猜测。表 5-2 还显示了是否将共同环境效应大小考虑在内，对估计这些性状的遗传力的影响。像前面解释的那样，遗传力出现差异的一个原因是存在同窝环境效应，另一个原因是很难把动物共享的同窝环境效应与窝中动物有亲缘关系这一事实区分开来。因此，加性遗传和共同环境效应的影响导致很难准确地估计方差。

表 5-2　不考虑（h^2）和考虑（h^{2*}）共同环境（c^2）影响的两个猪种的遗传力

		h^2	h^{2*}	c^2
长白猪				
	腿部得分	0.06	**0.04**	0.10
	存活到第 3 胎	0.07	**0.05**	0.05
	存活到第 5 胎	0.07	**0.05**	0.05
	繁殖生活的年限	0.09	**0.07**	0.05
大白猪				
	日增重（g/d）	0.09	**0.06**	0.11
	产仔数	0.06	**0.05**	0.05
	饲料转化率	0.07	**0.05**	0.05
	体重	0.08	**0.06**	0.06

动物育种和遗传学

5.11.3　共同环境效应的特例：母体效应

母体效应是共同环境效应的特例，它是由母亲定义的环境效应，它的影响在幼畜出生之前就开始了。只要母畜一直哺育后代，它的影响就会一直持续下去。当母体同时有多个后代时，对于同一窝幼仔，母体效应可能是共同环境效应的重要组成部分。单胎动物的发育也会受到母亲的影响。如果母亲在不同的时间有多个后代，就可以估计所有后代共享的母体环境的影响，如子宫的大小或由母亲性格造成的特定类型的看护。

这里的复杂之处在于，母体效应既有环境组分，也有遗传组分！母体可以为后代的发育创造什么样的子宫环境取决于它的基因，还有其产道的宽度、泌乳能力、乳汁的质量等都会对后代产生影响。因此，母体效应实际上是后代的环境效应，它取决于母亲的基因。

> **定义**
>
> 母体效应（Maternal effect）是指母亲创造的环境对后代发育产生的影响。母体效应在一定程度上由母亲的基因决定。

注意，这种母体效应是许多动物物种育种目标的一部分。动物拥有良好的母性能力是育种规划的重要部分，育种目标中包括母体效应，例如奶牛（易出生），肉牛和绵羊（易出生和母性能力）以及猪和兔（产仔数及子代的健康水平）。

5.11.4　特殊的共同环境效应：（间接）社会遗传效应

遗传学对表型的影响比我们想象的还要复杂。到目前为止，我们只谈论了个体本身的遗传潜力。随着母体效应的显现，很明显决定发育的不仅仅是动物本身的遗传潜力，母体遗传成分也起着作用。然而，如果我们仔细想想，影响我们发育的也不仅仅是我们的母亲，还有比如我们的兄弟姐妹，又如我们学校里的同学，他们有些是我们的朋友，有些可能欺负过我们。换句话说，我们周围的许多人都影响了我们今天是谁，这种影响在一定程度上取决于周围的人都经历了什么，但也有一部分取决于他们自己的基因。现在你应该清楚我们为什么称这种间接效应为社会遗传效应了吧。

动物的表型受其他动物的影响，其他动物是动物环境的一部分，就像母体效应一样。"环境"也有遗传成分，即其他动物的基因。换句话说，每一个动物的表型既受其自身基因的直接影响，也受其自身环境的间接影响，还受其周围动物表型的间接影响。像母体效应一样，社会遗传效应也有遗传组分和环境组分，如图 5-5 所示。

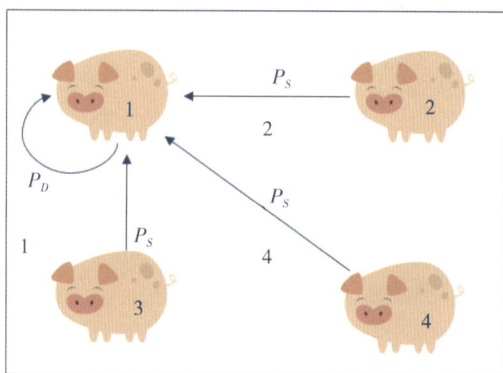

图 5-5　社会遗传效应示意

图 5-5 展示了一个猪圈 4 头猪中的 1 号猪受到的直接影响和社会影响。1 号猪的表型受其自身遗传和自身环境（P_D）的影响，同时也受其同伴 2 号、3 号和 4 号猪的社会表型（P_S）的影响。我们可以想象，如果 1 号猪的这些圈舍伙伴既安静又友好，那么 1 号猪的表现就会好，如果这些伙伴欺负它或不让它吃料，那么 1 号猪的表现就会差很多。只要动物是群养的，比如把猪群养在同一个圈里，鸡群养在同一个笼子里，还有牛群、马群、羊群等，那么社会效应就都可能发挥作用。

定义

间接遗传效应或社会遗传效应（Indirect or social effect），描述了其他动物的表型对动物表型的影响。像母体效应一样，社会效应是由其他动物的基因和环境共同决定的表型。

5.12 遗传模型的关键事项

（1）表型由基因型和环境决定。

（2）环境效应包括从母体受孕到记录表型期间发生的所有影响。

（3）育种中我们只对加性遗传效应感兴趣，因为它们会遗传给后代。

（4）表型变异可以用表型方差表示。

（5）表型方差由加性遗传方差和误差方差组成。

（6）误差方差由环境效应引起的方差构成，但同时也包括显性效应、上位效应、表型测量误差等。

（7）子代的育种值等于父亲和母亲育种值的一半。

（8）孟德尔抽样代表后代加性遗传组分中无法预测的部分：父亲将自己的哪一半遗传给了后代，母亲将自己的哪一半遗传给了后代？

（9）遗传力表示群体中加性遗传方差引起的表型方差比例，用 h^2 表示。

（10）共同环境方差是动物在发育过程中（部分）共享的相同环境产生的方差，如被养在同一窝或同一圈。共同环境带来的表型方差的比例用 c^2 表示。

（11）母体效应是母亲创造的环境对后代发育的影响效应，母体效应的一部分由母亲的基因决定。

（12）间接遗传效应或社会遗传效应是其他个体对个体表型的影响。

6 遗传多样性和近交

确定育种目标及记录表型和系谱是建立育种规划的重要方面，准确的系谱登记对估计育种值至关重要。这些在信息收集一章中我们已经进行了说明。系谱登记也可以用于监测动物之间的遗传关系。了解动物之间的关系对于管理群体的遗传多样性非常有用。遗传多样性是衡量一个群体中动物之间遗传差异（即遗传变异）的标准。为了确保育种规划在未来仍然可行，必须监测和保持群体的遗传多样性。遗传多样性使选择优良动物进行繁殖成为可能。如果没有遗传多样性，所有的动物在基因上都是一样的，那么选择就不会给下一代带来改善。在这种情况下，建立育种规划是没有用的。遗传多样性与近交有明显的联系。近交是近亲个体交配的结果，对健康和生殖有负面影响。

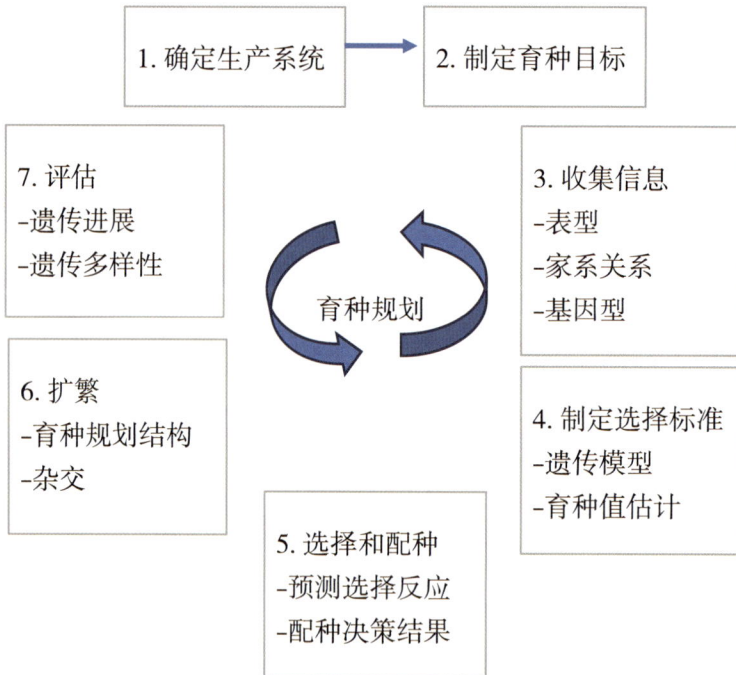

```
1. 确定生产系统  →  2. 制定育种目标

7. 评估                           3. 收集信息
 - 遗传进展                        - 表型
 - 遗传多样性                      - 家系关系
                育种规划           - 基因型

6. 扩繁                           4. 制定选择标准
 - 育种规划结构                    - 遗传模型
 - 杂交                           - 育种值估计

        5. 选择和配种
         - 预测选择反应
         - 配种决策结果
```

本章我们继续探讨育种规划中收集信息的环节（第 3 步），我们将更详细地探讨系谱在遗传多样性中的作用。本章分为两部分：第一部分是理论介绍，第二部分是介绍评估遗传多样性和有关选配决策的分析工具。在后面的章节中我们将介绍这些工具的一些应用实例。在第一部分中，我们会采取自上而下的方法介绍遗传多样性的理论：首先介绍群体之间的遗传多样性，其次是群体内部的遗传多样性，最后是个体的遗传多样性。然后，我们将探讨影响遗传多样性的不同机制，讨论它们在动物育种中的作用，并且我们将探讨近交及其后果。在第二部分中，我们介绍的分析工具主要用于基于系谱确定动物之间的遗传关系，确定单个动物的近交系数，以及群体水平上的近交水平和近交速率，在接下来的章节中将展示这些工具与育种规划的许多环节都是相关的。

6.1 什么是遗传多样性？

多样性是变异的另一个名称，指的是任何事物之间存在的差异性。与遗传学相关最明显的是群体之间的遗传多样性。例如，不同的品种具有由遗传决定的特定特征，不同的品种在大小、颜色上的差异，又比如在用途上的差异，像肉牛用于产肉、奶牛用于产奶等。遗传多样性也存在于一个种群内部，并且与该种群中动物之间的遗传差异有关。但也存在非常罕见的情形：在一个种群内有可能没有遗传变异。这种情况发生在完全近交的种群中，即动物在基因上彼此完全相同。但就像刚才说的，这是一种非常罕见的情况，可能会发生在专门创造的实验动物的遗传系中。这些种群的目的是提供遗传上尽可能相同的动物，这样遗传差异就不会成为造成变异的原因，比如在测试新药过程中。从具有相同遗传的动物的角度来看，克隆群体会更好。

> **定义**
>
> 克隆（Clone）动物指一个个体与另一个个体或一群个体在基因上完全相同。
> 这样的种群完全没有遗传变异。在荷兰，克隆是被禁止的。

> **定义**
>
> 遗传多样性（Genetic diversity）代表了物种内动物之间、种群之间和种群内的遗传差异。

种群中等位基因的数量是遗传多样性的一个衡量标准。等位基因越多，遗传多样性越强。这些等位基因在种群中出现的频率对遗传多样性的大小也有影响。等位基因频率越接近50%，遗传多样性就越大。图6-1用一个具有两个等位基因的基因说明了这一原理。

如果 q 等位基因的频率是1，那么 p 等位基因的频率是0；反之，亦然。一个等位基因的高频率总是伴随

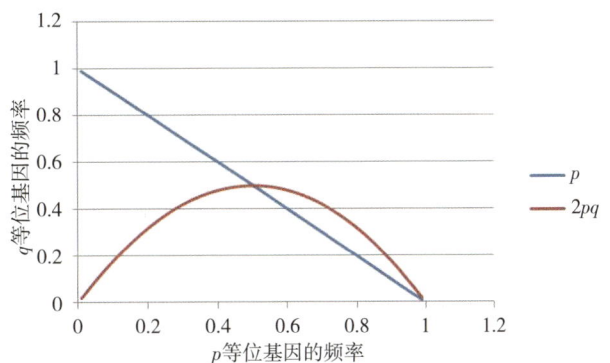

图6-1 两个等位基因频率之间的关系（蓝色直线）及相应的群体杂合度（红色曲线）。$p = q = 0.5$ 时杂合度最大

着另一个等位基因的低频率。杂合子的频率用 $2pq$ 表示，它取决于两个等位基因的频率。当两个等位基因的频率都尽可能地高，也就是当两个等位基因的频率相等时，杂合子的频率最高。对于等位基因较多的基因，其原理是相同的：等位基因的频率相等时群体的杂合度最大。遗传多样性不但取决于大量的等位基因，还取决于这些等位基因在群体中的频率。一个动物的遗传多样性可以通过个体在某个基因或在基因组某些部分上是纯合的还是杂合的来定义。

6.2 遗传多样性的影响因素

影响遗传多样性的因素有很多（表 6-1），这些因素有些会受到人类的影响，有些则纯属巧合（遗传漂变）。在群体水平上，既有增加遗传多样性的因素，也有减少遗传多样性的因素。突变可以产生新的等位基因。当突变发生在生殖细胞时，可以提高遗传多样性。此外，迁入（种群中迁入新的动物）可能会提高遗传多样性，迁出（动物从种群中迁出）通常会降低遗传多样性，特别是当种群规模很小的时候。同样，选择也会降低遗传多样性：因为在选择的压力下，只有具有特定基因组成的动物才可以进行繁殖，这将使等位基因频率远离"等频率"的状态。遗传漂变可以降低遗传多样性，与此相关的是近交。我们的选择策略不能直接影响遗传漂变，下文再详细解释。

表 6-1　影响遗传多样性的因素

影响遗传多样性的因素	遗传多样性改变的方向
遗传漂变和近交	－
选择	－
迁移	－或＋
突变	＋

6.2.1　遗传多样性的丢失：遗传漂变

等位基因可能会碰巧从种群中丢失。等位基因丢失的一个原因可能是，不是所有的动物都能交配繁育后代，与选择决策无关。即使是我们选择进行育种的动物，也不一定都能繁育后代，有些动物可能会意外死亡，有些则不会去交配（例如，一些血统高贵的马的主人并不总是有兴趣让它们配种）。结果是这些不能繁育后代的个体，无论是否曾被选作育种的后备个体，都会影响后代的等位基因频率，低频率的等位基因可能就会丢失。

孟德尔抽样对遗传漂变的影响

等位基因偶然丢失的另一个原因与孟德尔抽样有关。即使动物被选中进行繁殖和交配，它们也确实产生了后代，但仍然不能确定哪些等位基因会遗传给后代。当它们有多个后代时，也不确定这些等位基因又会以何种比例被遗传，特别是在小群体中。等位基因频率对这种类型的遗传漂变很敏感。等位基因频率代代相传的过程完全是一个随机过程。种群越小，遗传漂变引起的等位基因频率波动越大。即使所有的动物都进行了繁殖，低频率的等位基因也有灭绝的风险，因为它们传递给后代的过程是随机的，可能并没有被遗传给后代。奇怪的是，这同样会波及具有有利效应的等位基因！特别是当这些等位基因具有显性效应，也就是杂合子动物也会表现出好的表型时。等位基因频率较低时，大多数携带有利等位基因的动物是杂合子，它们有可能把不利的等位基因随机传给了后代，这听起来虽然很奇怪，但确实会发生！遗传漂变对等位基因频率的影响大于选择对等位基因频率的影响。遗传漂变对所有大小的种群都发挥作用，但其影响在小种群中尤其重要，个体动物的基因型对等位基因频率有影响。

遗传漂变的例子（图 6-2）

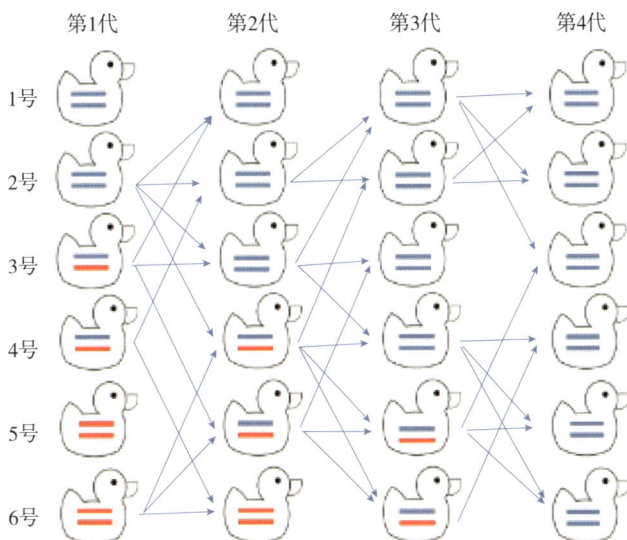

图 6-2　一个鸭子种群在四个世代（列）内发生遗传漂变的例子。在第 1 代中，红色和蓝色的等位基因出现的频率相等。1 号鸭和 5 号鸭不繁殖（它们可能过早死亡或没有找到配偶）。2 号鸭的后代最多，2 号鸭只能把蓝色等位基因传给后代。3 号鸭和 4 号鸭可以把两种颜色的等位基因都传给后代。6 号鸭只能把红色等位基因传递给后代。然而，在杂合子鸭子中，只有 4 号鸭将红色等位基因遗传了后代，且只传递了一次。在第 2 代中，蓝色等位基因的频率增加到了 8/12＝2/3。同样，并不是所有的鸭子都能成功繁殖。在第 3 代中，红色等位基因的频率下降到了 2/12＝1/6。红色等位基因并没有遗传到第 4 代，到了第 4 代，种群完全变成了蓝色等位基因的纯合群体

遗传漂变的结果

遗传漂变改变了等位基因的频率：增加了一个等位基因的频率，同时降低了另一个等位基因的频率。正因如此，当遗传漂变存在时，动物更可能成为纯合子，尤其是高频等位基因的纯合子。因此，种群水平上遗传多样性的丧失会对个体水平的遗传多样性产生影响，导致个体间变得越来越相似，尽管在系谱上个体间的关系并不密切，但在基因上它们变得更相似。因此，遗传漂变增加了动物之间的关系，并且会导致种群中固定某一种等位

动物育种和遗传学

基因。

因此：

ⅰ.由随机因素导致的等位基因频率的变化称为遗传漂变。

ⅱ.这种随机因素与将哪个等位基因遗传给后代的孟德尔抽样差异有关，也与动物的存活和成功繁殖有关。

ⅲ.遗传漂变对下一代等位基因频率的影响可能是巨大的，特别是在较小的种群中。

ⅳ.遗传漂变增加了动物之间的相关性。

6.2.2 遗传多样性的丢失：选择

选择使某些等位基因优于其他等位基因，这正是动物育种的目的！显然，选择对下一代的等位基因频率有影响。与遗传漂变不同，选择对等位基因频率的改变具有系统性和方向性。有利等位基因频率增大的同时不利等位基因的频率降低。因此，选择会让更多的动物成为有利等位基因的纯合子，减少遗传多样性。

唯一的例外是那些偏爱杂合子个体的表型。这种情况下的选择会提高遗传多样性。例如，人类的镰状细胞贫血症是一种遗传性疾病，患者的红细胞呈镰刀状并失去弹性，导致出现各种危及生命的并发症。这种疾病是由血红蛋白基因突变引起的。纯合子的人通常在相当年轻的时候会死于并发症。在撒哈拉以南地区，引起镰状细胞贫血症的等位基因的频率比其他地区高。其中的重要原因是，这种基因杂合子个体感染疟疾的可能性较小。而疟疾是该地区的一个重要致死性原因。因此，携带单一镰状细胞贫血症等位基因的杂合子个体具有明显的选择优势。另一个杂合子个体更受青睐的例子是荷兰的白背牛，这种特殊的毛色只在相关基因杂合时才会出现（图6-3）。

图6-3 一个白背母牛杂合子及其纯合子后代

自然选择

自然选择是一种不受人类控制的选择的力量，它不仅发生在自然群体中。自然选择作用于对生存和成功繁育有贡献的等位基因，被称为适应性。不太可能活到成年的动物，其适应性（自然选择优势）比非常健康且能生存到晚年的动物的适应性低。同样，繁殖能力较弱的动物与繁殖能力很强的动物相比，其适应性也比较低。家养动物物种生活的环境在一定程度上是可控的。因此，它们对于食物短缺的耐受性就不如自然群体重要，但自然选择仍然会影响家养动物。动物需要对其所处的饲养环境有一定程度的适应性。比如，室内饲养的动物需要能够承受缺少阳光的环境，而室外饲养的动物需要能够承受气候的变化和潜在的疾病感染的压力。无法应对这种情况就会导致适应性下降。如果被选中进行育种的动物需要帮助才能妊娠，就会违背自然选择的机制。

因此：

人工选择和自然选择都偏爱某些等位基因，导致纯合子增加，遗传多样性降低。

例外的情况是当选择偏爱杂合子动物时，选择就会维持或增加遗传多样性。

选择可能导致瓶颈效应

很强的自然选择，如一种传染性很强的致命疾病的暴发，将导致种群规模严重下降，同时等位基因频率也会发生变化。只有具有一定抗性的动物，以及少数没有被感染的幸运的动物才会幸存下来。这些动物需要重新建立种群。于是，后代的等位基因频率将取决于瓶颈效应（种群规模大幅减少）之后的那一代动物的等位基因频率。对这种疾病非常敏感的一些等位基因的频率将急剧下降或者基因丢失。1890 年，非洲暴发的牛瘟就是强瓶颈效应的一个臭名昭著的例子（图 6-4）。它席卷了整个欧洲大陆，导致 80%～90% 的地方牛、水牛、长颈鹿、角马、捻角羚羊和安提洛普羚羊死亡（Mack，1970）。这次牛羊的死亡造成了严重的社会后果，埃塞俄比亚大约 1/3 的人口、肯尼亚和坦桑尼亚 2/3 的马萨伊人死于饥饿。虽然现在大约每隔 10 年牛瘟仍会造成一些问题，但在 1890 年，当时的兽医支持非常有限，无法阻止这种疾病的蔓延。

图 6-4 1890 年的非洲牛瘟

瓶颈效应同样也存在于家养动物中。当家养动物中有些特定的品种失去它原来的用途，但在品种灭绝之前又获得新的用途时瓶颈效应就会发生。弗里斯兰马就是其中一个例子。弗里斯兰马最初用于农场劳作，随着拖拉机的发明，弗里斯兰马失去了它存在的意义，品种的规模严重下降。之后，该品种又开始用于休闲运动而受到欢迎：用马具驾驶和

动物育种和遗传学

骑乘。如今它是荷兰第二大纯种马品种（最大的品种是设得兰矮种马）。

还有其他一些已经不再受欢迎的品种的例子，如一些古老的荷兰牛品种。这些品种由于群体规模大幅缩减，可以说它们仍然处于瓶颈期，因为它们的数量已经大幅减少，但目前又没有复苏的迹象。然而，其他品种如布兰地德鱼和弗里斯兰红鱼则显示出了群体规模增大的迹象。

因此：

种群的瓶颈效应是指种群的数量先严重减少再恢复。

瓶颈效应往往对群体的等位基因频率有很大影响，从而影响遗传多样性。

示例：瓶颈效应在犬品种形成中的作用

犬的品种形成是瓶颈效应影响遗传变异的一个很好的例子（图 6-5）。首先，最初存在着许多具有遗传变异的狼，然后在某个时候狼变成了犬，但这究竟是如何发生的，目前仍是个谜。一个听起来合理的理论认为，当人类开始定居成为农民的时候，他们也开始积累剩余食物。对一些狼来说，这些剩余食物是比狩猎更容易、更安全的食物来源。但它们必须非常勇敢才能接近人类，去偷这些剩余食物。因此，只有少数的狼能做到，这些狼可能都携带勇敢而不好斗的基因，这是第一个瓶颈。这些狼在外貌上慢慢地变成了犬，这种犬在世界许多地方都可以看到。它们通常生活在街边，不属于任何人，但也可能住在别人的院子里，院子的主人会扔一些食物给它们，作为护院的回报。但如果你问那个院子的主人，他会告诉你这条犬不属于他。现代的犬的品种就是利用这些土狗创造出来的。首先，

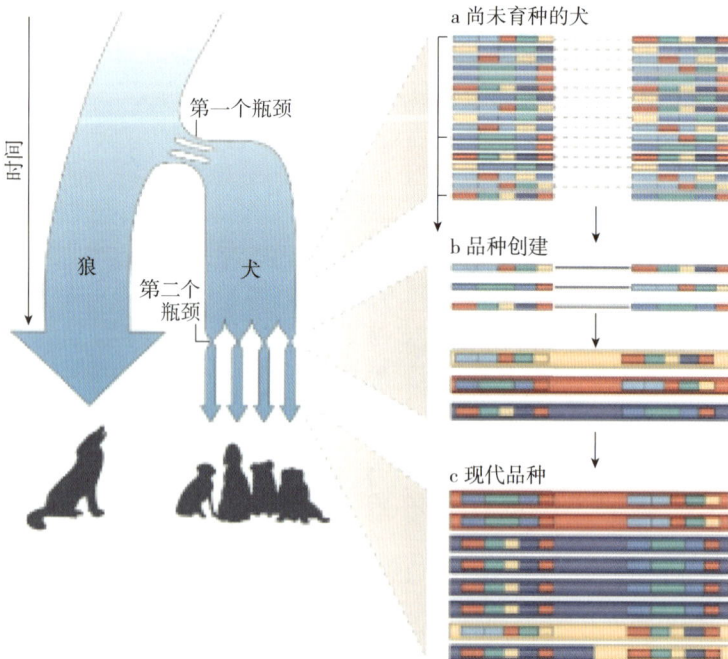

图 6-5　强大的瓶颈效应导致现代犬种的遗传变异比狼小。第一个瓶颈效应是犬的诞生，第二个瓶颈效应是现代犬种的诞生

人们开始收养这些犬，并朝着擅长打猎、看守、帮助放牧羊群或牛群的方向对它们进行选择。然后，人们开始选择它们的长相。慢慢地，不同种群的犬的外观开始变得不一样，但是这种选择还没有任何的规章制度可遵循，人们可以自由地选择任意的犬进行配种。到了1900 年左右，第一批犬的品种登记册出现了。突然之间，如果我们想称自己的犬为纯种犬，那么就不能将其和品种登记册以外的犬进行配种了。这是第二个瓶颈，因为品种登记册上大部分犬的品种的数量相对较少。在现代犬种中，像其他种群一样，突变将增加遗传多样性，然而遗传漂变导致的不可避免的近交将减少遗传多样性，特别是在小种群中。

6.2.3 多样性和迁移

迁移是离开一个种群并加入另一个种群的过程。当来自另一个种群（可以理解为品种）的动物迁入该种群时，可能会引入新的等位基因。在这种情况下，新动物的迁入将增加遗传多样性。两个原始种群间的差异越大，引入新等位基因的机会就越大，从而增加遗传多样性。"迁入"的反义词是"迁出"：一个动物离开种群。一般情况下，迁出对种群遗传多样性的影响可以忽略不计，除非这个种群非常小，或者迁出的动物携带了独特或罕见的等位基因。

因此：

迁入可以增加种群的遗传多样性。

多样性和品种起源

品种形成大致可分为两类：从一个总的群体中分离出来或通过杂交创造而来。许多品种来源于一个较大的种群，在成为一个独立的品种之前通常已经由于一些特殊的特征而在种群主体中脱颖而出了。在与种群主体分离之前，该特征通常已经被选择了好几代。如果新品种的起始种群规模足够大，新品种的遗传多样性一般不会比原始种群低太多。这种新品种的形成是一个不断发展的过程。时至今日，新品种仍在不断发展。例如，荷兰养犬俱乐部对品种就有一项特殊的要求，必须要有一群犬都符合特征才能被认定为新品种。它们不仅要看起来相似，还需要"繁育血统纯正"，即后代的外貌变化需要符合品种发展的标准。

除了从一个较大的种群中分离产生，品种也可以通过特定的杂交来形成。在商业猪种和家禽的育种中，先是建立具有多种遗传背景的不同纯系，纯系之间再进行杂交，即不同的品种组合间进行杂交。杂交后代再进行交配，直到种群本身成为一个新的品种为止。在农场动物中，我们通常不称之为一个品种，而称之为一个系、杂交系或合成系。因为它是基于品种（种群）而不是个体的组合，所以它的遗传多样性仍然相当高。

除农场动物之外，也有人创造其他动物物种的杂交系。特别是当育种者对这件事特别热情且目标明确时，他们往往只选用很少的基础群动物进行杂交，杂交产生的后代再次交配。因此，这样形成的品种的遗传多样性非常有限，萨尔路斯狼犬就是这样一个例子，它的始祖个体非常少。

因此：

培育一个品种有两种主要的方式：①从一个大的群体主体中分离出来；②杂交，或者创造杂交系。

6.2.4 遗传多样性的增加：突变

突变是一种 DNA 的改变，从而形成新的等位基因，增加遗传多样性。这种改变发生的概率不大，而且在不同的物种之间有差异。人类每个世代（每次减数分裂）每个基因的突变速率大概是 10^{-5}。突变往往发生在基因组的特定区域：突变热点。很多突变是有害的。显性突变常会导致胚胎死亡（流产）。隐性突变隐藏在杂合子中并在种群中传播，只在纯合状态下表达。有些突变是无害的，有些突变是有利的。有利突变将成为选择的对象，因此其频率可能升高得很快。并不是所有的突变都会导致基因功能的改变。这些不改变基因功能的突变被称为沉默（中性）突变。许多 SNP（单个核苷酸多态）都是这种沉默突变，被用作遗传标记。

因此：

突变会增加遗传多样性。

6.3 遗传多样性的变化：近交

近交是两个具有亲缘关系的个体交配的结果。有血缘关系的个体比没有血缘关系的个体在基因上更相似，因为它们有相同的等位基因。它们有相同的等位基因，是因为它们有共同的祖先。这个共同的祖先把相同的等位基因传给了很多后代，后代又把这些等位基因传给了它们。因此，最终这些等位基因在两个有亲缘关系的动物身上都出现了。亲缘动物之间的交配创造了将相同的等位基因传递给后代的机会，从而导致了后代的纯合性。后代的近交水平取决于父母间的亲缘关系程度，因此也就取决于父母双方将相同的等位基因遗传给后代的可能性。

动物的近交水平可以用近交系数表示。近交系数表示个体从有亲缘关系的双亲那里得到相同等位基因的概率。近交是近亲交配的结果。近交系数的取值在 0（0％或非近交）和 1（100％或完全近交）之间。一定要记住，近交会增加纯合性（并降低遗传多样性）。

> **定义**
>
> 近交水平（Inbreeding level）或近交系数（Inbreeding coefficient），表示一个动物从具有亲缘关系的双亲得到相同等位基因的概率。

6.4 近交的原因

近交有两个原因：遗传漂变导致的近亲繁殖，以及非随机交配导致的近亲繁殖。换句话说：是偶然的和有意的近交，是不可避免的和可以避免的近交。

（1）遗传漂变 由于等位基因的丢失造成遗传多样性的损失，遗传漂变会减少遗传多样性，从而导致纯合性增加，这也被称为不可避免的近交。你可以假设这个突变只发生在一个动物身上，因为不太可能在另一个动物身上也发生完全相同的突变。因此，时至今日所有携带这个突变等位基因的动物就都是亲缘相关个体，因为它们有同一个祖先，即最早发生突变的那个动物。所有突变都是如此，即使发生突变的动物生活在很久以前。根据定义，近交是有亲缘关系个体交配的结果，那么等位基因的纯合子动物肯定就都是近交的。群体的纯合性是等位基因频率大小的指标。如果所有的动物都是纯合子，那么种群就会丢失其他的等位基因。遗传漂变导致的近交会造成遗传多样性的永久丧失，因为等位基因随着部分群体的消失而永远丢失了。

（2）非随机交配 可以造成近交，但这是可以避免的。近亲动物如兄妹之间或父女之间的有意交配会增加交配后代从父母双方获得相同等位基因的概率，提高纯合性，造成近交。然而，这只是遗传多样性的暂时性丢失，因为如果有意停止近亲动物之间的交配而改用随机交配，这种近交就会消失。

6.5 不可避免的近交

遗传漂变导致的近交不能完全避免，因为漂变总是发生在一个种群中。要了解其中的原因，可以考虑这样一个事实：每个人都有双亲，4个祖父母，16个曾祖父母，等等。因此，第 n 代人的祖代人数就变成了 2^n。经过有限的几代，这个数字会变得非常大。如此，必然导致父母之间一定是有亲缘关系的，所以其后代就都是近亲繁殖的。现在就更容易理解漂变发生在所有的种群，尤其是小种群中了。种群越大，相关个体碰巧交配的概率就越小。当所有动物都是杂合子时，遗传多样性最高。纯合性的增加意味着遗传多样性的减少。近亲个体交配提高纯合性，从而降低了遗传多样性。相关个体间的无法避免的交配导致由于遗传漂变造成的等位基因的丢失。相关个体之间的有意交配，虽然也会产生纯合子动物，但不一定会导致等位基因丢失，因为这种情况下家系没有混杂。虽然等位基因确实会被固定，但不同的等位基因可能固定在不同的家系中，在群体水平上，不会对等位基因的频率产生影响。

6.6 遗传多样性为什么重要？

现在我们已经很清楚遗传多样性涉及哪些内容，以及它与近交的关系。但是我们为什么要关心遗传多样性呢？主要有三个原因：

（1）一个重要的原因是遗传多样性可以赋予种群灵活性。如果环境改变，不同的基因型可能更适合生存，并且选择压力也随之改变。如果种群中没有适应新环境所需要的等位基因，或者该等位基因的频率非常低，那么种群将很难适应新环境，可能会有毁灭性的后果。

（2）近交（增加纯合性）导致近交衰退。近亲繁殖的动物往往不太健康，寿命较短，繁殖能力也较差。

（3）相关的问题：遗传多样性降低导致纯合性升高，对身体有害的等位基因的纯合性也会增加。更多近亲繁殖的动物意味着会有更多动物患单基因隐性疾病。

近交衰退

近交导致纯合性增加，出现比正常配种更多的隐性纯合。隐性纯合的不利结果，可以用近交动物相对于非近交动物的表型或者近交水平增加 1% 对应的表型变化来表示。例如，一项关于荷兰设得兰矮种马的研究显示，近交明显影响精子的质量。在精子成活率方面，近交会降低正常精子的百分比，增加精子头部异常的比例（van Eldik 等，《兽医产科学》杂志，2006 年，第 65 卷，第 1159-1170 页）。

另一个例子与荷斯坦-弗里斯兰牛的近交水平有关。表 6-2 显示了祖父与孙女交配的潜在影响，这是相当极端的近亲繁殖，但并不罕见。结果表明，近交对繁殖和产奶相关性状有负影响。近亲繁殖的动物的首次产犊日龄较大，泌乳时间较短，两次产犊之间的间隔较长，产奶量较少。

表 6-2　12.5% 近交水平（如祖父-孙女配种）对荷斯坦-弗里斯兰牛若干性状的影响

（摘自 Smith 等，奶业科学杂志，1998 年，第 81 卷，第 2729-2737 页）

性状	12.5% 近交水平造成的损失
泌乳时间（d）	−129
初次产犊日龄（d）	+5
初次产犊间隔（d）	+3.3
初次产奶量（kg）	−464
初次产奶脂肪含量（kg）	−15
初次产奶蛋白质含量（kg）	−15

6.7　工具箱：亲缘关系

近交是亲缘关系个体交配的结果。如果知道动物之间的关系，就能预测并在某种程度上控制下一代的近亲繁殖水平。如果我们知道动物的系谱，就可以计算动物之间的亲缘关系程度，从而算出单个动物的近交程度，下面我们将详细讲解如何计算。

如果两个动物有一个（或多个）共同祖先，那么它们就有相关性。例如，你和你的表亲就有相关性，因为你们有相同的祖父母，他们是你们的共同祖先。因为有共同的祖先，所以你们会有一部分相同的等位基因。因此，相关性个体之间关键的一点是有相同的等位基因。

图 6-6 系谱 1 中，个体 A 和 B 是个体 C 和 D 的父母。换句话说，A 和 B 是 C 和 D

的共同祖先，因此，C 和 D 是全同胞兄妹。个体 C 和 D 交配产生后代 E。因为 C 和 D 是相关个体，因此 E 是近交个体。在系谱 2 中，个体 F 和 G 是个体 H 和 I 的父母。个体 H 和 I 分别和无相关的个体交配，产生了后代 J 和 K。J 和 K 交配产生后代 L。个体 J 和 K 因为有共同的祖先 F 和 G，所以是相关个体。因此，个体 L 是近交个体，但近交程度比个体 E 小，因为个体 J 和 K 之间的相关性比个体 C 和 D 之间的相关性小。

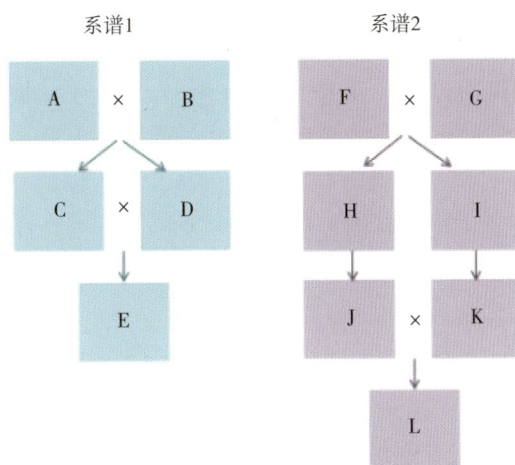

图 6-6　两个简单的系谱

　　距离同一祖先的世代数越多，两个动物间的亲缘关系就越小。交配动物间的亲缘关系越小，同一等位基因遗传给后代的可能性就越小，后代的近交程度也就越低。

　　因此：

近亲繁殖水平随亲本间亲缘关系的降低而降低。

6.7.1　加性遗传关系

　　加性遗传关系反映两个动物因为有共同祖先而共享 DNA（等位基因）的比例。加性遗传关系可以用系谱计算。父母把一半的等位基因传递给后代，所以父母和后代共有 1/2 的等位基因。换句话说：父母与后代之间的加性遗传关系是 1/2。后代的等位基因一半来自父亲，另一半来自母亲，所以它们的基因组是父母双方基因的混合物。当这些后代有了后代时，它们又把自己一半的等位基因传递下去。遗传给后代哪一半的等位基因是一个随机的过程（孟德尔抽样）。因此，祖父母和孙辈共同拥有的等位基因比例，就是 1/2（祖父母遗传给父母的等位基因）乘以 1/2（父母遗传给后代的等位基因），也就是 1/4。

> **定义**
>
> 　　加性遗传关系（Additive genetic relationship）是对两个个体因为有一个或多个共同祖先而共有的等位基因比例的估计。

6.7.2　计算加性遗传关系

计算概率时有一个重要的原则必须牢记：如果这个事件和那个事件预期都会发生，那么发生的概率就是这两个事件发生概率的乘积，比如相同等位基因传递给子代和孙代的情况；如果这个事件或那个事件预期会发生，那么事件发生的概率就是这两个事件分别发生的概率之和，比如一个基因的等位基因1或等位基因2遗传给后代的情况。下面通过一个例子进行清晰说明。

两个个体之间的加性遗传关系（用"a"表示），取决于共同祖先的数量以及距离每个共同祖先的世代数。我们将逐步计算两个动物之间的加性遗传关系。参照图6-6中的系谱2。

问题：动物J和K之间的加性遗传关系是多少？

用四步来解答：

第一步：找出J和K的共同祖先。

J和K的共同祖先是F和G。

第二步：J和K距离共同祖先有几个世代（减数分裂）？

祖先1：F。从J到F是2个世代，从K到F也是2个世代。

祖先2：G。从J到G是2个世代，从K到G也是2个世代。

第三步：计算个体间的加性遗传关系。

对于共同的祖先1：J和K从共同祖先F获得相同等位基因的概率，与相同的等位基因从F到H再从H到J，和从F到I再从I到K的概率相等。因此，我们需要将这些都是$\frac{1}{2}$的概率相乘，$\frac{1}{2} \times \frac{1}{2} \times \frac{1}{2} \times \frac{1}{2} = \left(\frac{1}{2}\right)^4 = 0.0625$。

对于共同祖先2也是如此：J和K从共同祖先G获得相同等位基因的概率也等于$\left(\frac{1}{2}\right)^4 = 0.0625$。

第四步：将来自所有共同祖先的相同等位基因的概率相加。

来自所有共同祖先的相同等位基因的概率可以相加，因为这些动物是相关个体，它们拥有来自共同祖先1和/或共同祖先2的等位基因，这两种概率相互独立。因此，J和K之间的加性遗传关系就变成了$0.0625 + 0.0625 = 0.0125$或$a_{J, K} = 0.125$。

以上这些确定加性遗传关系的步骤可以用公式进行描述：

$$a_{X, Y} = \sum_{i=1}^{m} \left(\frac{1}{2}\right)^{(n_i + p_i)}$$

其中，X和Y是我们要计算加性遗传关系的个体，m是它们共同祖先的数量，对于每一个共同祖先，n是从动物X到共同祖先的世代数量，p是从动物Y到共同祖先的世代数量。我们可以发现，计算获得来自每个共同祖先相同等位基因的概率时，需要在世代之间概率求积，因为每个世代都需要发生传递。当计算获得来自不同共同祖先相同等位基因的概率时，需要在不同祖先之间概率求和，因为不同祖先传递等位基因的事件是相互独立的。

6.8　利用基因组信息估计加性遗传关系

前面讲的加性遗传关系都是用系谱估计的，但这样估计的准确性有多高呢？我们知道父母会把一半的基因遗传给后代，然而我们也知道全同胞的两兄弟也可能会从父母那儿获得不同的等位基因。虽然全同胞平均有一半相同的基因，但是就个体而言，它们相同的基因可能是一半，可能是一半多，也可能不到一半。如果我们只考虑一个基因，由于孟德尔抽样的存在，两个亲兄弟甚至可能都没有相同的等位基因。如图 6-7 所示，母鼠有等位基因 A 和 B，公鼠有等位基因 C 和 D。四个后代分别遗传了父亲和母亲的一个等位基因。每只小鼠分别遗传了等位基因的四种不同组合 AD、BC、AC、BD。我们预计这些小鼠平均共享一半的基因，因为它们各自从相同的父母那里继承了一半的 DNA。但当我们比较四只小鼠中的两只时，发现它们可能只有一个相同的等位基因或者一个都没有。因此，对于这个特定的基因来说，这些小鼠的加性遗传关系 $a = 0$，而不是 $1/2$。

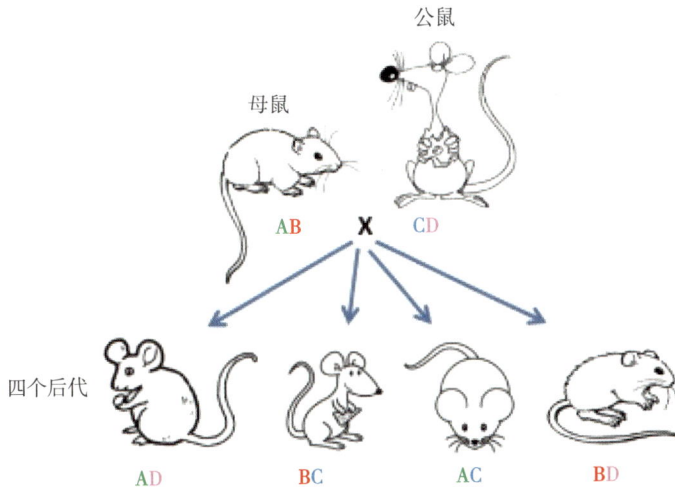

图 6-7　孟德尔抽样造成小鼠家系内全同胞之间的差异

当然，动物有很多个基因。因此，平均而言，两个全同胞兄弟共享他们基因的一半。然而，实际值会在平均值上下波动，如图 6-8 所示。有些共享的基因略多于一半，有些则略少于一半。同样地，半同胞兄弟姐妹拥有 1/2 相同的基因，有些共享的多一些，有些则少一些。半同胞个体共享基因量的变异是全同胞个体共享基因量变异的一半，因为半同胞个体共有一个亲本而不是两个。

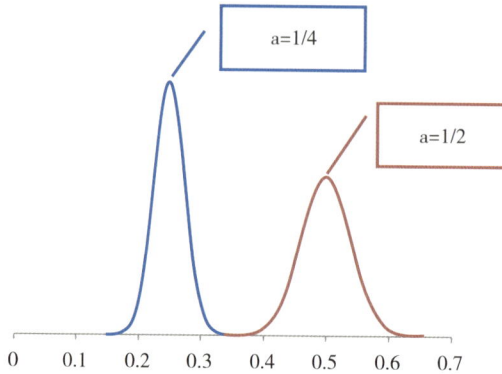

图 6-8　真实加性遗传关系 a 的分布图。a 分布在系谱估计的 1/4
（半同胞）或 1/2（全同胞）左右

6.9　实现的加性遗传关系

在实践中，可以用系谱或基因组信息估计加性遗传关系。使用基因组信息（如 SNP 标记）时，每个动物基因分型的标记越多，动物间共有基因组的估计就越准确，这被称为实现的加性遗传关系。待将来有了动物的完整基因组序列后，就可以确定个体的真实加性遗传关系了。目前由于财力的限制，情况并非如此。在实际的动物育种中，大多数情况下加性遗传关系是用家系系谱来估计的。在某些情况下，如基因组选择，通过检测动物基因组上大量遗传标记的基因型，提高加性遗传关系估计的准确性。

6.10　近交系数与亲缘关系

只有当父母之间有亲缘关系时，个体才算是近交的。近交水平表示个体从有亲缘关系的双亲那里得到相同等位基因的概率。换句话说，近交水平表明了动物因为父母有共同的祖先而成为等位基因纯合子的可能性。单个个体的近交水平也称为该个体的近交系数，可计算为：

$$F_{个体} = \frac{1}{2} \times a_{父母间}$$

这个简单的公式表明，只要知道父母之间的加性遗传关系，就能很容易地计算一个种群中所有动物的近交系数。例如，全同胞兄弟姐妹之间的加性遗传关系为 0.5。如果它们之间进行交配并产下后代，那么这些后代将是近交的，它们的近交系数为 $\frac{1}{2} \times 0.5 = 0.25$，意味着这些后代因为它们的父母从共同祖先那里得到相同等位基因而在每个基因座上纯合的概率是 25%。这一共同祖先生活的年代越久远，父母之间的亲缘关系就越小，近交系数就越低。

因此：

重要提示：只有当个体的父母有亲缘关系时个体才是近交的！

$$F_{个体} = \frac{1}{2} \times a_{父母间}$$

插曲：为什么个体的近交系数 $F_{个体}$ 是父母加性遗传关系 $a_{父母间}$ 的 $\frac{1}{2}$？

动物的近交系数表示动物从父母双方遗传相同等位基因而成为纯合子的概率。为了使动物成为纯合子，父母双方首先需要有相同的等位基因（$=a_{父母间}$）。然后，父母双方都需要把该等位基因传递给后代，于是：

$$F_{个体} = a_{父母间} \times \frac{1}{2} \times \frac{1}{2}$$

这在单倍体生物体中是正确的，然而动物是二倍体（每个基因座都有两个等位基因），所以父母有两个机会共享一个等位基因。因此，其后代成为纯合子的概率用近交系数表示就应该为：

$$F_{个体} = 2 \times a_{父母间} \times \frac{1}{2} \times \frac{1}{2} = \frac{1}{2} \times a_{父母间}$$

6.11 近交的共同祖先的加性遗传关系

近交比非近交的动物有更多的纯合基因座（基因），因此它们将相同等位基因传给两个后代的概率比非近交的动物大。动物的近亲程度越高，纯合的可能性就越大，因此把相同的等位基因传递给两个后代的可能性也就越大。因此，共同祖先如果是近交的个体，就会提高两个后代间的加性遗传关系，能提高多少？这与共同祖先将相同的等位基因遗传给后代的可能性成比例，等于近交水平。

下面是前面介绍的 X 和 Y 之间加性遗传关系的计算公式，但现在增加了共同祖先的近交系数（F）。F 表示相同等位基因遗传给两个后代的可能性。

$$a_{X,Y} = \sum_{i=1}^{m} \left(\frac{1}{2}\right)^{(n_i+p_i)} (1+F_{wi})$$

如果我们回到图 6-6 中的系谱 2，我们没有任何关于动物 F 和 G 近交情况的信息。如果 F 和 G 不是近交，J 和 K 之间的加性遗传关系是 0.125。问题是：如果 G 是近交的，对 J 和 K 之间的加性遗传关系会有什么影响？假设 G 的近交系数是 0.23，那么 $F_G = 0.23$。这意味着 H 和 I 从 G 那里得到相同等位基因的概率比之前增加了 23%。因此，相同的等位基因被传递给 J 和 K 的概率也比之前增加了 23%。原来的概率是 $\left(\frac{1}{2}\right)^4 \times 1 = 0.0625$，现在变成了 $\left(\frac{1}{2}\right)^4 \times (1+0.23) = 0.0769$。如果 F 不是近交个体，则 J 与 K 的加性遗传关系就可以计算为 $\left(\frac{1}{2}\right)^4 + \left(\frac{1}{2}\right)^4 \times 1.23 = 0.0625 + 0.0769 = 0.139$。动物 J 和 K 之间的相关性更高，因为共同的祖先 G 是近交的。

计算近交系数时世代数量的重要性

关于动物是否是近交的结论，应该始终参照系谱的世代数。举例来说，在图 6-9 中可以看到 CIRIUS（夸雷斯）的系谱，它是一匹阿拉伯马，具有波兰血统。从它的系谱图回溯 3 代，我们发现 CIRIUS 不是近交的，其父母 ETERNAL 和 CIARKA 之间没有共同的祖先。

CIRIUS gr 1.54M 2008 ARABIAN	ETERNAL gr 2000 ARABIAN	EKSTERN gr 14.3 1994 ARABIAN	MONOGRAMM ch 15.0 1985 ARABIAN	NEGATRAZ b 1971	BASK b 1956
					NEGOTKA gr 1967
				MONOGRAMMA ch 14.3 1963	KNIPPEL ch 15.1 1954
					MONOPOLIA b 15.0 1956
			ERNESTYNA gr 1989 ARABIAN	PIECHUR gr 1979	BANAT b 1967
					PIERZEJA
				ERWINA gr 1984	PALAS gr 14.3 1968
					ELEGANCJA gr 1976
		ELEGANTKAH b 1994 ARABIAN	GWIZD b 154 cm 1981	PROBAT b 1975	POHANIEC gr 1965
					BOREXIA b 1968
				GWIAZDA b 1971	ELF gr 1963
					GWARDIA gr 1965
			EMINENCJA b 1980 ARABIAN	ALGOMEJ b 1973	CELEBES b 1949
					ALGONKINA b 1961
				ELLONGA b 1968	ALMIFAR b 1960
					ELLORA b 1950
	CIARKA gr 2002 ARABIAN	PESAL gr 1991 ARABIAN	PARTNER gr 1970 ARABIAN	ELEUZIS gr 1962	AQUINOR gr 1951
					ELLENAI b 1956
				PARMA gr 1966	ASWAN ch 1962
					POKAZNAJA gr 1962
			PERFORACJA gr 1.51m 1986 ARABIAN	ERNAL gr 1.46m 1975	PALAS gr 14.3 1968
					ENGRACJA gr 1960
				PENTOZA b 1978	ELLORUS b 1972
					PENTODA gr 1970
		CIRKA b 1994 ARABIAN	BOREK br 1987 ARABIAN	FAWOR br 1.51m 1981	PROBAT b 1975
					FATMA dkb/br 1961
				BOROWINA b 1979	ETAP b 1971
					BOLONIA b 1971
			CUMA ch 1990 ARABIAN	EUKALIPTUS gr 15.0 1974	BANDOS b 1964
					EUNICE b 1959
				CIUPAGA gr 1984	BANAT b 1967
					CYRKULACJA gr 1974

图 6-9 一匹阿拉伯马 CIRIUS 的系谱

然而，如果再往上溯源 2 代，我们发现 ETERNAL 和 CIARKA 之间通过三个共同的祖先 PROBAT、BANAT 和 PALAS 产生了联系。如果我们计算 ETERNAL 和 CIARKA 之间的加性遗传关系，我们需要考虑 PROBAT、BANAT 和 PALAS 的贡献。基于这个系谱，我们可以得出结论，这些共同的祖先都不是近交的。让我们先看看 PROBAT 对 ETERNAL 和 CIARKA 之间加性遗传关系的贡献。PROBATE 比 ETERNAL 早了三代，比 CIARKA 早了四代。因此，ETERNAL 更可能与 PROBAT 共享等位基因，而不是 CIARKA。ETERNAL 和 CIARKA 共享来自 PROBAT 的等位基因的概率 $\left(\frac{1}{2}\right)^{3} \times \left(\frac{1}{2}\right)^{4} = \left(\frac{1}{2}\right)^{7} = 0.0078125$。PALAS 比 ETERNAL 和 CIARKA 早了四代，因此 ETERNAL 和 CIARKA 共享 PALAS 等位基因的概率为 $\left(\frac{1}{2}\right)^{4+4} = 0.00390625$。BANAT 也比 ETERNAL 和 CIARKA 早四代，因此它们与 BANAT 拥有相同等位基因的概率也是 0.00390625。将这三个共同祖先的结果加起来可以得出一个总体概率，即 ETERNAL 和 CIARKA 拥有来自共同祖先的等位基因的概率为 0.0078125 + 0.0039065 + 0.00390625 =

0.015625＝1.5625％。ETERNAL 和 CIARKA 之间的加性遗传关系较低，从而导致 CIRIUS 的近交系数非常低，为 0.78％，（或 0.00078125）。请注意，系谱中考虑的代数越多，ETERNAL 和 CIARKA 的加性遗传关系就会越高，CIRIUS 的近交系数也就越高。

因此：

加性遗传关系和近交系数只有在考虑了系谱的世代数量后才有信息价值。

建议使用至少五代的系谱。

6.12 种群的近交水平：近交速率

种群的近交水平可以看作是种群中所有动物在某一时间点上的平均近交系数。正如我们之前看到的，种群中的所有动物都有亲缘关系，即使这种关系很小。因此，平均近交系数随着世代的增加而增加，这种增量被称为近交速率或 ΔF。

近交系数增加的速度取决于种群中动物之间的亲缘关系。种群中动物的亲缘关系越近，产生的近交后代就越多，近交速率就越大。近交速率的大小指示：

一近交衰退的风险；

一遗传多样性的降低（动物适应环境变化的能力程度的降低）。

世代的平均近交速率，等于当代的平均近交系数减去上一代的平均近交系数，再除以用完全近交（近交系数为 1）减去上一代平均近交系数得到的差。

$$\Delta F = (F_{t+1} - F_t)/(1 - F_t)$$

例如，假设第 5 代的平均近交水平为 3.5％，第 6 代为 3.9％，则近交速率为 $(0.039 - 0.035)/(1 - 0.035) = 0.0041 = 0.41\%$。如果想用％来表示，那么就用 100 代替 1 减去 F_t。

如果只考虑 1 个世代的系谱，那么仅考虑两个世代之间的差异能得到很好的近似值。然而，如果要跨越多代进行评估，那么就需要再除以距离完全近交的程度才更准确。这是因为世代间近交水平的增长不是线性的，最大的近交系数是 1（完全近交），在脊椎动物种群中不可能进一步增大。近交水平增长，表明动物在基因组上某个位点纯合的可能性增加。动物的近交程度越高，与亲缘动物交配的后代在其余位点上纯合的概率就越小。有亲缘关系的动物本身也是近交的，它们的部分基因座是纯合的，因此这些后代在这部分基因座上也将是纯合的。但这并不意味着后代纯合性的增加，因为双亲在这部分基因座上已经是纯合的了。当然，后代的近交程度仍然很高。近交水平在每一代都在增大，直到所有的动物达到完全近交。但当平均近交水平变高时，达到完全近交的速度会下降。在图 6 - 10 中我们可以看到，个体间随机交配时不同世代的种群平均近交水平与种群规模之间的关系。显然，近交水平在最小的种群中增长最快。图 6 - 10 的红色虚线表示对于这些种群规模，可以认为自种群建立以来前 5 代的近交水平呈线性增长！实际上种群通常已经存在了很多代，所以我们看到的第一代的近交系数的初始值实际不会是 0。牢记这一点，在所有种群中，以距离完全近交的程度表示近交速率才是合理的。

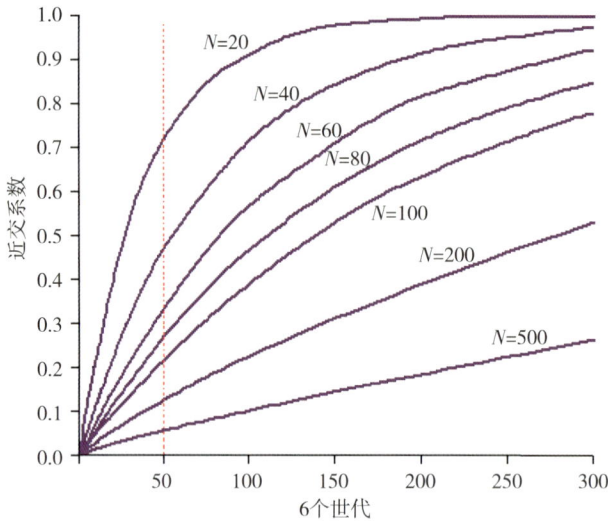

图 6-10 种群世代间近交水平的非线性变化与种群规模的关系。转载自 McDonald 于 2004 年发表的学士学位论文，论文题目为 Reproductive/Mating systems，收录于 Population Genetics of Plant Pathogens. The Plant Health Instructor. doi:10.1094/PHI-A-2004.0524-01

定义

近交速率（Rate of inbreeding）指种群的平均近交水平从一代到下一代的增加速率。

因为近交水平的增长是非线性的，所以近交速率用相对于种群距离完全近交的程度来表示。

例如，假设一个群体当前的平均近交水平是 0.23，上一代是 0.21，那么近交速率是 (0.23－0.21)／(1－0.21)＝0.0253，超过了 0.23－0.21＝0.02，说明如果不考虑近交水平的非线性增长，可能会导致对近交程度的低估。

6.13　近交速率与繁殖种群的规模

近交速率取决于种群的大小。但要认识到，这里的种群是指活跃的繁殖种群，而不是总的种群。为了能够预测下一代的近交速率，我们需要知道有多少雄性和雌性参与繁殖。在图 6-11 中，我们可以看到平衡繁殖种群的规模和近交速率之间的关系。平衡繁殖种群指的是繁殖的雄性和繁殖的雌性数量相等的种群。当种群数量低于 50（也就是少于 25 只的雄性和少于 25 只的雌性作为下一代的父母）进行随机交配时，近交速率随种群数量的减少而迅速增加。

动物的随机交配非常重要，因为非随机交配会影响近交速率。毕竟只有当动物的父母有血缘关系时，该动物才是近交的。因此，为了避免近交，可以试着让没有亲缘关系的动物交配。这种方法是有效的，但只是暂时性的解决方案。最终所有的动物之间都会有亲缘关系，亲缘相关动物之间的交配就再也无法避免，近交速率也将会与随机交配时一样。近交的后果只能推迟，不能避免，如图6-12b所示。

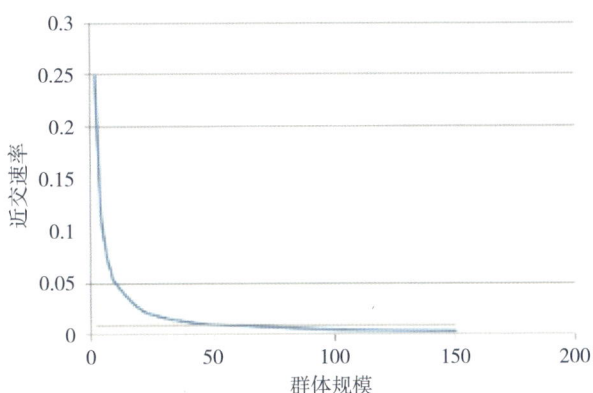

图6-11 平衡繁殖种群（繁殖的雄性和繁殖的雌性数量相等）的规模和近交速率的关系

配种策略和近交系

动物育种有时特意采用近交，如父-女之间和祖父-孙女之间配种。这

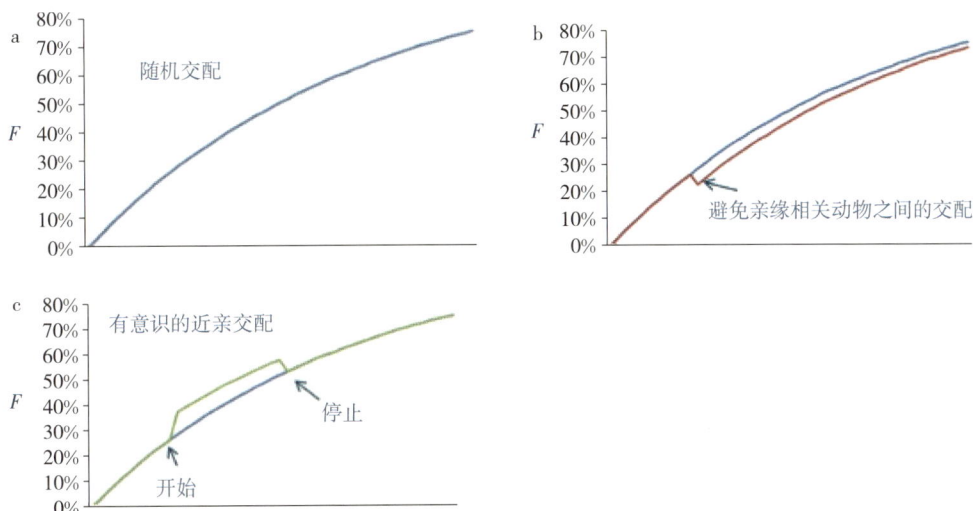

图6-12 随机交配与否时近交水平在种群世代间的变化。图6-12a说明随机交配时世代间的近交水平在增长。图6-12b说明避免亲缘相关动物之间的交配后，近交水平立即下降，但又慢慢回归随机交配时的水平。图6-12c说明有意识的近亲交配会使近交水平增长，这种增长可以通过再次随机交配来逆转

被称为品系育种。一些育种者进行品系育种的目的是固定某一优势公畜的有利等位基因。从理论上讲这不是一个坏主意，近亲交配可以增加纯合性，因此也包括有利等位基因的纯合性。但考虑到以下两方面原因，应避免进行品系育种。一是，随着品系育种的进行，动物变成了近交系，等位基因逐渐纯合，来自优秀祖先的大多数等位基因甚至最终绝大多数的等位基因都将纯合。然而，来自优秀祖先的等位基因不是全部都可取，优秀祖先可能是许多隐性疾病基因的携带者。优秀祖先是杂合子，不患病，但是它的近交纯合子后代将会患病。二是，如果大多数育种者采用品系育种（与任何近交一样），种群的遗传多样性将大大降低，这可能会影响群体将来适应不断变化的环境的能力。由于配种决策而增加的近交水平，可以

通过取消配种限制、引入随机交配来逆转，如图 6 - 12c 所示。

图 6 - 12 中的例子表明，从长远来看，近交速率取决于种群中动物之间的平均加性遗传关系，调整配种策略可以避免或增加近交。然而，近交速率最终将由动物之间的平均遗传亲缘关系决定。

因此：

近交速率由种群中动物之间的平均亲缘关系决定。

避免亲缘动物间的交配可以暂时降低近交速率，增加亲缘动物间的交配可以提高近交速率。

6.14 预测近交速率

到目前为止，我们回顾了如何评估近交速率。然而，由于近交速率可以预示近交衰退的增加，因此最好能预测未来几代的近交速率。虽然不可能精准地预测，但可以得到一个近似值。有一个简单的公式可以让我们对选择决策对于繁殖动物数量的影响有一些初步的了解。公式如下：

$$\Delta F = \frac{1}{8N_m} + \frac{1}{8N_f}$$

换句话说，如果知道繁殖公畜（N_f）和繁殖母畜（N_m）的数量就可以预测近交速率。当然，准确的近交速率取决于动物之间的遗传关系，这点在公式中没有体现。正如我们在图 6 - 10 和图 6 - 11 中看到的那样，近交速率更多地取决于种群规模而不是配种策略。这个公式可以提供一个近似值，并假设繁殖动物数量代表了群体的规模，假设没有选择，群体内没有非常小或很大的家系。

例如，假设有 3000 头动物，但只有 20 头公畜和 300 头母畜参与繁殖。每头母畜有 10 个后代，那么这个种群的近交速率是多少？

答：虽然种群有 3000 头动物，但只有 320 头参加繁殖，其中包括 20 头公畜和 300 头母畜。将其代入公式，得到预测的近交速率为 1/(8×20) ＋ 1/(8×300) ＝ 0.0067 ＝ 0.67％。

因此，20 头公畜和 300 头母畜也就是 320 头繁殖动物的近交速率为 0.67％。这 320 头动物中公畜和母畜的数量重要吗？可以自己试试如果用 160 头公畜和 160 头母畜繁殖呢？如果用 2 头公畜和 318 头母畜呢？你会发现配种的公、母畜的比例越不平衡，近交速率就越高。

群体规模会对近交速率产生影响吗？如果用一头公畜和一头母畜来繁殖呢？如果增加到 10 头公畜和 10 头母畜，近交速率会发生怎样的变化？100 头公畜和 100 头母畜又会怎样？你会发现在很小的繁殖种群中，近交速率不能通过使用相同数量的公畜和母畜来控制。

到目前为止，在预测近交速率时，我们都假定了家系的规模，即假定所有家系的雄性和雌性后代的数量都相等，但实际情况却并非如此。近交速率受大家系的影响最大，因为大家系的后代在下一代中比例最高。我们还假定了世代间群体规模保持不变，实际情况可能并非总是如此，群体规模可能会减小（因为受欢迎程度下降或暴发疾病导致），群体规模也可能会增大（因为受欢迎程度增加或死亡率低于预期）。

因此：

近交速率取决于

-用于繁殖的雄性和雌性的比例；

-用于繁殖的雄性和雌性的数量；

-家系大小的变化；

-群体规模的波动。

示例：荷斯坦奶牛的近交速率

尽管荷斯坦奶牛群体的数量很大，但这些个体之间的平均加性遗传关系也很大。由于人工授精技术的使用，每个奶牛父系的后代数量通常非常大。有些父系被更高频地用于繁殖，导致群体内家系规模非常不均衡。尽管世界各地的荷斯坦奶牛都是亲缘相关个体，但在不同国家存在某种程度的亚群。例如，在丹麦，荷斯坦奶牛亚群的近交速率的估计值是1%，在爱尔兰是0.7%，在美国是1.3%。考虑到数百万头奶牛可用于繁殖，且有数百头公牛可供选择，这些值是非常高的。但实际上只有有限数量的公牛和大量母牛进行了繁殖。这是家系规模非常不对等影响近交速率的一个明显例子（一些公牛比其他公牛的使用频率高得多）。

6.15　可接受的近交速率是多少?

近交速率是指示纯合性增加导致相应问题增加的一个指标，是陷入问题风险的风向标。风险意味着结果可能更好，也可能更糟。根据经验，联合国粮食及农业组织（FAO）建议将近交速率控制在1%以下，最好低于0.5%。近交速率为1%，代表每经过1个世代，群体的纯合性会增加1%。但没人能预测由于纯合性增加导致问题增多的后果是什么，因为并非所有的基因都具有相同的效应，同样，也不是一个基因中所有等位基因的效应都相同。

联合国粮食及农业组织的建议与风险管理有关。从长远来看，超过1%的近交速率会增加种群无法存活的风险。

假设采用平衡育种，1%的近交速率意味着至少需要25头公畜和25头母畜进行繁殖配种，0.5%的近交速率意味着需要50头繁殖公畜和50头繁殖母畜。如果采用非平衡育种，则需要选择一定数量的繁殖公畜和繁殖母畜，使近交速率控制在1%（或0.5%）以下。这是否是一个理想的选择，要依据动物物种而定。制定育种规划时必须牢记繁殖动物的数量对近交速率的影响。

因此：

-FAO 建议近交速率控制在 0.5%～1%以下。

-种群管理的关键是使用足够多的动物进行繁殖。

6.16 遗传多样性和近交的关键事项

（1）遗传多样性代表一个物种内的群体间和群体内的动物个体之间的遗传差异。

（2）遗传多样性对保持种群灵活性、防止近交衰退、降低患单基因隐性疾病的风险很重要。

（3）遗传多样性受遗传漂变、近交、选择、迁移和突变的影响。

（4）近交表示动物从亲缘相关父母双方获得相同等位基因的概率。

（5）加性遗传关系是对血缘相关个体间共有相同等位基因比例的估计。由于孟德尔抽样，实际的加性遗传关系可能与估计的不同。

（6）近交系数和加性遗传关系只有在考虑系谱的世代数（最少 5 个世代）时才有用。

（7）近交速率是非线性的，它表示种群从一代到下一代增加的平均近交水平。

（8）近交速率取决于繁殖公畜与繁殖母畜的比例、数量，家系规模的变化和种群规模的波动。

（9）联合国粮食及农业组织建议将近交速率控制在 0.5%～1%以下。

7　单基因性状遗传

正如我们之前学到的，动物有单基因性状，也有多基因性状。在先前章节中我们提到过可以根据估计育种值对动物的多基因性状进行选择。单基因性状的例子有：动物的毛色、矮化、极端强壮、畸形或严重的健康问题等。已知决定单基因性状表达的等位基因可能是显性的、中性的或隐性的，我们也可以计算单基因性状的等位基因的频率。本章我们将首先解释单基因性状的特征，然后讨论单基因有利性状在育种上的应用，最后概述在育种规划中如何处理单基因的不利性状（遗传缺陷）。我们之所以对单基因遗传性状给予大量关注，是因为许多单基因性状都是由隐性/显性等位基因决定的，因此，不能从表型上区分显性等位基因的杂合子和纯合子，也就是说我们无法确定动物在这种单基因性状上的遗传价值。究竟是选留有利的效应，还是淘汰不利效应，也是一个问题。

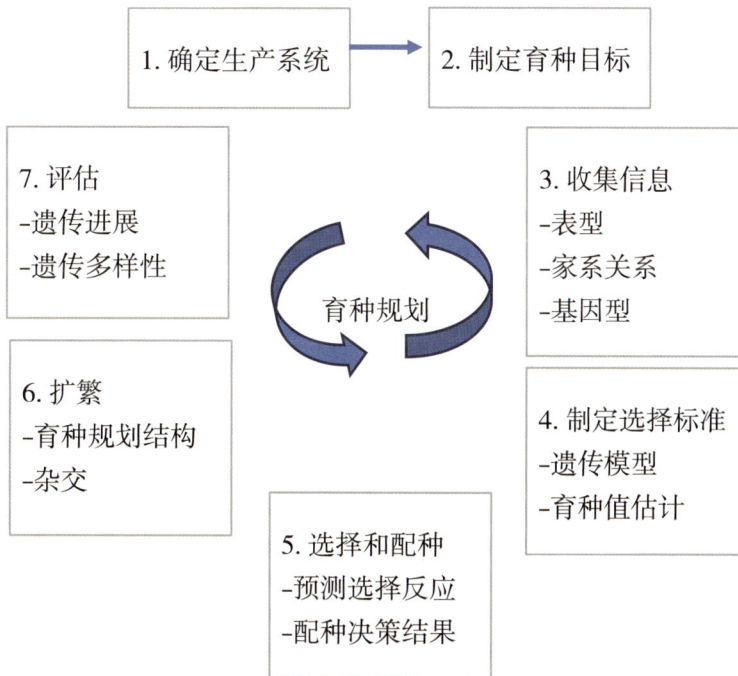

单基因性状的特征

简而言之，单基因性状的基因座可能包含相同的等位基因：动物在这个性状上是纯合的，它从父母双方得到了相同的等位基因。基因座也可能包含两个不同的等位基因：动物在这个性状上是杂合的，它从父亲那里遗传了一个等位基因，从母亲那里遗传了另一个不同的等位基因。纯合子动物的所有后代都将得到一个相同的等位基因，杂合子动物的后代得到两个等位基因中任何一个的概率都是 50%。在杂合子动物中，我们可能会关注中间遗传（杂合子的表型值等于两种纯合子表型值之和的一半）或显性遗传/隐性遗传。显性遗传/隐性遗传不能根据表型区分杂合子和其中的一种纯合子，因为杂合子和其中一种纯合子的表型相同。

7.1 计算等位基因频率

在一个动物群体中，我们可以计算单基因性状的等位基因频率和基因型频率。当已知动物在某个单基因性状上的等位基因，而去计算该动物与另一个动物交配获得期望基因型的概率时就有价值。

例如，假设一个单基因性状有两个等位基因 Z 和 z，那么个体的基因型可能是：Z/Z、Z/z、z/z。在 630 只动物中，基因型 Z/Z 的动物有 375 只，基因型 Z/z 的动物有 218 只，基因型 z/z 的动物有 37 只，那么三种基因型 Z/Z、Z/z、z/z 在群体中的频率分别为：$375/630=0.595$，$218/630=0.346$，$37/630=0.059$。

等位基因的频率就可以计算如下：Z/Z 动物有 2 个 Z 等位基因，Z/z 动物有 1 个 Z 等位基因，z/z 动物有 0 个 Z 等位基因，因此，Z 等位基因的频率为：$0.595+0.5\times0.346=0.768$。$Z/z$ 动物有 1 个 z 等位基因，而 z/z 动物有 2 个 z 等位基因，因此 z 等位基因的频率为：$0.5\times0.346+0.059=0.232$。在群体遗传学中，等位基因的频率记为 p 和 q，此时 $p=0.768$，$q=0.232$。p 和 q 的和总是等于 1（本例中是 $0.768+0.232=1$）。

7.2 哈代-温伯格平衡

基因型频率和等位基因频率之间存在一定的相关性。已知等位基因频率时，可以计算基因型频率，这种关系在群体遗传学中被称为哈代-温伯格定律。这一定律适用于世代稳定（例如，没有迁徙）的群体。在这种稳定群体中，哈代-温伯格平衡定律成立。

定义

哈代-温伯格平衡（Hardy and Weinberg equilibrium）是指在随机交配的大群体中，在没有选择、迁移、突变和随机漂变的情况下，基因型频率和等位基因频率保持不变（世代不变），可以根据等位基因频率计算基因型频率。

哈代-温伯格平衡意味着种群在世代间保持稳定。当精细胞和卵细胞同时携带等位基因 Z 的频率是 p 时，Z/Z 基因型的频率为 $Z/Z=p\times p=p^2$。当精细胞和卵细胞同时携带等位基因 z 的频率是 q 时，z/z 基因型的频率为 $z/z=q\times q=q^2$。Z/z 基因型有两种组成形式：一种是携带 Z 等位基因的精细胞（频率为 p）和携带 z 等位基因的卵细胞（频率为

q）结合，一种是携带 z 等位基因的精细胞（频率为 q）和携带 Z 等位基因的卵细胞（频率为 p）结合。因此，基因型 Z/z 的频率为 $Z/z = 2 \times p \times q = 2pq$。哈代-温伯格平衡种群的等位基因频率和基因型频率见表 7-1。

表 7-1   哈代-温伯格平衡种群的等位基因频率和基因型频率

卵细胞 精细胞	等位基因 Z	频率 p	等位基因 z	频率 q
等位基因 Z	ZZ		Zz	
频率 p		P^2		pq
等位基因 z	Zz		zz	
频率 q		pq		q^2

群体的等位基因频率和基因型频率决定动物单基因性状不同表型的比例。选择想要的单基因性状或淘汰不想要的单基因性状部分取决于潜在的等位基因频率，因此要注意等位基因频率和基因型频率。

育种群亲本间的交配往往不是随机的，而是根据育种目标性状进行选配。有时其他种群个体的迁入会威胁到种群的平衡，随机漂变也可能改变小种群的等位基因频率。因此，哈代-温伯格平衡定律在大多数育种群中可能都不存在。然而，对于未被选择的单基因性状，已知等位基因频率有助于预测基因型频率。

7.3   交配时的随机效应

已知父母的基因型，基于孟德尔定律，可获知后代可能会有什么基因型。但由于随机效应，现实可能会偏离预期。例如，当 Z/Z 基因型和 Z/z 基因型的两只犬交配时，后代基因型平均 50% 是 Z/Z，50% 是 Z/z。但一窝 4 只幼犬的基因型可能全是 Z/Z。这是因为每形成一个胚胎，它的基因型是 Z/Z 或 Z/z 的概率一样大（都是 50%）。这是孟德尔抽样的结果：每个后代都会得到父母 50% 的基因，但我们不知道是哪一半。一窝 4 只幼犬都是 Z/Z 的概率就是 $0.5^4 = 0.0625$。因此，当两个基因型已知的亲本交配时，仍然可以计算出后代基因型的平均期望值，只是随机效应会导致实际情况偏离平均期望值。

7.4   主效（有利）基因育种

多个物种的分子遗传学研究让人们了解到了很多对动物产品质量和繁殖力有显著影响的基因（主效基因）。

双肌臀基因

在许多物种（如牛、绵羊、猪、马、犬和人类）中，已知肌肉生成抑制素基因

myostatin 有一个隐性等位基因，该隐性等位基因的纯合子个体表现双肌臀表型。在比利时蓝牛的育种过程中人们就致力于固定这种隐性等位基因，该牛以胴体重高、肌肉发达和屠宰率高而闻名。然而，很多双肌臀等位基因的纯合子母牛却不能自然生育，需要进行剖宫产。这在许多国家引发了一场严重的伦理讨论。其他物种的双肌臀等位基因纯合子动物在分娩时也有类似的问题，也需要剖宫产。

牛奶蛋白基因

另一个例子是奶牛的牛奶蛋白主效基因。已知奶牛中的许多牛奶蛋白基因的等位基因对奶酪的产量有不同的影响效应。例如，β-lacto 球蛋白基因（位于 11 号染色体）的等位基因对奶酪的生产效率有显著影响，携带 *BB* 等位基因的奶牛是奶酪制造商的最爱。*DGAT*1 基因（位于 14 号染色体）的等位基因影响牛奶的乳脂率和乳脂成分。*K* 等位基因可以增加牛奶中脂肪和蛋白质的百分率和脂肪的产量，同时降低产奶量和牛奶中蛋白质的产量。非常重要的一点是：带有 *K* 等位基因的奶牛的乳脂肪组成不同，它们会产生更多不利于人类健康的脂肪酸。

肉质基因

猪 6 号染色体上存在可以造成猪产生应激敏感性的氟烷基因，该基因影响猪肉的肉质。该染色体上还存在影响公猪产生雄烯酮激素的基因，雄烯酮是导致非阉割公猪肉气味难闻的原因。到目前为止，人们主要通过阉割公猪来避免公猪肉产生这种难闻的气味，但考虑到公猪福利，针对公猪气味开展选择育种才是更好的方法。

繁殖力基因

在绵羊中，已知有几个基因可以影响绵羊的产羔数。例如，澳大利亚美利奴羊中存在的 Booroola 基因，可以显著影响产羔数，杂合子母羊每窝可以多产一只羊羔，纯合子母羊每窝可以多产两只羊羔。通过将携带这种等位基因的美利奴公羊与特克塞尔母羊杂交，杂交后代再与特克塞尔羊回交，人们已经将这种等位基因引入到了荷兰特克塞尔种羊当中。

毛色基因

人们非常注重物种被毛颜色的遗传。被毛颜色是品种的一个重要特征。品种协会通常对个体的颜色表型有严格的要求和规定。对于伴侣动物和休闲动物，育种者非常看重选育特殊的颜色表型。过去人们发现了许多与颜色遗传有关的基因和等位基因。下面我们首先介绍在反刍动物中发挥作用的几个毛色基因，然后我们会提及每个物种的其他特点。

7.4.1　反刍动物的毛色基因

与哺乳动物一样，反刍动物被毛的颜色受 4 种基因决定：延伸基因、刺鼠（鼠灰色）基因、沙色（杂色）基因和稀释基因（图 7-1 至图 7-4）。

延伸基因决定动物的着色情况。显性等位基因 *E* 控制动物毛细胞中产生真黑色素，使动物呈现黑色；隐性等位基因 *e* 控制产生褐黑色素，使动物呈现红色；第三种等位基因是野生型的，使动物呈现红色并带有浅色的背线。

当延伸基因中存在至少一个野生型的等位基因时，刺鼠基因就会表达。这是上位效应的例子：延伸基因的基因型决定刺鼠基因座的等位基因的表达。刺鼠基因等位基因使动物表现为黑色和红色条纹。

沙色（杂色）基因座上的显性等位基因表现为白色和有色相间的毛色，导致动物呈现灰色。

当显性等位基因 E 纯合时，稀释基因会将底色充分稀释。例如，对于黑色的动物，稀释基因的纯合子呈现浅灰色，稀释基因的杂合子呈现深灰色。

图 7-1　野生型毛色的公牛

在牛、绵羊和山羊中，白色斑点可能受几个已知的基因座控制：斑点、斑纹、带纹、侧面着色和断裂基因座。如果想了解更多信息，请参阅 1999 年出版的《牛遗传学》（编辑 R. Fries 和 A. Ruvinsky）以及 1997 年出版的《羊遗传学》（编辑 L. Piper 和 A. Ruvinsky）。

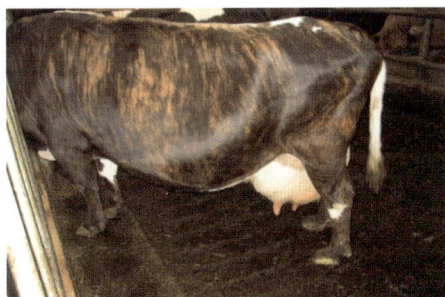

图 7-2　刺鼠基因影响下琥珀样毛色的爱尔兰母牛

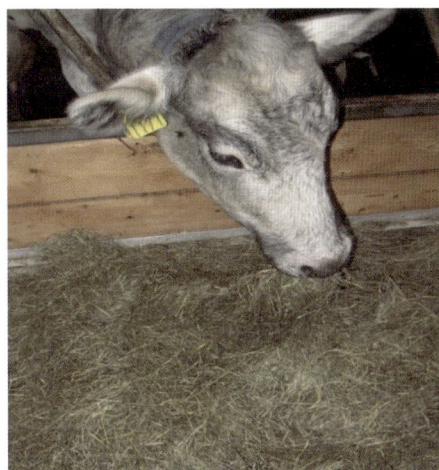

图 7-3　沙色基因影响下灰色的爱尔兰犊牛

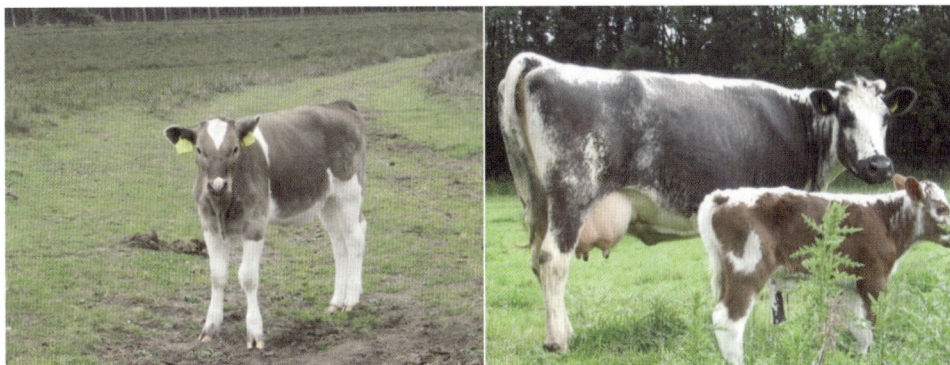

图 7-4　荷兰进口的一头"丹麦健康品种"奶牛的白灰色犊牛（左图）；深灰色花纹的荷兰"白背"奶牛（右图）（侧面有色）

7.4.2 猪的毛色基因

延伸基因、刺鼠基因、沙色基因和稀释基因也决定猪的毛色底色。此外，像反刍动物一样，还有许多基因已知会影响猪的毛色模式。沙色基因位点的显性等位基因导致当前许多商业猪种呈现全白毛色。如果想进一步了解，请参见 1998 年出版的《猪遗传学》，编辑 M. F. Rothschild 和 A. Ruvinsky。

7.4.3 马的毛色基因

马的毛色变化只受几个基因影响。到目前为止，已知涉及 11 种基因。基本上所有马的毛色变异都能追溯到 2 种基础色：黑色和栗色。栗色广泛存在，但从根本上说它是黑色的过渡色。但由于栗色马存在的数量太庞大，所以栗色也被称作是 1 种基础色。基因 B 中的 B 就来自于英语"Black（黑色）"的首字母。如果一匹马是黑色纯合子，那么它的基因型就表示为 BB。基因 A 控制马的栗色，等位基因 A 控制马的毛色由黑色（BB 基因型）转换为栗色，使基因型 BB（黑色）的马表现为栗色，但鬃毛、尾巴和后腿仍然是黑色。一匹栗色马不仅含有 B 等位基因，还含有 A 等位基因。纯合子栗色马的颜色基因型是 AABB。黑色马没有等位基因 A，因为显性等位基因 A 会导致色素发生转变。因此，黑色马在 A 基因座上的基因型是隐性纯合 aa。关于基础色，还有一点：想要马表现出黑色，还需要第 3 个基因"允许"，这个基因用 E 表示。ee 隐性纯合子表现为栗色。这看起来有些复杂，但我们把它简化：由于在欧洲大陆（和美洲大陆）几乎找不到隐性等位基因 b，为简便起见，我们在下面的颜色基因型中不考虑 b。于是颜色的基因型公式为：

栗色 1＝AAEE＝纯合子栗色	黑色 1＝aaEE＝纯合子黑色	黑色 2＝aaEe
栗色 2＝AAEe	栗色 3＝AaEE	栗色 4＝AaEe
栗色 1＝aaee＝纯合子栗色	栗色 2＝Aaee	栗色 3＝AAee

注意：

- 携带 ee 的一定是栗色马；
- 黑色马一定含有 aa 和至少一个 E；
- 栗色马至少含有 1 个 A 和 1 个 E。

由此可见，两个相同颜色纯合子马匹后代的颜色和亲本一样。

例如：

栗色（AAEE）×黑色（aaEE）® 栗色马驹（AaEE）；

栗色（AAEE）×栗色（aaee）® 栗色马驹（AaEe）；

黑色（aaEE）×栗色（aaee）® 黑色马驹（aaEe）。

在基础色（B、A 和 E）之上，一些其他基因也能控制马的颜色。其中，一个基因是 g。字母 G 代表灰色。GG 和 Gg 基因型在以后的生长过程中凌驾于所有其他颜色之上，导致马变成灰色。因此，这些马不是天生的灰色。还有一组基因可以稀释基础色，C 和 C^{cr} 就是这种稀释基因，使马表现为灰黄色和奶油色。另一组基因会造成颜色分布不均匀，形成不同颜色的斑块或白色斑点，*Overo* 和 *Tobiano* 就是这类基因。如果想了解更多信息，请参阅 2000 年出版的《马的遗传学》，编辑 A. T. Bowling 和 A. Ruvinsky。

7.4.4 犬的毛色基因

犬的延伸基因座上有一个等位基因 *E*（*m*），对 *E* 等位基因有上位效应，导致犬的头部呈现一个黑色的"面罩"。当隐性等位基因 *e* 纯合时，犬表现为明亮的黄色或红色。棕色是真黑色素稀释基因作用的结果，是一种隐性性状。当 bb 纯合时，真黑色素会被稀释成肝色、棕色或巧克力色。当存在 *B* 等位基因时，基础色就不会发生改变。稀释过程是隐性上位作用。稀释依赖于两个等位基因 *D* 和 *d*。隐性上位作用的意思是只有当等位基因 *d* 纯合时才发挥上位稀释作用，稀释会改变基础色，导致黑色变成蓝色（青灰色）。犬的毛色稀释与牛和马不同，仅稀释真黑色素。DD 和 Dd 基因型没有效应。刺鼠基因（*C*）能够稀释褐黑色素，CC 或 Cc 基因型是形成酪氨酸酶的必需基因型。酪氨酸酶是产生黑色素的一种必需酶。当隐性等位基因 *c* 纯合时动物不能产生黑色素，表现为白化。刺鼠等位基因 *c*（ch）能够淡化刺鼠杂毛和花纹中较浅的棕色部分，使它们几乎变成白色，但不影响真黑色素。另外，它还会产生延伸的白色表型，使黑色的动物拥有白色的鼻子、脚、眼睛和嘴唇。更多信息请查阅 2012 年出版的《犬的基因》，编辑 E. A. Ostrander 和 A. Ruvinsky。

7.4.5 家禽的羽色基因

在家禽育种，特别是业余家禽育种者的工作中常会见到非常多样的羽毛颜色。家禽的延伸基因座有很多不同的等位基因。家禽羽色的主要基因位点之间都存在相互作用，但通常不能表现上位效应。在发达国家，白色羽色是首选，因为白羽个体的胴体皮肤也是白色的。在亚洲，黑色皮肤是首选。羽色遗传的商业应用是在蛋鸡生产中用于淘汰公鸡。羽色是伴性遗传。因此，在雏鸡出生第 1 天就可以根据羽色区分雄性和雌性。在相关基因座上，雄性只有 1 个等位基因，而雌性有 2 个。（杂交）杂合子雌性具有 2 个等位基因，（杂交）杂合子雄性只有 1 个等位基因，它们有不同的羽色。详情参见：http：//kippenjungle. nl/Overzicht。这是一个双语网站（荷兰语和英语），该网站还提供其他物种的被毛颜色遗传知识。

7.5 有害单基因性状的育种

所有物种和品种的育种都需要持续关注突变引起的遗传缺陷。减数分裂过程中发生的突变让每个个体（即使是雄性）都可能携带不利突变。当这种突变的等位基因呈显性遗传时，将对携带者产生可见的或可测量的不利影响。携带者将不会存活或不被用于育种。突变的等位基因也将被清除从而不会在群体中传播。但当突变的等位基因呈隐性遗传时，就不会对杂合子携带者产生影响，因此就不能被识别出来。当杂合子携带者广泛用于繁殖

动物育种和遗传学

时，不利等位基因就会在群体中传播开来。经过多个世代之后，当后代中的两个杂合子携带者偶然交配后，不利突变等位基因的效应就会出现。这种不利突变等位基因纯合子出现的概率是 25%，导致纯合子无法存活、畸形、在生命早期或后期遇到严重的健康问题。

已知动物中存在许多畸形和功能障碍等缺陷，但这些缺陷并非都是由遗传引起的。为了确定这些缺陷是否存在遗传背景，强烈建议大家对畸形和功能障碍个体进行记录，定期分析群体中发生这些缺陷的频率。如果频率明显升高，表明某一特定的父母或过去几代的祖先可能将缺陷遗传给了多个后代。发病率出现偏差是遗传缺陷的第一个迹象。每个物种都有许多已知的遗传缺陷，见表 7 - 2。

表 7 - 2　全球物种的遗传疾病和遗传缺陷

	犬	牛	猫	绵羊	猪	马	鸡	山羊	兔	日本鹌鹑	黄金仓鼠	其他	合计
所有的性状/疾病性状	580	397	302	214	214	206	190	72	58	41	40	463	2777
孟德尔性状	223	145	75	88	45	40	114	13	28	31	28	146	976
疾病性状已知的关键突变	154	78	40	32	18	29	36	9	7	9		3	58	473
人类疾病的可能模型	296	142	165	82	77	108	41	28	37	11	14	229	1230

来源：http://omia.angis.org.au/home/。

种群中出现大量单基因遗传缺陷的纯合子源于过去某个父系祖先的后代数量远远多于同期的其他父系，如图 7 - 5 所示。

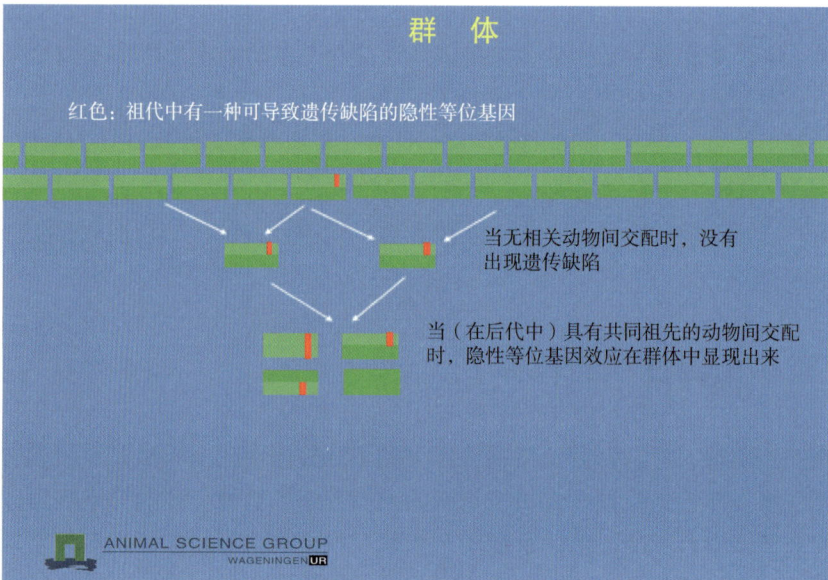

图 7 - 5　具有共同祖先的动物交配时该祖先的遗传缺陷隐性等位基因在后代中纯合

图 7-5 表明，在动物育种中利用一个亲本繁育大量的后代并不明智。这一点在一个育种规划控制良好的群体中很容易理解，但在一个育种规划控制较少的群体中就很难理解，建议每代每对亲本繁育的后代数不超过后代总数的 5%。

因此，只要所有个体都携带遗传缺陷的等位基因，在一个群体中就不可能剔除所有这些等位基因。一旦等位基因在群体中传播开，其频率就有可能降低到较低的水平，如果没有遗传标记，它就永远不会消失。

即使遗传缺陷等位基因的频率很低（比如 0.05），群体中仍然会有很多（10%）的杂合子携带者（哈代-温伯格期望值：$2pq = 2 \times 0.95 \times 0.05 = 0.10$）。

7.6 没有遗传标记时测量单基因性状的亲本

人们利用分子遗传学技术检测了许多质量性状（单基因）的基因座，明确了等位基因的表型效应，并开发了许多可用的基因标记，用于检测和控制育种后备个体性状的等位基因，但通常没有可用的因果遗传标记，我们必须进行配种"检验"。

假设，随机选择一只棕色母犬和一只黑色公犬进行配种，我们想知道出生后代中黑色幼犬的概率是多少，已知黑色等位基因对棕色等位基因呈显性。计算出现黑色幼犬的概率，意味着要算出随机选择的黑色公犬是杂合子的概率。在品种中，棕色等位基因的频率为 0.1，黑色等位基因的频率为 0.9。假设种群处于哈代-温伯格平衡，那么纯合子黑犬的比例为 $0.9^2 = 0.81$，杂合子黑犬的比例为 $2 \times 0.9 \times 0.1 = 0.18$。随机选择一只黑色杂合子公犬的概率是 0.18 /（0.81＋0.18）＝0.18，即大约 1/5 的黑色公犬是杂合的，当与棕色母犬交配时，会产生 50% 的黑色幼犬和 50% 的棕色幼犬。

荷兰 Groninger Blaarkop（格罗宁根奶牛）显性白斑的等位基因频率为 0.95。等位基因隐性纯合后会导致牛身上出现我们不想要的斑点。如何以 95% 的准确度知道公牛是否为白斑等位基因的纯合子？也就是说，希望得到 5% 的不确定的答案。最好的办法是将公牛和黑白花奶牛杂交。纯合白斑公牛与黑白花奶牛杂交将得到 100% 白斑小牛。那么需要进行多少次交配测试？当白斑公牛是杂合子时，第 1 代小牛出现斑点的概率是 0.5，第 2 代小牛出现斑点的概率是 0.5 * 0.5＝0.25，第 5 代小牛出现斑点的概率为 $0.5^5 = 0.0325$，此时概率小于 0.05。因此，如果要保证出现斑点的概率低于 5%，就必须进行 5 次成功的配种测试。综上所述，测试需要的后代数量取决于群体的等位基因频率和测试的准确性或不确定性。

7.7 检测亲本遗传缺陷时遗传标记的价值

目前针对许多单基因性状，都有可用的遗传标记。这些遗传标记检测的大多不是直接影响单基因性状的等位基因，而是检测一段靠近功能等位基因的非功能 DNA 片段的多态性。这些遗传标记对于检测隐性等位基因的杂合子动物非常有价值。

动物育种和遗传学

使用遗传标记的风险：减数分裂时遗传标记与单基因性状位点之间的重组效应会破坏遗传标记与功能等位基因之间的关系（图 7‑6）。

因此，如果检测的是靠近染色体上隐性功能等位基因的遗传标记，那么就应该在后代中定期检查该标记和功能等位基因之间的关系。标记越接近功能等位基因，重组的概率就越低，遗传标记的准确性也就越高。

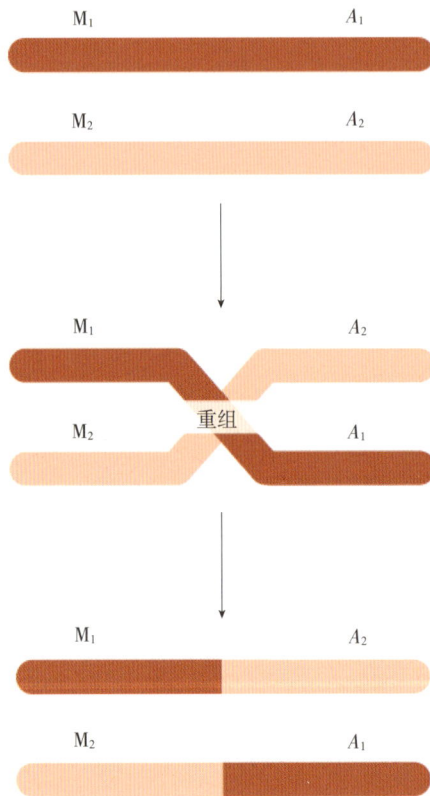

图 7‑6　重组破坏了遗传标记 M_1 和等位基因 A_1 以及遗传标记 M_2 和等位基因 A_2 之间的关联

7.8　利用遗传标记淘汰遗传缺陷的隐性等位基因

正如我们之前所看到的，许多动物的遗传缺陷可以追溯到单基因隐性性状。分子遗传学家非常重视导致遗传缺陷的这些有害隐性等位基因，为此开发了遗传标记，这些标记给了我们机会检测不表现缺陷的杂合子携带者。

第一批遗传标记一经问世，品种协会就开始测试动物是否有这些标记可检测的不利等位基因，并开始在育种中剔除这些杂合子动物。然而，要完全消除群体中的不利等位基因是一项艰巨的工作，需要对所有的动物进行检测，成本往往过高。

一些关于荷兰绵羊痒病易感性的检测结果显示，如果在育种中剔除带有"易感"等位基因的纯合子和杂合子亲本，将导致育种的公羊数量急剧减少，而且具有有利等位基因的公羊之间存在高度的亲缘关系，最终将会大大增加后代的近交程度。

因此，像痒病易感性一样，遗传缺陷的等位基因频率可能相当高。于是，最好的方法是用遗传标记检测所有育种后备个体，限制使用杂合子携带者，只能与无遗传缺陷的纯合动物交配。这些后代中50％的杂合子不进入育种规划，育种规划中只使用无遗传缺陷的纯合后代。这种剔除方法不但维持了群体的广泛遗传多样性，而且不会因为立刻消除缺陷而增加后代的平均加性遗传关系。利用遗传标记消除群体遗传缺陷隐性等位基因的最佳策略如图7-7所示。

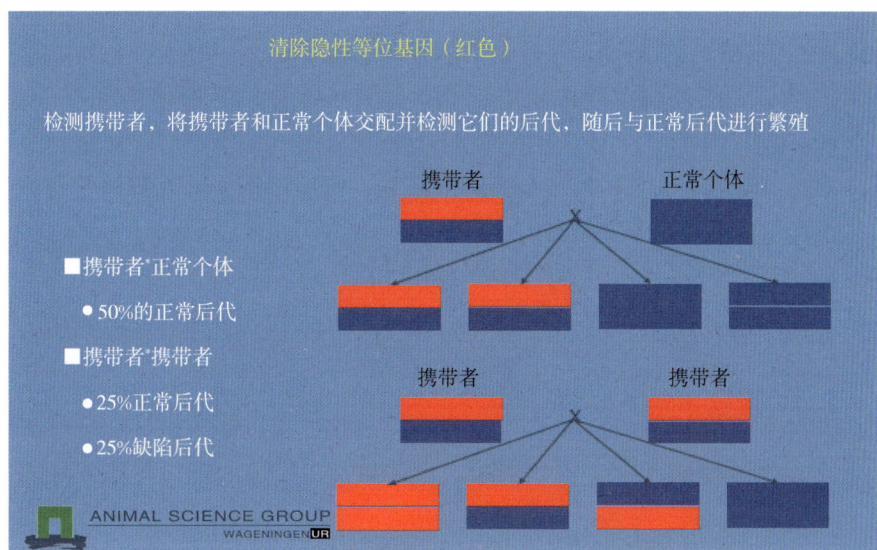

图7-7　使用无遗传缺陷（正常）纯合子后代消除不利隐性等位基因携带者的策略

像荷兰一些绵羊品种的痒病易感性一样，有时遗传缺陷在群体中广泛存在，这时可以让携带者之间配种，然后保留25％的健康后代用于下一步育种。但如果遗传缺陷严重影响动物的健康和福利，就不建议使用这种方法，因为这种方法同时会获得25％的遗传缺陷后代。

7.9　单基因性状遗传的关键事项

（1）动物的单基因性状等位基因可以是纯合的（从父亲和母亲那里得到了相同的等位基因），也可以是杂合的（从父亲和母亲那里得到了不同的等位基因）。

（2）决定单基因性状表达的等位基因可能是显性的、中性的或隐性的。杂合子基因型的表型值等于（显性）或高于（共显性）纯合子基因型中一个等位基因的表型值，或等于两种纯合基因型表型值的平均值（中性）。

（3）哈代-温伯格平衡表明，在随机交配的大群体中，如果没有选择、迁移、突变和随机漂变，群体的基因型频率和等位基因频率保持不变（世代保持不变），可以根据等位

动物育种和遗传学

基因频率计算基因型频率。

（4）当知道父母的基因型时，基于孟德尔定律就能知道后代可能会有什么基因型。但由于随机效应，实际情况可能会偏离预期。

（5）在所有物种中，已知存在许多有利的单基因性状或主效基因性状，如颜色基因和影响动物产品质量的基因控制的性状。

（6）在所有物种中，已知有许多不受欢迎的单基因性状，它们通常受隐性等位基因控制，当隐性等位基因纯合时会产生遗传缺陷。

（7）当遗传缺陷的携带者被广泛用于育种时，遗传缺陷的等位基因就会在群体中传播开来。当与携带者有加性遗传关系的后代动物之间交配时这种等位基因就会大量出现。

（8）隐性遗传缺陷的遗传标记在筛选缺陷杂合子携带者上有很高的价值。遗传标记有效的先决条件是必须靠近隐性等位基因，否则重组可能会破坏标记和等位基因之间的连锁。

（9）降低隐性缺陷等位基因频率最好的策略是，使用遗传标记检测后代中的携带者，并在下一代中选留不携带该等位基因的个体。

8　动物排名

在之前的章节中，我们了解了如何将表型分解成遗传因素和环境因素。那一章的内容基本是纯理论，我们需要用这个理论继续指导我们的育种规划。当我们已经收集了很多动物的表型、系谱和亲属的信息后，现在我们想知道哪些动物最适合用于繁殖。换句话说，我们如何对动物进行排名以便选择最好的动物？我们如何知道哪些动物具有最好的遗传潜力，从而具有最高的育种值（最佳育种值）？虽然我们有了动物的表型观测值，但表型不仅由遗传潜力决定，也受环境影响。为了能够根据育种值对动物进行排名，在给定表型和系谱（即动物之间的遗传关系）时，我们需要找到一种方法量化育种值，本章我们将介绍几种不同的技术实现这一点：根据估计育种值对动物进行排名。每种技术都有自己的优缺点，因此我们还将讨论哪种技术在哪种情况下最适合。我们常说"育种是场赌博"，有两个主要原因：首先，需要估计育种值，而估计的育种值可能不准确。其次，即使能 100% 准确地知道动物的育种值，也就是知道它真正的育种值，我们也不能预测哪一半的遗传潜力会传递给后代，这始终是育种决策中的一个不安因素，因为直到现在我们仍无法在动物受精前知道精细胞和卵细胞的确切基因型。

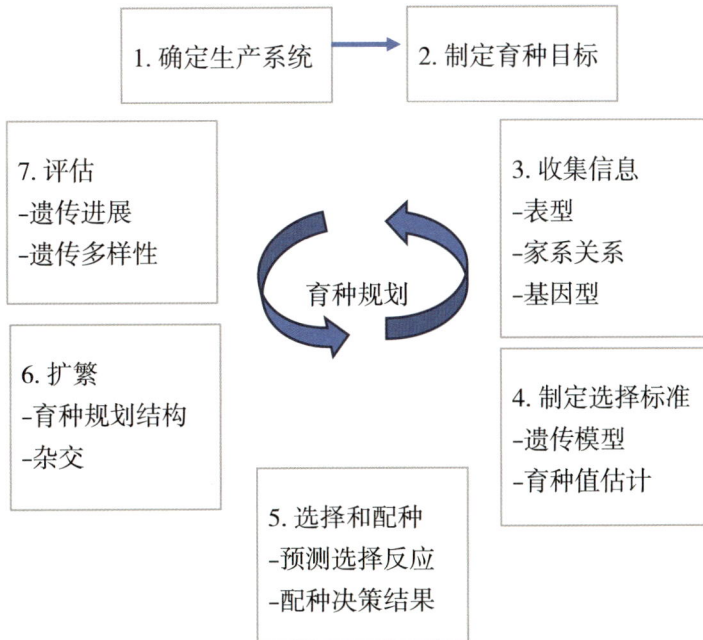

```
┌─────────────────┐        ┌─────────────────┐
│ 1. 确定生产系统  │───────▶│ 2. 制定育种目标  │
└─────────────────┘        └─────────────────┘

┌─────────────────┐                           ┌─────────────────┐
│ 7. 评估          │                           │ 3. 收集信息      │
│ -遗传进展        │          ⟲ 育种规划 ⟳       │ -表型            │
│ -遗传多样性      │                           │ -家系关系        │
└─────────────────┘                           │ -基因型          │
                                              └─────────────────┘
┌─────────────────┐                           ┌─────────────────┐
│ 6. 扩繁          │                           │ 4. 制定选择标准  │
│ -育种规划结构    │                           │ -遗传模型        │
│ -杂交            │                           │ -育种值估计      │
└─────────────────┘                           └─────────────────┘
            ┌─────────────────┐
            │ 5. 选择和配种    │
            │ -预测选择反应    │
            │ -配种决策结果    │
            └─────────────────┘
```

如果我们再回看一下育种规划的各个阶段，发现我们仍处于第 4 阶段：确定选择标准。在之前的章节中，我们建立了遗传模型，现在我们将考虑估计动物的育种值。

8.1 动物排名：方法概述

选择育种的挑战是找到最好的动物作为下一代的父母。我们不可能知晓这些动物真正的遗传潜力，但我们可以对其进行估计，这种估计的遗传潜力被称为估计育种值（EBV）。显然，估计的指标越多或越好，估计的结果越准确。EBV 是相对于群体的平均水平而言的，因此，它表达的是个体比群体的平均水平好多少。

> **定义**
>
> 估计育种值（Estimated breeding value，EBV）是对动物遗传潜力的估计，它是相对于群体的平均值而言的。

8.1.1 混合选择

根据表型对动物进行排名，从中选出最好的个体进行繁殖，是最基本的选择方法，这种方法也被称为混合选择，或自主选择。例如，如果你想培育大体型的兔子，那就选择体型最大的兔子作为下一代的父母。这种方法会成功吗？答案取决于许多因素。我们想知道，体型最大的兔子是否真的具有最好的遗传潜力。为什么其他兔子的体型更小？是因为它们小时候吃得不好吗，还是因为它们有不好的基因？这些问题的答案就在于遗传力，毕竟遗传力表示的就是你观察到的表型变异有多少是由个体间的遗传变异引起的。高遗传力表明，小兔子体型小的最可能原因是它的生长遗传潜力比大兔子低。表型代表基因型的程度越高，我们就越能更好地识别出基因上最好的动物，混合选择的结果就更好，这里的一个重要的先决条件是知道个体自身的性能表现。

> **定义**
>
> 混合选择（Mass selection）是基于个体自身的性能对个体进行排名。
> 混合选择的成功与否取决于所选性状的遗传力。

8.1.2 动物模型

如果性状的遗传力很低，那么混合选择不一定能选到遗传潜力最好的动物。此外，如果由于某种原因得不到所有动物的表型，比如雄性的产奶量，那么混合选择就不够充分（因为不是每个动物都有表型）。在这种情况下，我们可以使用有表型的动物估计与其有亲缘关系的无表型动物的育种值。这种方式是可行的，因为根据前文对遗传关系的描述，我们已经了解了有亲缘关系的动物之间共享等位基因，动物之间的亲缘关系越紧密，共享的等位基因就越多。这种利用亲缘相关的动物信息估计育种值的模型被称为动物模型。这个方法的重要前提是动物有准确的系谱记录，只有这样才能准确了解动物的亲缘关系。这种方法需要大量的动物才能准确地估计出育种值。动物间要有亲缘关系并且/或者饲养在相同的环境中，这样才能区分表型中的遗传组分和环境组分。

在缺少表型的情况下用动物模型估计育种值非常有用，因为可以用有表型的个体估计无表型的亲缘相关个体的育种值。即使个体有自己的表型，亲缘相关个体的信息对混合选择也有价值，因为可以利用相关个体的额外表型信息，这样估计的育种值更准确。

> **定义**
>
> 动物模型（Animal model）是一种遗传统计模型。它综合了亲缘相关个体的表型信息，可以更好地估计动物的育种值。
>
> 重要的优势是：
>
> ⅰ. 估计动物育种值不一定需要每个动物的表型。
>
> ⅱ. 即使有动物个体自己的表型，亲缘相关动物的额外信息也能提高育种值估计的准确性。

8.1.3 基因组选择

如果我们收集了一定数量的动物表型，同时也有这些动物的详细基因型（如60 000个单核苷酸多态性标记的基因型），我们就可以综合这些信息估计基因组和表型之间的联系了。基本的原则是，首先要有两组动物：一组为选择群，选择群有详细的表型，被称为参考群；另一组群体更大，但没有表型，被称为育种群。其次要对参考群和育种群的所有动物进行基因分型。利用参考群估计标记和表型之间的关联，然后将这些关联与育种群的基因型结合，预测育种群的育种值。这种方法称为基因组选择。

当表型很难测量或测量费用高昂时，基因组选择非常有用。例如，需要测量某些与健康性状相关的表型，但我们又不想通过让动物生病来获得，或者不需要动物生病但需要昂贵的设备（比如 CT 扫描仪）才能测量的性状。基因组选择也可以在动物表现出表型之前根据估计育种值对其进行选择，也就是可以早期选择，因此可以产生经济效益及更快的遗传增益，因为动物可以更早地被确定为下一代的父母。基因组选择的缺点是需要足够规模的参考群，以便能准确估计基因型和表型之间的关联。参考群也需要定期更新（＝需要引入新的个体），因为决定表型的基因和 SNP 标记间的关联性可能会因为重组和/或突变而丢失。

> **定义**
>
> 基因组选择（Genomic selection）涉及利用许多 SNP 标记与表型之间的估计关联性来估计没有表型但有 SNP 基因型的动物的育种值。

> 这在下面的情况时特别有用：
> ⅰ. 表型很难测量或测量成本很高。
> ⅱ. 在动物表现出表型之前估计其育种值。
> ⅲ. 限性性状。

8.2 育种值估计的细节

在概述中我们已经提过动物排名有几种方法。动物育种的一般目标是尽可能对动物进行排名，其中的一个工具是估计育种值。估计育种值越准确，后续育种的结果越好。现在我们详细研究一下 8.1 中描述的三种估计育种值的方法。

我们应该知晓估计的育种值到底是什么？我们如何利用动物的表型和它们的遗传关系（系谱）估计动物的育种值？在动物育种中，我们利用回归的原理来实现这一点，见图 8-1。图 8-1 是回归原理的可视化，如果我们以 y 轴的真实育种值对 x 轴的表型优势作图，我们就可以计算出一条回归线。不幸的是，在现实生活中我们画不出这样一幅图，因为我们不知道真实的育种值。相反，我们实际上是试图找到回归系数，从而结合表型优势预测遗传优势或真实育种值（TBV）。育种值估计的技巧就是要算出最佳的回归系数。这同时突显了育种值估计的一个关键点：估计育种值是一个线性回归系数，但具有相同表型优势的动物并不总是具有相同的遗传优势。有些个体如图中红色圆圈中的动物，其 TBV 与 EBV 有很大的不同，而对于另外一些动物，其 EBV 却是对真实育种值的完美估计。这种 EBV 与 TBV 之间相似程度的差异，部分是由于表型受到环境的很大影响。因此，在寻找最佳回归系数的同时，尽量使表型优势与回归线吻合也很重要。在本章的其余部分我们将讨论解决这两个问题的一些方法：预测最佳回归系数，并尽可能地使表型优势符合回归线。

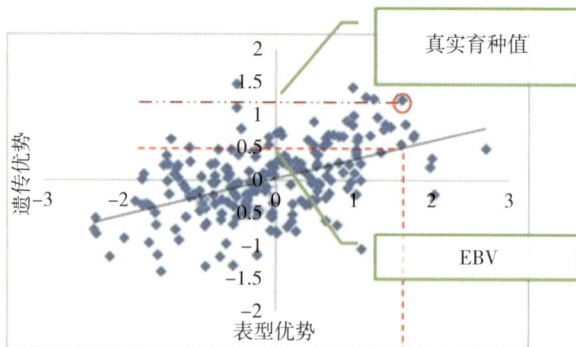

图 8-1 动物的表型优势与遗传优势之间的关系。回归线表示估计的表型 P 和遗传 G 之间的关系，也就是 EBV。通过动物的数据点与回归线之间的距离可以看出，这个 EBV 可以较好地反映部分动物的真实育种值

> **定义**
>
> 真实育种值（True breeding value，TBV）代表动物的遗传潜力，是动物在育种方面的真实价值。
>
> 最佳的 EBV 等于 TBV。

8.2.1 统计基础

与估计育种值相关的术语如下所示。为了估计育种值，我们需要重新列出回归系数（b）的计算公式：

$$b = \text{cov}(x,\ y)/\text{var}(x)$$

式中，b 为回归系数，$\text{var}(x) =$ 表型优势的方差，$\text{cov}(x,\ y) =$ 表型优势与真实育种值的关系：估计育种值。因此，我们可以将公示调整为：

$$\text{cov}(x,\ y) = b \times \text{var}(x)$$

$$\text{var}(EBV) = b \times \text{var}(\text{表型优势})$$

对个体而言，我们可以将公式转化为：

$$EBV = b \times \text{表型优势}$$

表型优势预测得越好，动物真实育种值估计的准确性越高，$\text{cov}(x,\ y)$ 和 $\text{cov}(y,\ y)$ 越相似，相当于 $\text{var}(y) =$ 真实育种值的方差，同时 $\text{cov}(x,\ x)$ 等于表型观测值的方差。换句话说，回归系数接近于 1。

最后一步：在动物育种中，我们想确定基因优越的动物。如果我们用相对于动物平均水平的优势来表示个体的 EBV 会更容易。任何正值的 EBV 都表示优于平均水平，这比只给出未校正的 EBV 值要容易得多。例如，如果已知动物的 EBV 是 25，但不知道其他动物的得分情况，那这个 25 就没有太多意义。如果已知动物的平均得分是 23，那么 EBV 是 25 的动物的得分就可以表示为平均得分＋2，这就很能说明问题了。因此，我们用相对于平均水平的得分表示 EBV。

表型优势的计算公式为 $P - P_{\text{群体均值}}$，即动物的表型值－群体的表型均值。因此，真实育种值同样可以用遗传优势表示为 $A - A_{\text{群体均值}}$，EBV 是遗传优势的估计值。

公式转换为：

$$EBV = b \times (P - P_{\text{群体均值}})$$

这个公式是估算动物育种值最基本的公式：将动物的表型优势和遗传优势对表型优势的回归系数结合了起来。

因此：

估计动物的育种值需要找到最佳的回归系数和最有意义的表型信息，使 EBV 尽可能地接近 TBV。

为了简化识别具有遗传优势的动物，我们以相对于动物平均水平的方式表示 EBV。

8.3 优化表型信息

动物的表型可能会受到系统因素的影响，如动物所处的养殖环境、出生季节、性别等。为了实现根据表型对动物进行公平比较，了解系统效应的影响并且在确定动物的表型优势时将其考虑在内是很重要的。例如，如果男性平均比女性重 5kg，那么比较男性和女性的体重时就应该在校正效应里将每个男性的体重减去 5kg。

对表型优势进行系统效应校正之后就能得到"清晰的"表型，清晰的表型能更好地拟合遗传优势，也就可以更好地预测回归系数，如图 8-2 所示。在图 8-2 左图中，数据点是原始数据（未校正任何系统效应）。利用这些数据拟合的回归系数为 0.3。图 8-2 右图是校正系统效应后的情况，回归系数为 0.8，回归系数增大了，表明表型信息可以更好地用于预测真实育种值。

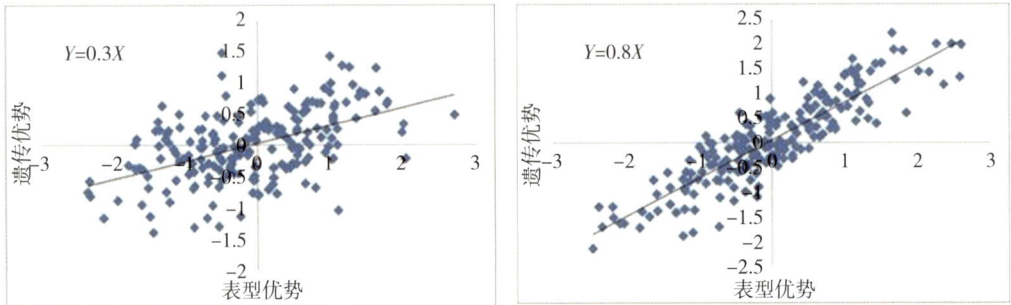

图 8-2 系统效应校正与否时的回归系数。左图的表型优势没有校正系统效应，右图显示校正了系统效应后，表型优势和遗传优势之间拟合得更好，回归系数更高

因此：

校正系统效应可以提高表型优势。

8.4 育种值的准确性：基本概念

即使在回归系数很高的情况下，有些动物的 EBV 仍然会高于或低于 TBV。如果我们估计育种值的准确性是 100%，那么 EBV 和 TBV 应该是相等的。如果我们以 TBV 对 EBV 作图，那么所有的数据点都将完美地出现在一条直线上。数据点越不在一条线上，EBV 就越不能代表真正的育种值，也就是估计得不准确。测量数据点是否位于一条直线上，从而衡量育种值估计的准确性，就是相关。如果估计育种值和真实育种值之间的相关系数为 1，那就意味着成功获得了完美的估计值。相关系数离 1 越远（数据点越呈现云状），估计的育种值越不准确。

在图 8-3 左图中，我们可以看到一团数据点：某些 EBV 和真实的育种值很类似，但也有一些与真实的育种值相去甚远。图中 EBV 与 TBV 的相关系数为 0.76，EBV 不能准确估计所有动物的 TBV。例如，有两个动物的 EBV 都是 4，但它们的真实育种值不一样，分别是 3 和 5。在现实生活中，我们做不出这样的图，因为我们不知道个体的真实育种值。我们能做的是评估估计育种值的准确性（即：表型信息和真实育种值之间的相关性）。因此，EBV 有多符合真正的育种价值呢？

指示育种值的完美估计的线

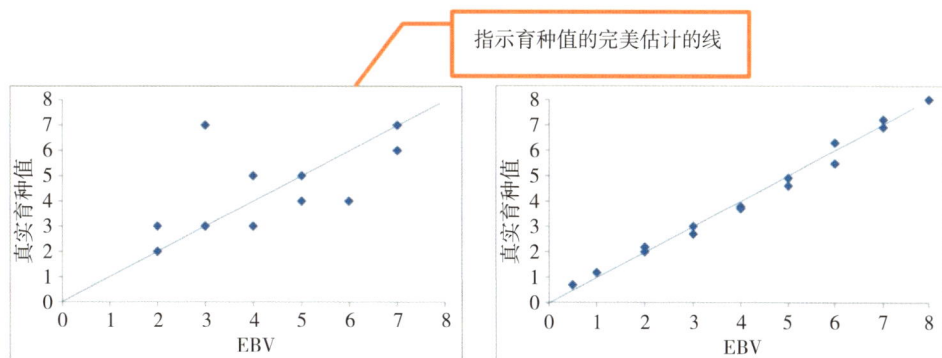

图 8-3　TBV 和 EBV 的回归关系。当 EBV＝TBV 时回归线最完美。左图 EBV 估计得不准确，数据点呈云团状，EBV 与 TBV 的相关性为 0.76。右图 EBV 估计得更准确，EBV 几乎与 TBV 完全一致，EBV 与 TBV 的相关性为 0.98

因此：

估计育种值的准确性代表 EBV 与真正遗传优势的相关性，取值介于 0（不准确）和 1（100％准确）之间。

8.5　育种值估计：混合选择

最基本的育种值估计方法是根据动物自身的表现对动物进行排名，这也被称为混合选择。

如果我们将表型（真实育种值＋环境影响）画在 x 轴上，将基因型（真实育种值）画在 y 轴上，那么两者之间的回归系数为遗传力，即：

$\text{cov}(x, y) = \text{cov}(P, G) = \text{cov}(G+E, G) = \text{cov}(G, G) + \text{cov}(G, E) = \text{var}(G) + 0$，因此 $b = \text{cov}(X, Y)/\text{var}(X) = \text{var}(G)/\text{var}(P) = h^2$

因此，如果我们知道表型优势和遗传力，就可以估计育种值！

$$EBV_{混合选择} = h^2 \times (P - P_{均值})$$

其中，P 代表动物自身的表现，$P_{均值}$ 代表群体的平均表现。例如，如果我们想对兔子 3 月龄的体重进行选择育种，那么我们需要记录兔子在 3 月龄时的体重。兔群 3 月龄时的平均体重为 2.0kg，如果我们有一只 2.3kg 的兔子，那么它的表型优势是 2.3－2.0＝0.3kg。我们假设这个性状在这个群体中的遗传力是 0.2。那么这只兔子 3 月龄体重的 EBV 为 0.2×0.3＝0.06kg。请注意，EBV 的单位和表型的单位一样，在本例中为 kg。

我们继续以兔子为例。尽管这些兔子应该在 3 月龄的时候称重，但情况并不总是如此。由于节假日和周末，称重时有些动物的月龄稍小一些，有些动物的月龄稍大一些。我们可以想象这已经影响了遗传力，因为年龄引起的变异会增加误差方差，从而降低遗传力。遗传力越接近 1，表型越能代表潜在的遗传优势。因此，改变管理方法，将所有的兔子都在 3 月龄时称重后、遗传力就从 0.2 提高到了 0.4。此时我们能更好地预测动物的潜在遗传优势了，EBV 也增加到 $0.4 \times 0.3 = 0.12 \mathrm{kg}$。

因此：

动物自身性能的 EBV 可以估计为：$EBV_{混合选择} = h^2 \times (P - P_{均值})$。

8.5.1 特例：单个动物的重复观测值

对某些性状而言，随着时间的推移会收集到不止一份动物自身的表型记录。如母畜第一胎的产仔数，第二胎的产仔数，甚至第三胎，第四胎，这些都是母畜的繁殖性能信息。因为产仔数是可遗传的，所以预期同一母畜多胎间的产仔数差异小于不同母畜间的产仔数差异。表型记录包含遗传和环境的影响。到了母畜第二胎，遗传不会改变，但环境可能略有不同。同样，第三胎也有相同的遗传影响，但环境可能又有所不同。因此，窝数越多，就越能更好地估计母畜的遗传潜力，具体能有多好，可以通过后续表型记录之间的相关性来表示（重复力）。后续的记录越相似，相关性越高（最大＝1）。

动物的表型记录越多，越可以更好地显示出表型优势。动物的表型记录在某种程度上会受到特定环境的影响，即所谓的临时性环境。另外，不同的表型记录之间也会受到相似环境的影响，即所谓的永久性环境。每次的临时环境效应都不相同，所以对有的表型记录影响更大。通过重复记录然后取平均值可以校正表型的临时环境效应，因此基于平均性能的表型可以更准确地表示表型优势，如图 8-2 所示。

表型优势表达得越好，性状的重复性越高，对育种值的估计就越好。事实的确如此，重复记录可以更好地估计回归系数。单次记录的回归系数为 h^2，但如果有多个记录，回归系数则为：$b_{混合选择, 多次记录} = n h^2 / 1 + r(n-1)$。

其中，n 是重复记录的次数，r 是后续记录间的相关性（重复力）。如果重复力为 0.5 且有 2 个记录，那么回归系数就从 h^2 增加到了 $2h^2 / 1.5 = 1.33 h^2$。重复观测值取决于重复力和观测的次数。重复力越低，重复观测受不同环境的影响越大，就需要收集更多的记录，并在每次获得新的性能记录时重新评估育种值。

因此：

重复力（Repeatability）反映了后续记录之间的相关性。后续记录越相似，重复力就越高（最大＝1）。

对动物自身性能反复观测，可以更好地估计回归系数。重复力越低，越需要更多的重复观测值。

8.6　育种值估计：动物模型

尽管混合选择育种是将动物作为育种候选对象直接进行排名的方法，但它并不总是最准确的方法。例如，如果我们只有动物自身的表型，我们如何选择没有这些表型的动物？我们如何选择奶公牛以提高产奶量？或者我们如何根据肉质选择动物？肉质只能在屠宰后测量，屠宰后的动物不能再用于繁殖。幸运的是有一个解决办法：利用从亲缘相关动物身上收集到的表型信息估计无表型动物的育种值，这个办法成功的程度取决于有表型的动物和没有表型的动物之间的基因相似度，即它们之间的加性遗传关系。

当然，估计动物的育种值需要该动物与有表型动物之间的加性遗传关系相当大，这样这些亲缘相关动物的表型信息才有附加值。例如，全同胞动物之间平均有一半相同的基因组（因此 a=0.5），它的附加值比一个只有 0.062 5 的加性遗传关系的远亲兄弟的高。来自父母或后代的信息比来自全同胞兄弟姐妹的信息有更高的附加值，尽管这些信息的加性遗传值都是 0.5。因为父母一定会传递一半的基因给后代，所以父母和子女之间的加性遗传关系确实是 0.5，而全同胞兄弟姐妹之间是平均分享一半的基因组，孟德尔抽样（父母传递哪一半遗传潜力给每个后代的不确定性）决定全同胞间共享的一半基因组是否真的是相同的一半。换句话说，全同胞之间的一半不像父母和后代之间的一半那么确定。

结合动物之间的加性遗传关系与其中一些动物的表型信息，估计所有动物育种值的方法被称为动物模型。动物模型不仅在缺少表型观测值时有用，还可以提高表型信息的质量，从而更准确地估计育种值。那么动物模型是如何工作的呢？

因此：

动物模型（Animal model）代表一种利用亲属的表型信息估计动物育种值的方法。

8.7 育种值估计：基本情况

要估计育种值还需要两个条件：表型信息和真实育种值对表型优势的回归系数。正如我们在遗传模型一章中看到的，亲本-后代的回归系数可以用于估计遗传力，在某种程度上，它是根据父母的表型估计后代的育种值。但如果只有单亲的表型信息，回归系数就等于遗传力的一半，这一半代表单亲和后代之间的加性遗传关系。因此，此时后代的 EBV 可以计算为：

$$EBV_{后代} = b_{单亲-后代} \times (P_{单亲} - P_{群体均值})$$
$$= \frac{1}{2}h^2 \times (P_{单亲} - P_{群体均值})$$

如果同时具有双亲的表型信息，后代表型的回归系数等于遗传力，后代与双亲的加性遗传关系为 $2 \times 0.5 = 1$，因此后代的 EBV 为：

$$EBV_{后代} = h^2 \times (P_{双亲均值} - P_{群体均值})$$

8.7.1 育种值估计：兔子混合选择的例子

让我们回顾 8.5 中兔子的例子：已知群体中兔子的平均体重是 2.0kg。如果我们有一只体重为 2.3kg 的兔子，那么它的表型优势是 2.3－2.0＝0.3kg。如果这个群体中体重的遗传力是 0.2，那么这只兔子体重的 EBV 值就是 0.2×0.3＝0.06kg。现在我们要估计这只兔子的年轻后代的育种值，但此时这些后代还没有自己的表型信息，所以我们想利用这只兔子的表型观测值。因此，后代的 EBV 变成了：

$$EBV_{后代}=\frac{1}{2}\times 0.2\times(2.3-2.0)=0.03\text{kg}$$

这个 EBV 低于根据后代本身表型得出的 EBV。你知道为什么吗？这是因为估算后代育种值时只利用了单亲的表型观测值，单亲和后代的加性遗传关系为 0.5。像这样只知道单亲的表型时有个重要假设是，与这个单亲交配的未知亲本的表型值是平均水平的表型值，也就是说未知亲本的 EBV 为 0，因此未知亲本对后代的 EBV 没有贡献，这就是为什么在这个例子中单亲后代的 EBV 是双亲后代 EBV 的一半。

8.7.2 育种值估计：具有双亲信息的绵羊

另一个例子是关于绵羊的体重。已知未出生羔羊的双亲的表型信息，公羊体重 80kg，母羊体重 70kg，这个品种绵羊的平均体重为 65kg，体重的遗传力为 0.45，请估计未出生羔羊的 EBV。让我们来一步步推导。首先计算双亲的表型平均值，即双亲的平均体重为 75kg，表型优势为 75－65＝10kg。综合这些信息，羔羊的 EBV 就会变成：

$$EBV_{羔羊}=0.45\times(75-65)=4.5\text{kg}$$

这意味着羔羊的预期体重比平均体重多 4.5kg，因此其体重为 65＋4.5＝69.5kg。

8.8 其他类型的信息来源

一般来说，如果你有单个动物亲属的信息，回归系数就等于动物和亲属间的加性遗传关系乘以遗传力：

$$b=a\times h^2$$

在有父母或祖父母信息的情况下，加性遗传关系将乘以有表型信息的动物数量（最多2 个父母或最多 4 个祖父母），换句话说回归系数的最大值又变成了 h^2。

如果有一组非（祖）父母的动物亲属的信息，如一组半同胞兄弟姐妹的信息，情况会变得复杂一些。单个动物及其兄弟姐妹可能不仅有共同的遗传组分，而且可能受到共同环境（通常称为 c）的影响。这就使得区分遗传和共同环境的影响变得更困难，从而对 EBV 产生负面影响。表 8-1 列出了一些不同信息来源（亲属信息）的回归系数公式。我们不需要记住所有这些公式，但有必要了解为什么有些公式中有共同环境效应 c，而有些没有。公示中的 n 表示记录的条数。因此，当估计动物育种值时，如果是对每个动物的后裔进行测定，它就代表具有表型观测值的后代的数量，如果采用同胞选择，它就代表拥有表型信息的同胞的数量。

表 8-1　利用不同亲属信息估计育种值的回归系数

信息来源	b-值（回归系数）
个体	h^2
祖父母（4 条记录的平均值）	h^2
单亲	$\frac{1}{2}h^2$
双亲（2 条记录的平均值）	h^2
同胞选择（全同胞数量 n）	$\dfrac{\frac{1}{2}nh^2}{1+(n-1)(\frac{1}{2}h^2+c^2{}_{FS})}$
同胞选择（半同胞数量 n）	$\dfrac{\frac{1}{4}nh^2}{1+(n-1)(\frac{1}{4}h^2+c^2{}_{HS})}$
后裔测定（半同胞数量 n）	$\dfrac{\frac{1}{2}nh^2}{1+\frac{1}{4}(n-1)h^2}$

注：FS 指全同胞，HS 指半同胞。下同。

在表 8-1 中，我们可以看到某些情况下，回归系数包含一个 $\frac{1}{2}$ 或 $\frac{1}{4}$。例如，使用全同胞信息的回归系数时包含一个 $\frac{1}{2}$，而使用半同胞信息的回归系数时包含一个 $\frac{1}{4}$，这其实是表型信息个体和估计育种值的个体之间的加性遗传关系。同样地，动物与单亲间的加性遗传关系是 $\frac{1}{2}$，与后代也是 $\frac{1}{2}$。

现在我们知道如何利用动物亲属的信息来调整回归系数了。当然，我们可以同时结合各种亲属的信息，以更好地对回归系数进行估计。注意：了解亲属信息的类型并知道如何利用这些信息估计育种值就足够了。

因此：

利用其他来源动物的信息而非动物个体自身表现估计个体育种值的回归系数（Regression coefficient），取决于个体与其他来源动物之间的加性遗传关系、性状的遗传力、信息源的数量及共同环境效应的大小。

8.9　估计育种值的例子

估计育种值不仅需要回归系数，还需要表型优势。如果我们有多个动物的表型值，如何获得表型优势？很简单：取平均值。例如，如果你想基于后代的表现估计拥有 20 个后

动物育种和遗传学

代的公牛的育种值，那么可以取 20 个后代性能的平均值与群体均值相关联获得表型优势。如果后代均值为 50，群体均值为 40，则表型优势为：

$$P_{后代} - \bar{P} = 50 - 40 = 10$$

下一步，结合回归系数和表型优势估算育种值，基本公式为：

$$EBV = b \times (P - \bar{P})$$

估计动物育种值的三个步骤：

ⅰ．确定信息来源的表型优势；

ⅱ．确定回归系数；

ⅲ．结合前两项估计育种值。

下面是一些实践应用的例子。

示例：

（1）一匹拥有优秀亲本的种马的 EBV 是多少？

种马可骑性的遗传力为 0.29，这匹种马父本的可骑性得分为 9.5，母本的可骑性得分为 9.0，群体的平均得分为 7.0。

第 1 步：表型优势等于亲本均值减去群体均值，即（9.5+9.0）/2−7.0＝2.25；

第 2 步：双亲均值的回归系数为 $h^2 = 0.29$；

第 3 步：$EBV = b \times (P - \bar{P}) = h^2 \times (P - \bar{P}) = 0.29 \times 2.25 = 0.65$。

（2）有 100 个女儿（半同胞）的乳用公牛的产奶量 EBV 是多少？

产奶量的遗传力为 0.3，公牛后代的平均产奶量为 10000kg，群体的平均产奶量为 9500kg。

第 1 步：表型优势＝10 000−9 500＝500kg；

第 2 步：回归系数（见表 8-1 的后裔测定公式）

$$b = \frac{\frac{1}{2}n h^2}{1 + \frac{1}{4}(n-1) h^2}$$

$$= (\frac{1}{2} \times 100 \times 0.3)/(1 + \frac{1}{4} \times (100-1) \times 0.3) = 15/8.425 = 1.78；$$

第 3 步：乳用公牛产奶量的 $EBV = 1.78 \times 500 = 890$kg。

注意：单亲（通常是父本）对后代的最大回归系数为 2，因为父本传递了一半的基因组给后代。反过来说，假设父本与达到平均水平的母本交配，那么父本的优势就是后代优势的 2 倍。

因此：

使用后代信息估计亲本时回归系数最大是 2，不是 1。

（3）给定一头猪 20 个全同胞的信息，请问一头猪从 25kg 长到 100kg 的平均日增重的 EBV 是多少？

屠宰重的遗传力是 0.4，群体的日增重均值是 875g/d，20 个全同胞的日增重均值是

900g/d，全同胞的共同环境效应（c^2）为 0.45。

第 1 步：表型优势＝900－875＝25g/d；

第 2 步：回归系数＝$(\frac{1}{2} \times 20 \times 0.4)/(1+(20-1) \times (\frac{1}{2} \times 0.4+0.45))$＝4/13.35＝0.30；

第 3 步：25～100kg 的平均日增重 EBV 为 25×0.3＝7.5g/d。

注意：这里的回归系数低于遗传力，因为全同胞有共同的环境，所以它们的表现更相似。因此，与没有共同环境效应的情况相比，它们的共同遗传占的表型优势比例更小，这一点在确定估计育种值的回归系数时通过 c^2 考虑在内了。

因此：

共同环境效应可以降低估计育种值。

8.10 最佳线性无偏估计

动物模型通过利用亲属的表型信息替代个体自身的表型信息估计个体育种值，估计育种值不需要提前优化估计回归系数和优化表型信息。有一种方法在校正表型系统效应的同时，利用动物之间的加性遗传关系估计育种值。这种方法的结果是对育种值的无偏估计，被称为最佳线性无偏估计（BLUP）。

这是一种利用矩阵代数的方法。在这里我们不谈细节，但尽量给出主要的思路，公式如下：

$$Y=Xb+Za+e$$

其中，Y 是表型信息，Xb 是校正了系统效应的表型优势，Za 是将表型优势与加性遗传关系连接起来估计 EBV，e 表示误差方差。在某种程度上，BLUP 遵循了 $P＝E+G$ 这一简单模型，但也给出了 G 和 E 的估计值。

例如，如果一个农场的动物比另一个农场的动物吃得好，那么根据体重对动物进行排名将有利于营养状况更好的农场动物。然而，这两个农场的动物在基因上可能是相似的。在不考虑农场系统影响的前提下，排名靠前的动物很可能主要来自营养状况较好的农场。为了能够更多地在基因潜力上对动物进行排名，我们需要把农场效应考虑进去，这也是 BLUP 在做的（如果提供了每个动物的农场信息）。BLUP 的基本原理是首先确定每个农场的动物平均体重，然后将平均体重高的农场的动物体重减去农场间平均体重的差值。因此，如果农场 1 动物的平均体重为 100kg，农场 2 动物的平均体重为 120kg，那么农场 2 动物的体重都要减去 20kg。

校正系统效应的关键问题是，只有当基因型在不同的系统环境影响中都有效分布时才有意义。也就是说，校正系统效应的两个农场的动物间要有亲缘关系。例如，农场间的父系相同，或者农场间的父本是兄弟。如果两个农场的动物之间没有亲缘关系，那么体重差异的部分原因可能就是遗传潜力的差异，而这正是我们想要估计的，因此，我们不希望因为较正体重而失去这个差异。人工授精技术造成农场之间普遍存在遗传联系，因为许多农场使用的是相同的父系。然而，在自然交配很常见的农场动物物种中，如肉牛和羊中，通常不能准确估计系统的农场效应，因为农场之间往往缺乏动物交换，导致农场之间的遗传联系较差。另外，有些物种（如马或犬）的父系需要被带到不同地方进行配种。只要父系使用得足够频繁，遗传联系就不会成为限制因素。

因此：

通过 BLUP，可以利用亲属信息估计个体育种值，并校正表型的系统影响。

关键的一点是，不同的环境（如农场）之间需要有足够的遗传联系来估计这些环境的系统影响。

8.11 估计育种值的准确性

估计育种值的准确性代表估计值代表真实育种值的程度。换句话说，它表示估计育种值和真实育种值之间的相关性。与正常的相关性不同，由于一些潜在的假设，这种相关性不可能是负的，它的取值在 0（估计完全不准确）到 1（估计育种值等于真实育种值）之间。估计育种值的准确性用符号 r_{IH} 表示，r 表示这是一个相关的真实情况，I 表示估计育种值，H 表示真实育种值。

因此：

EBV 的准确性表明 EBV 被正确估计的可能性有多大，因此它评估 EBV 作为选择标准的指示。

准确性（r_{IH}）是一种相关性，取值范围为 0～1。

表 8-2 中的信息来源与表 8-1 相同，表 8-2 列出了这些信息来源的选择准确性。从表 8-2 可以清楚地看出，当只依赖父母甚至祖父母的信息时，EBV 的准确性永远不如依靠个体自己的信息高。在没有共同环境效应（c^2）的情况下，可以通过假设非常大的 n 来确定能达到的最高精确性。如果 n 变得非常大，那么利用完整的兄弟姐妹的信息能达到的最大 r_{IH} 等于 $\sqrt{\dfrac{\dfrac{1}{2}}{\dfrac{1}{4}}}=0.707$。换句话说，对于遗传力大于 0.5 的任何性状，基于自身表现的选择比依靠无限多全同胞信息进行选择具有更高的准确性。同样，在没有共同环境影响的情况下，使用半同胞的信息能达到的最高准确性为 $\sqrt{\dfrac{\dfrac{1}{16}}{\dfrac{1}{4}}}=0.5$。因此，对于遗传力大于 0.25 的任何性状，基于自身表现的选择比基于无限多半同胞的选择具有更高的准确性。当存在共同环境影响时，全同胞选择或半同胞选择的最高准确性会变小。从公式可以清楚地看出，共同环境效应会降低选择的准确性。

因此：

当遗传力大于 0.5 时，根据动物自身信息估计育种值的准确性高于全同胞信息；当遗传力大于 0.25 时，根据动物自身信息估计育种值的准确性高于半同胞信息。

当半同胞（HS）之间和全同胞（FS）之间存在共同的环境效应时，估计育种值的准确性会降低。

表 8-2　不同信息来源的回归系数和估计育种值的准确性

信息来源	b-值（回归系数）	准确性（r_{IH}）
个体	h^2	$\sqrt{h^2}$
祖父母（4 条记录的均值）	h^2	$\sqrt{\dfrac{h^2}{4}}$
双亲（2 条记录的均值）	h^2	$\sqrt{\dfrac{h^2}{2}}$
同胞选择（全同胞数量 n）	$\dfrac{\frac{1}{2}nh^2}{1+(n-1)(\frac{1}{2}h^2+c^2_{FS})}$	$\sqrt{\dfrac{\frac{1}{4}nh^2}{1+(n-1)(\frac{1}{2}h^2+c^2_{FS})}}$
同胞选择（半同胞数量 n）	$\dfrac{\frac{1}{4}nh^2}{1+(n-1)(\frac{1}{4}h^2+c^2_{HS})}$	$\sqrt{\dfrac{\frac{1}{16}nh^2}{1+(n-1)(\frac{1}{4}h^2+c^2_{FS})}}$
后裔测定（半同胞数量 n）	$\dfrac{\frac{1}{2}nh^2}{1+\frac{1}{4}(n-1)h^2}$	$\sqrt{\dfrac{\frac{1}{4}nh^2}{1+\frac{1}{4}(n-1)h^2}}$

8.11.1　附加信息对估计准确性的影响

动物遗传相关的信息越多，EBV 就越准确。动物后代的信息非常有价值，因为它们与动物共享了一半基因，但对于年幼的动物来说不现实。如果没有全同胞或半同胞的信息，那么父母就是动物唯一的信息来源。父母与动物共享了真实的一半基因，因此作为信息来源应该具有很高的价值。然而，父母的信息有一个复杂的因素，就是孟德尔抽样，我们不知道父母将哪一半基因传递给了动物。这点和采用（多个）后代的信息并不相同，因为我们知道动物确实将一半的基因传递给了后代。假设其他后代的亲本为平均水平，那么就可以准确地估计动物的真实育种值（TBV）。每个后代实际都会遗传动物的一半基因，但每个后代得到的一半基因可能稍微不同，这点可以用来量化孟德尔抽样组分，从而得到准确的 EBV。估计的准确性仍将取决于后代的数量和遗传力大小。

因此：

后代的信息比同胞的信息更有价值，因为后代获得了动物一半的基因。如果有足够多的后代就可以量化孟德尔抽样效应并且非常准确地估计动物的 EBV。

8.12　估计育种值小结

综上所述，自身表现对遗传力较高的性状是有价值的。半同胞比全同胞的表型信息更有价值，是因为半同胞后代与动物没有共同的环境，通常数量更多，而且后代获得了动物真正一半的遗传潜力，有助于准确地估计育种值。

现在我们知道了如何计算选择的准确性。但我们为什么要知道这些？因为 EBV 的准确性越高，对动物进行错误排名的风险就越低，选择错误的动物进行繁殖的风险也就越低，图 8-4 说明了准确性的含义。图 8-4 展示了三种正态分布情况，每一种都代表 EBV 为 50，但准确性各不相同。估计准确性最高的 EBV 的 95% 置信区间为 45～55，换句话说，育种值的最佳估计值是 50，但实际估计值会落在 50 的周边，准确性存在一定程度的偏差，具有 95% 可信度的真实育种值为 45～55。准确性最低的 EBV 也表明最佳估计值是 50，但其 95% 置信区间为 35～65，这个区间远远大于估计准确性最高的置信区间，意味着动物排名出错的风险更大。

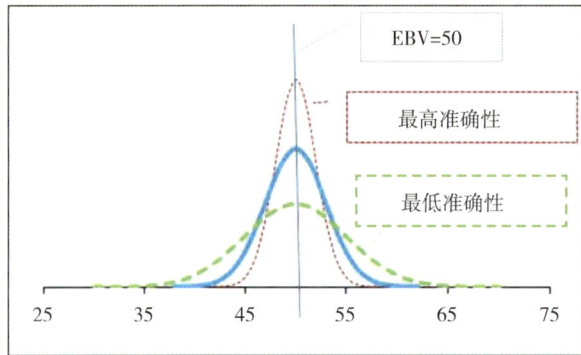

图 8-4　估计准确性高、中、低时 EBV 的分布情况

估计准确性的差异可能是遗传力不同造成的。遗传力越高，EBV 越准确。但也可能是信息源质量不佳造成的。例如，用来确定回归系数的后代数量有限。在这种情况下，在下一轮的育种值估计中可能会有更多的信息可用。信息越多，通常意味着可以更好地确定回归系数，从而更准确地估计育种值。这可能会影响最佳估计值的大小，从而影响动物的排名!! 这就是 EBV，特别是那些几乎没有信息的年幼动物的 EBV，可能会随着新一轮的育种值估计而改变的原因。如果动物的 EBV 确实变了，那么它们的排名上升或下降的可能性是一样的。

因此：

EBV 的准确性越低，当有了新的信息来源（如后代信息）时 EBV 发生变化的风险就越大。

8.13 后代数量对育种值估计准确性的影响

从图 8-5 中我们可以看到，拥有表型观测值半同胞后代的数量和亲本 EBV 估计准确性之间的关系。相关性曲线和遗传力大小的排序一致。对于高遗传力（0.8）性状，10 个后代信息的估计准确性可以达到 0.85；对于遗传力为 0.2 的性状，则需要 48 个后代的信息才能达到这个准确性。可用的信息越多（在本例中也就是后代的数量越多），EBV 的准确性越高。即使遗传力很低，育种值估计的准确性最终也会接近 1，但需要非常（通常是不现实的）多的后代信息。例如，当遗传力为 0.2 时，100 个后代的估计准确性为 91.7%，200 个后代的估计准确性增加到 95.6%。一般的规律是：EBV 的准确性越高，即使有额外的信息（更多的后代信息），准确性也很难改变。繁殖力相关性状的遗传力通常很低。那些采用混合选择的性状，EBV 的准确性比较低。然而，如果个体能够产生大量的后代，如奶牛（公牛）、猪（公猪）、家禽（母鸡和公鸡），那么最终也可以非常准确地估计 EBV。

因此：

对于遗传力较低的性状，如果有足够多的后代信息可用，育种值估计的准确性也可以提高到 1。

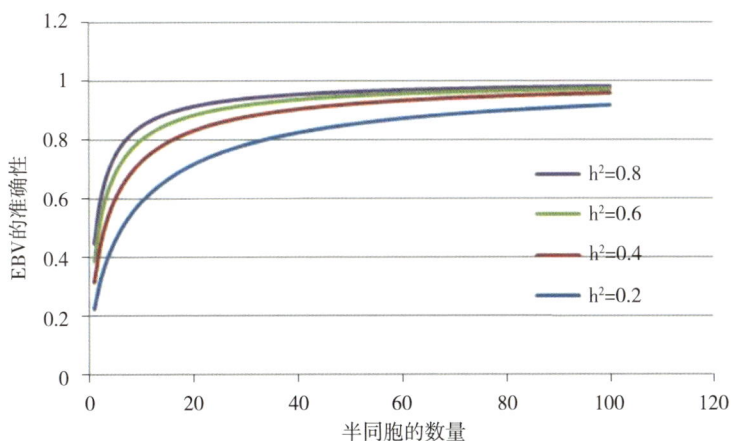

图 8-5 四种不同遗传力时估计育种值的信息来源（半同胞）数量与 EBV 准确性之间的关系

8.14 追求最高的 EBV 还是最高的准确性？

现在我们已经知道了如何估计育种值，也了解了不同的信息来源（有表型观测值的动物亲属）对 EBV 准确性的影响，哪个更重要？我们应该选择 EBV 值最高的动物，还是应该选择估计准确性最高的动物？快速回答这个问题：选择最高的 EBV。要理解为什么这是最好的做法，重要的是要了解 EBV 和准确性的意义。正如我们之前了解的，EBV 是对

动物育种和遗传学

动物育种价值的估计，它是一个估计值，也就是说它可能是正确的，也可能是错误的。但是，重要的是要认识到这是对育种值的最佳估计，这是根据我们掌握的有关这个动物及其亲属的信息所能估计的最有可能的育种值。估计育种值的准确性给出了我们可能出错的程度，这一点在上一节的图 8 - 5 中已有说明，也展示在了图 8 - 6 中。图 8 - 6 的右图展示了同一 EBV 的不同估计准确性，在这种情况下，为了降低选择错误的风险，我们要选择估计准确性最高的动物，因为三种估计具有相同的 EBV。图 8 - 6 的左图展示了和右图相同的三种估计准确性下的不同 EBV，最高的 EBV 的估计准确性最低，但它仍然被认为是最好的动物。此时的风险是个体的真实育种值可能较低，但也有同样的可能性是真正的育种值甚至高于 EBV！换句话说，即使估计值存在不确定性，但 EBV 仍是最佳估计，它预示的仍然是最有可能的值。动物可以有非常低的 EBV，但非常高的准确性。当然，有非常高的 EBV，也有非常高的准确性是最理想的，这取决于我们愿意承担的风险以及我们愿意接受的准确性水平。

因此：

EBV 是动物育种值的最佳估计。估计的准确性代表 EBV 和 TBV 差异的风险，TBV 高于和低于 EBV 的概率相同。

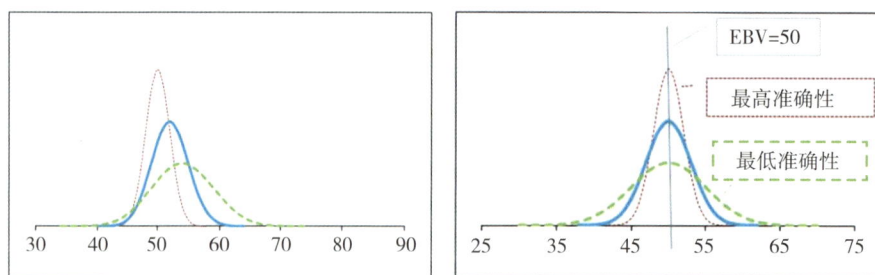

图 8 - 6　不同的估计准确性对不同 EBV（左）和相同 EBV（右）的影响

8.14.1　奶牛育种中权衡 EBV 和估计准确性的例子

下面通过一个例子说明上述理论。在奶牛育种中，年轻的公牛只有基于父母信息得到的产奶量育种值。年轻公牛的 EBV 可能非常高，但估计的准确性低。它父亲的 EBV 的准确性高达 90%（有大量有表型记录的女儿），但它母亲只有自己和个别亲属的表型信息，所以准确性仅在 35% 左右。因此，这头年轻公牛的育种值准确性等于 $0.25 \times 90\% + 0.25 \times 35\% = 31.25\%$。它比父母的平均水平低这么多的一个重要原因是孟德尔抽样：年轻公牛遗传了父亲和母亲一半的基因，但我们不知道是哪一半。它可能继承了父母双方最好的一半，那结果就会比预期更好，但也可能会遗传父母最差的那一半，结果将会导致自己女儿们的表现非常令人失望。无论如何，我们在得到它的女儿们的产奶数据后才能知道它的实际遗传情况，因此我们需要它的大量女儿的信息才能 90% 的确认（90% 的准确性）这一点。尽管存在这种不安全感，拥有最高 EBV 的年轻公牛仍然被认为是最好的公牛。这个例子是关于奶牛的，当然，其他物种也是相同的。这个例子传达的主要信息是，即使我们知道父母是好的（高 EBV、高准确性），后代的表现仍可能不如预期，因为存在孟德尔抽样的影响。

因此：

由于孟德尔抽样的影响相对较大，因此年轻后代 EBV 的准确性并不等于父母的平均值。在没有足够的信息准确估计 EBV 之前，育种仍然是一场"赌博"。

8.15　基因组选择

我们从年轻公牛 EBV 的例子可以清楚地看出，在获得年轻公牛女儿们的表型观测值之前，年轻公牛 EBV 的准确性始终保持在较低的水平上，会持续很长时间。如果有一种方法可以在个体年轻时提高 EBV 的准确性，不必等待女儿们出生，那一定非常有趣。如果有一种方法可以估计难以测量或测量成本高的性状，如一些与健康相关的性状或肉质性状的育种值，而不必感染动物或进行详细的 X 线检查或屠宰，那也一定非常有意义。近年来有一种方法可以做到这一点：基因组选择。

通过基因组选择可以非常准确地估计动物的育种值而不需要动物自己或大量后代的表型。基因组选择是基于一组非常密集的遗传标记（SNP）和特定动物表型之间的关联的估计。这些关联可以用来预测亲缘相关动物的所谓基因组育种值（gEBV）。这些动物有大量的 SNP 基因型信息，但没有准确 EBV 的"传统"信息（如自身表现或大量后代的表型信息）。因此，借助基因组选择，利用动物的 DNA 可以为估计育种值提供信息而不必收集动物本身或其近亲的表型。

8.15.1　基因组选择的原理

图 8-7 说明了基因组选择的一般原理。首先选定一组动物，收集动物的大量信息，构建参考群。对参考群的所有动物进行基因组上大量 SNP 的基因型检测，具体需要多少 SNP，目前仍然存在争论，但至少要几万（如 60 000）个。基因分型的 SNP 越多，成本越高，但得到的 SNP 与表型之间的关联（即 SNP 效应）也越准确。参考群动物的最佳数量也仍存在争议。显然，种群越大，成本越高，因为测定这些动物的表型和详细的基因型成本很高，但 SNP 效应的估计也会更准确。与动物育种的许多方面一样，参考群的规模和 SNP 的数量将是一个成本效益分析的问题。

根据参考群的表型和基因型，可以估计每个遗传标记的基因型和表型之间的关联。随后，将估计的效应值组合成所谓的预测方程，这个方程其实就是求和（将估计的 SNP 效应相加！），第一个 SNP 的效应＋第二个 SNP 的效应＋…＋最后一个 SNP 的效应。因此，最终方程的结果就是所有 SNP 效应的总和。因为每个 SNP 有 2 个等位基因、3 种可能的基因型，所以预测方程估计每个 SNP 在参考群中出现的所有基因型的效应，这是我们需要一个庞大参考群的原因之一：为了准确估计所有这些 SNP 的效应，每种基因型都需要有足够数量的动物。现在我们有一组包含 SNP 效应的等式了，就可以将这些等式与参考

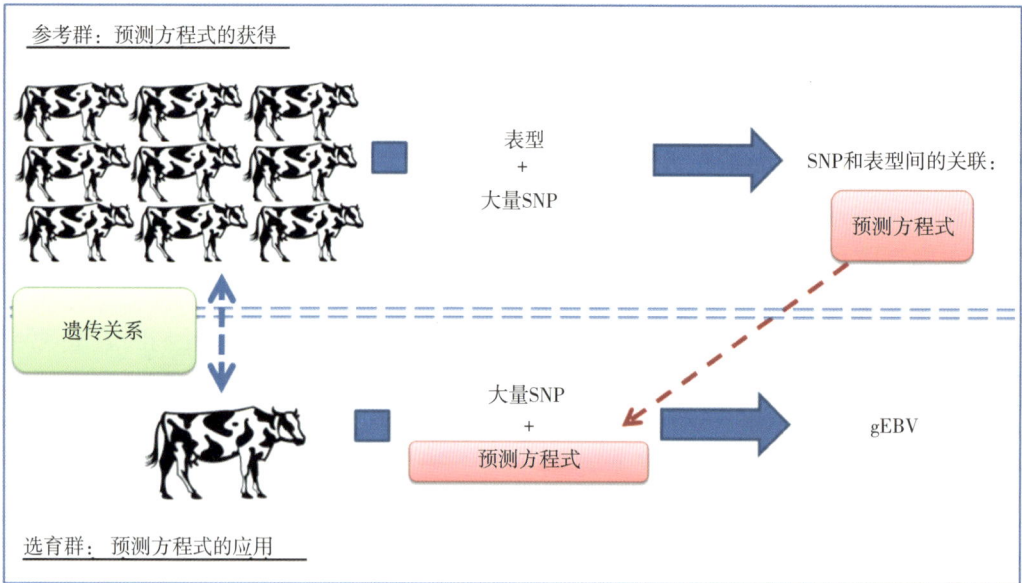

图 8-7 基因组选择的原理。参考群为估计表型和 SNP 基因型之间的关联提供信息，随后这些关联被转化为预测方程，用于估计参考群外没有表型但有 SNP 基因型的动物的基因组育种值

群之外的动物的 SNP 基因型相关联，估计它们的育种值。这些仅基于基因组信息获得的育种值被称为基因组育种值（gEBV）。

因此：

基因组选择（Genomic selection）是基于一组非常密集的遗传标记（SNP）和特定动物群体（参考群）表型之间的关联的估计。

由此产生的预测方程，随后被用于利用其他群体的 SNP 基因型估计其他群体的基因组育种值（gEBV），而不再需要表型。

8.15.2 参考群的组成

参考群除了规模要足够大之外，参考群与选育群之间的相关也很重要，以确保 SNP 和表型之间估计的关联性也适用于选育群。参考群和选育群之间的遗传关系越小，由于重组，参考群和选育群的 SNP 和表型之间的关联就越不同。当然，即使两个群体之间只有极少的遗传关系，它们之间仍然会存在许多相同的关联，因为它们至少属于同一个品种，但关系越密切，对关联的估计就越准确。

因此：

参考群与选育群之间的遗传关系影响基因组选择的准确性。SNP 与表型之间的关联可能在世代间丢失。

参考群和选育群之间的遗传关系影响参考群的工作年限，表型和 SNP 之间关联估计的准确性在几个世代后会降低。主要原因是影响表型的基因和 SNP 之间可能会发生重组。

用于参考群基因分型的 SNP 数量越多，参考群的使用寿命越长。但是 SNP 和基因之间的连锁会在几个世代之后减少。解决的方案只能是更新参考群，目前尚不清楚提高参考群工作年限的最佳策略。参考群从一开始就应该要非常大吗？还是从小规模开始，然后每一代再加入一些新的动物？加入多少？很明显，即使参考群的规模非常大，仍然有必要定期引入新的动物以更新估计的 SNP 关联。

因此：

参考群需要定期更新以维持 SNP 和表型之间的关联性。

8.15.3　基因组选择的准确性

估计育种值的准确性取决于 3 个因素：性状的遗传力（h^2）、参考群的动物数量（N）和一个被称为 q 的参数。q 是群体和性状的特异性参数，它结合了基因组的长度信息和群体中性状的近交水平，是独立的染色体片段数量的估计值。一条染色体上紧密相连的 SNP 会一起遗传，它们之间不会重组。因此，两个 SNP 距离越远，它们之间发生重组的可能性越大。近交水平越高，基因组的纯合度就越高，因此重组导致两个 SNP 之间等位基因组合发生的变化就越少。独立的染色体片段是一个衡量不同等位基因组合产生重组可能性的指标。基因组越长，独立的染色体片段就越多。但就目前而言，只要记住 q 是针对特定群体的，不同的性状可能有不同的 q 值就足够了。基因组选择的准确性可以用公式表示为：

$$r_{IH} = \sqrt{\frac{N h^2}{N h^2 + q}}$$

因此：

基因组选择的准确性取决于遗传力、参考群的动物数量，以及反映基因组大小和近交水平之间关系的群体参数 q。

8.15.4　参考群的规模

从图 8-8 我们可以看到，针对 4 种不同遗传力，在假设 q 为 500、仅使用基因组信息对 gEBV 进行估计的情况下，基因组选择的准确性随着参考群规模的增大而提高的情况。图中最上面的紫色线代表遗传力最高的性状（0.9），最下面的蓝色线代表遗传力最低的性状（0.05）。为了获得同样的准确性，遗传力越小的性状需要的参考群规模越大。例如，要达到 0.6 的准确性，遗传力为 0.05 的性状需要 5630 个体的参考群，而遗传力为 0.90 的性状只需要 320 个体的参考群。这说明尽管基因组选择是一个很好的工具，但对于小群体不可行，尤其是对于遗传力低的性状。一个潜在的解决方案是利用群体（血统簿）的各种力量组建一个参考群。这样一来，亲缘相关群体既可以分担成本也可以分享收益，这是奶牛育种目前的做法，多个国际育种组织共享同一个参考群。目前还没有将不同品种的参考群体组合在一起应用的例子。理论上，这似乎只有在 SNP 密度很高时才有效。

131

因此：

参考群的规模是准确估计 gEBV 的一个限制因素。解决的办法是联合育种协会的力量。

基因组选择除了能够在动物很小的时候准确估计其育种值外，对于那些测量成本高的性状尤其有用，因为只需要相对有限的表型信息就足以提高许多动物 EBV 的准确性。即使基因组选择允许在没有动物本身或近亲表型信息的情况下进行选择，但选择的准确性仍然取决于表型记录的准确性，尤其是参考群应尽可能地准确记录表型，因为要依靠这些表型与 SNP 的关联开展其他群体的选择育种。不准确的表型会导致 SNP 和表型之间关联的次优估计，从而导致 gEBV 的次优估计。记住，不准确的观测值的影响会直接反映在遗传力的大小上，这种影响如图 8-8 所示。

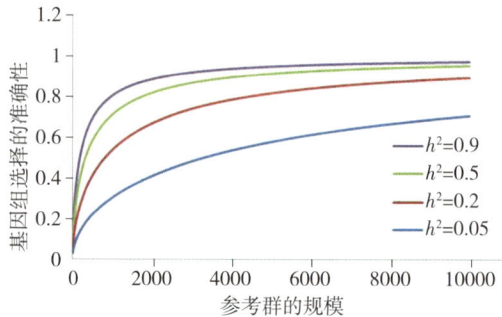

图 8-8 不同遗传力性状基因组选择准确性与参考群规模之间的关系

可以将基因组学和常规育种值估计结合起来。亲缘相关动物或其亲属的表型信息将有助于提高 gEBV 的准确性。

8.16 动物排名的关键事项

(1) 估计育种值提供动物遗传潜力的估计值，表明动物作为亲本的潜在价值。

(2) 估计育种值是基因型基于表型信息的回归。

    a. 质量良好的表型信息和质量良好的回归系数都可以提高估计育种值。

    b. 估计育种值的准确性表明估计育种值与真实育种值相似的可能性。

(3) 混合选择是根据动物自身的表现进行排名。

    a. 重复观测值可以提高混合选择的准确性。

(4) 动物模型允许结合亲属的信息一起估计育种值。

    a. 通常使用 BLUP 进行估计，它结合了亲属的信息并在表型数据中校正了系统效应。

    b. 亲属信息的准确性取决于遗传力的大小和亲属的数量。使用同胞信息时，共同环境的影响可能会降低估计育种值的准确性。

（5）基因组选择将参考群的表型和大量的 SNP 基因型关联起来，并使用该关联估计其他具有 SNP 基因型的动物的育种值。

    a. 可以在个体很小时准确估计其育种值。

    b. 对难以测量或测量成本高的表型有用。

    c. 参考群的规模必须足够大并需要定期更新。

9 预测选择反应

现在我们有了根据遗传潜力的最佳估计值对动物进行排名的工具，并且已经做好准备为育种选择最好的动物了。可新的问题马上又出现了，例如我们应该选择多少动物？如果我们选择更多或更少的动物会有什么后果？一头种用动物应该使用多长时间？对下一代个体的亲本，我们是否应该进行区分，是否应该淘汰后代亲本的亲本？本章，我们将提供一些工具回答这些问题，你还将了解选择决策往往受实际条件的限制。

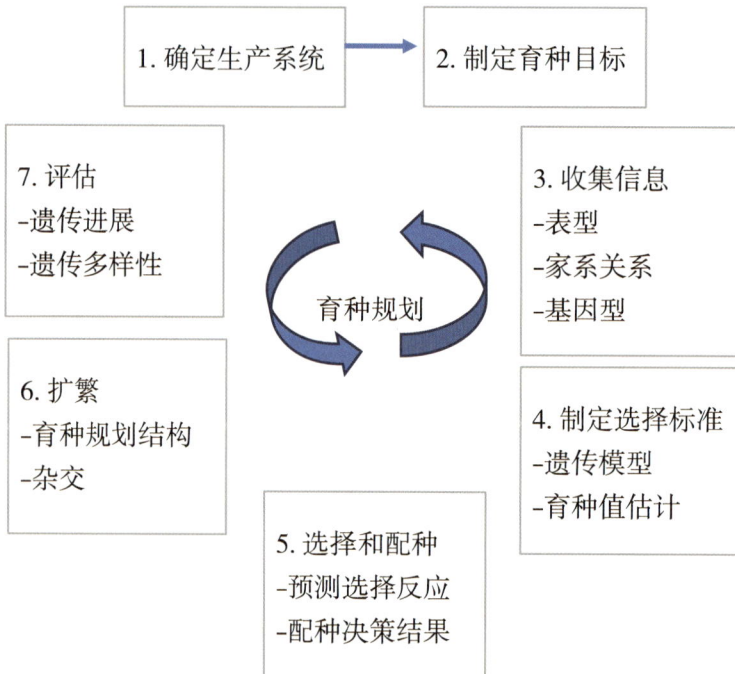

如果我们再看一下育种规划的各个阶段，就会发现我们现在已经从确定选择标准进入了实际选配阶段。本章我们将通过预测选择反应集中讨论选择决策的后果，选配将是下一章的主题。

9.1 选择反应：概述

对选择做出反应，从而获得遗传进展或遗传增益需要一系列步骤。首先，我们需要根据动物的遗传潜力对它们进行排名。如何获得最准确的估计育种值（EBV）是上一章的主题。现在动物可以排名了，下一步就是选择最适合育种繁殖的动物。选择决策成功与否取决于多种因素：

(1) 被选择的性状（如育种目标性状）的可遗传性如何？

(2) 这种性状在群体中的遗传变异如何？

(3) EBV 的平均准确性是多少，选择的准确性是多少？

(4) 选择多大比例的动物进行育种？

(5) 假如按年而不是按世代表示遗传增益，一个世代有多长？

遗传力和遗传方差是群体参数，不受育种者影响，但前提是用于估计遗传力的表型是高质量的且系谱记录没有错误。

育种者可以影响选择的准确性。利用足够数量的后代信息估计育种值的准确性高于仅用少数同胞信息的估计。但利用后代信息进行选择育种的缺点是，需要等待很长时间才能收集到足够多的后代信息。

图 9-1 是根据某一性状的表型对群体进行排名的结果。大多数动物的表型都差不多，得分很低的很少，得分很高的也很少。我们可以根据排名结果选择最好的动物。选择的比例取决于育种需要的动物数量。选择比例很容易受影响，比例越小，被选中的动物越优秀，越会导致更大的遗传反应。

然而，选择比例也不能无限小，主要有两个原因：首先，要保持群体的规模。因此，如果选择的动物很少，那么这些动物必须产生足够多的后代更新整个世代。后代的数量可能是一个限制因素，尤其是对雌性而言。其次，选择为数不多的动物作为亲本繁育大量后代会导致下一代出现许多近亲动物，因此近交速率可能会超过联合国粮食及农业组织建议的 0.5%～1%。

尽管每一代的遗传进展都在增加，但每年的遗传进展可能并没有增加甚至减少了。换句话说，提高选择准确性与获取信息实现每年最大的遗传增益所需的时间之间存在一个平衡。

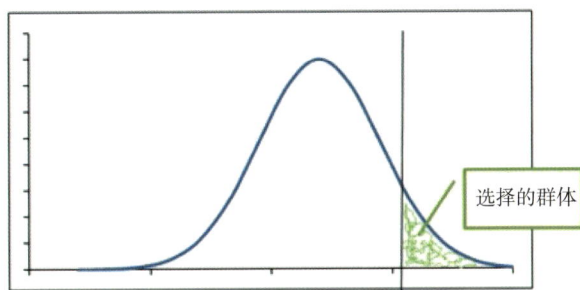

图 9-1 选择种群中部分最好的动物。x 轴表示目标性状，y 轴表示具有该表型的动物的频率

因此：

为了优化育种规划，平衡相对短期的决策（获得高遗传增益）和种群的长期维持（控制近交速率）非常重要。

9.2 育种就是预测未来

育种总是以未来为目标。你现在所做的决定会影响将来的世代。你定义的育种目标代表你认为未来什么是重要的，表示你已经分析了市场，并且对几年后客户的需求有了想法。人们未来的饮食需求主要是牛奶、黄油还是奶酪？主要是猪排、火腿还是培根？主要是胸肉、腿肉还是完整的胴体肉？是顶级运动马受欢迎还是休闲马？你也已经对市场规模的发展有了想法，它会扩大还是缩小？这种发展是暂时的还是长期的？应该扩大育种群还是卖掉？国内市场和国际市场是否一样？最后，你对生产系统和法律法规的预期发展也有一种观点。畜舍系统、营养学等的新发展是什么？它们将如何影响动物的性能？国际组织或本国政府是否宣布了可能限制你目前的生产系统的新规定？你应该预料这些即将到来的变化吗？

确定并更新育种目标是育种规划成功的一个非常重要的部分。需要记住的是，你今天所做决定的结果只有在后代出生并开始表现之后才会显现，而且对有些物种而言这可能将是多年以后的事。你的决策的真正影响要经过几代之后才能显现。育种目标志总是针对未来，通常为期 10~15 年。

因此：

育种就是预测未来。市场和生产环境所有预期的发展都会影响未来，在确定育种目标时这些都需要预先考虑。

在确定育种目标后，你要决定选择育种的动物数量，以及这些选定亲本的后代数量。你的选择策略可以预测后代的表现。结果可能会提示需要改变一些策略。因此，提前预测这些结果很重要，从而在必要时做出调整。这就是我们在本章要重点关注的内容：如何预测后代的表现，如何提高这种预测，选择决策的结果有哪些。

9.3 遗传反应：基本原理

育种就是选择最好的动物进行繁殖。育种决策的成功与否可以通过下一代的性能进行评估。如果下一代的平均遗传优势高于当代个体，那么下一代的表现就会优于当代。为什么是平均？因为即使你选择了最好的动物作为亲本，但后代还要结合父母的双方基因，其中一些后代的基因组合会优于亲本，这些后代的表现会超过亲本，也有一些后代的基因质量不如亲本，这些后代的表现会比父母差。这种表现上的差异是孟德尔抽样导致的结果：每个后代从每个亲本各获得一半基因，但每个后代有不同的染色体组合，这些染色体在配子产生的过程中（减数分裂）还发生了重组。这是维持种群遗传变异的重要力量。

回到预测选择的遗传反应。在图 9-2 中可以看到选择和反应的过程，这是一个示意性的描述。两个正态分布代表两个世代。图 9-2 上图的正态分布是父母代的表型分布，其中最好的个体被选中进行繁殖，其他动物没能在育种规划内繁殖。被选中的种畜的表现优于总体的平均水平。种畜与同代总体之间的表现差异（即亲本的优势）的大小被称为选择差，以 S 表示。注意，在这种情况下，"表现"指的是选择标准，可能是表型（混合选择）或 EBV。被选中的种畜繁育出下一代（图 9-2 下图的正态分布）。下一代个体的平均表现将比上一代好。两代之间平均表现的差异被称为选择反应，以 R 表示。通常，后代的表现不如双亲的均值。这是为什么呢？因为选择不是基于动物真正的遗传潜力（TBV），而是基于对 TBV 的估计（EBV）。选择的结果取决于估计的质量，即选择差和选择反应之间的差异有多大。EBV 估计得越好，后代的表现越接近所选父母的表现。同样，EBV 估计得越差，选择决策出错的概率越高，因为没有选出遗传上最好的动物会减少遗传进展。注意，如果 EBV 的准确性不高，选择反应（几乎）不可能大于选择差，除非采用杂交育种（见后续章节）。种群内选择的目的是选择最好的动物作为亲本。任何不准确性都会导致后代表现不好，不如预期。

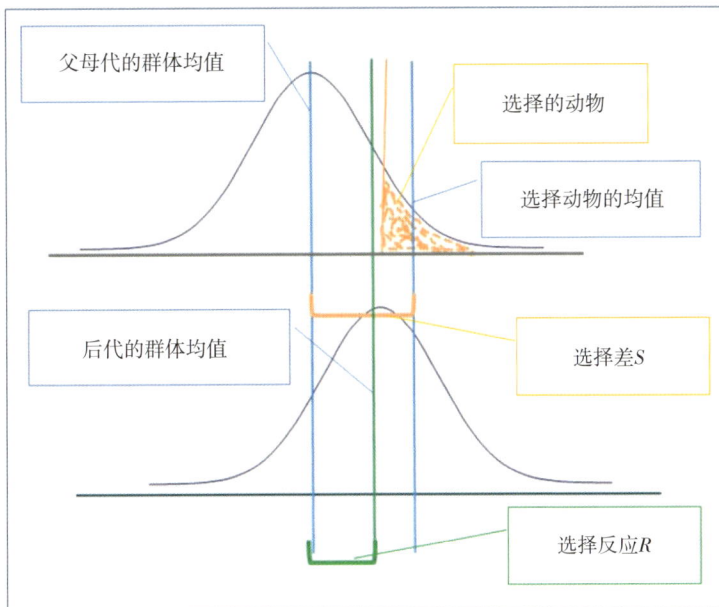

图 9-2 选择和选择反应的原理

因此：

预测遗传增益就是预测未来：预测后代的表现会比当代好多少。

留种个体的表型均值相对于当代畜群表型均值的优势被称为选择差（S）。

后代相对于父母的优势被称为选择反应（R）。

9.4 混合选择的反应

混合选择是一种最基本的选择类型：基于表型观测值。动物间的变异用表型变异表示。选择差 S 就是群体和留种个体之间平均表现的差异。我们感兴趣的是遗传反应，因此我们需要将表型的差异转化为基因型的差异。为了实现这一点，我们用遗传力来衡量，因为遗传力代表表型方差中遗传方差的比例。这个比例会对应出后代的预期遗传反应，用公式表示如下：

$$R = (\overline{P}_{\text{亲本}} - \overline{P}_{\text{亲本代}}) \times h^2$$
$$= S \times h^2$$

在一定的选择决策下，选择反应导致的遗传潜力的变化被称为遗传进展，用 ΔG 表示。对于混合选择，选择反应等于遗传增益。因此，上面的方程变为：

$$\Delta G = (\overline{P}_{\text{亲本}} - \overline{P}_{\text{亲本代}}) \times h^2$$

注意，这个公式与使用混合选择估计 EBV 的公示非常相似：

$$EBV_{\text{混合选择}} = (P - \overline{P}) \times h^2$$

事实上，估计遗传进展与估计双亲的平均 EBV 是一样的，因为它就是你期望的后代比平均亲代表现优异的部分。

实践中是如何运作的呢？例如，你管理着一个山羊群体，并且希望增加山羊的成年体重。已知成年山羊的平均体重是 50kg，你从中选择了一些平均体重为 55kg 的公羊和母羊（暂时忽略公羊比母羊重的事实）。在这个山羊群体中，成年体重的遗传力是 0.42。你想知道基于你现在的育种决策，下一代山羊的平均体重是多少？根据前面的公式，$S = 55 - 50 = 5\text{kg}$，$\Delta G = 5 \times 0.42 = 2.1\text{kg}$。因此，下一代山羊预期比现在的山羊重 2.1kg，也就是说它们的平均体重是 $50 + 2.1 = 52.1\text{kg}$。

在预测遗传进展时，有一个重要的假设是群体内环境的影响在世代间不发生变化。以山羊为例，如果环境影响不变，那么下一代的体重预计将达到 52.1kg。当然实际可能不是这样，但因为我们对环境对下一代的影响没有准确的认识，所以我们假设这种影响在世代间不变。

因此：

评估遗传进展时的重要假设是：环境对群体的影响世代不变。

9.5 选择比例和选择强度

遗传进展的大小取决于选择差的大小（例如，比双亲的平均值好多少），主要受三个因素影响。

（1）首先，如果种群中存在大量变异（σ_p^2），那么相比于种群中变异较小的情况，更容易找到比平均水平表现好很多的动物，如图 9-3 的上图所示。

（2）其次，选择进行繁殖的动物的比例（p）。繁殖动物的比例大，意味着亲本的平均水平不比群体的平均水平好多少。选择的比例越大，父母的平均优势就越小，如图 9-3 的下图所示。选择的比例越小，则选出的父母越优秀。

（3）最后，选择的准确性（r_{IH}）：你有多大把握选择了遗传上最好的动物进行繁殖？

只有选择比例，并不能很好地反映亲本比平均水平好多少，还需要结合变异的大小进行评估。一种方法是以变异为单位表示所选比例的均值：标准差。正如关于统计的章节中

（图 4-2）所述，可以根据一个固定的模式将正态分布划分为几个标准差，即 68% 的观测值落在平均值加减 1 个标准差范围内，95% 的观测值位于平均值加减 2 个标准差范围内，99.7% 的观测值位于平均值加减 3 个标准差范围内。群体中的许多表型往往呈正态分布，因此，表型值可以表示为距离平均值有多少个标准差。我们可以利用动物的选择比例及正态分布的性质确定该选择比例下的动物的均值，用表型的标准差表示：选择强度。

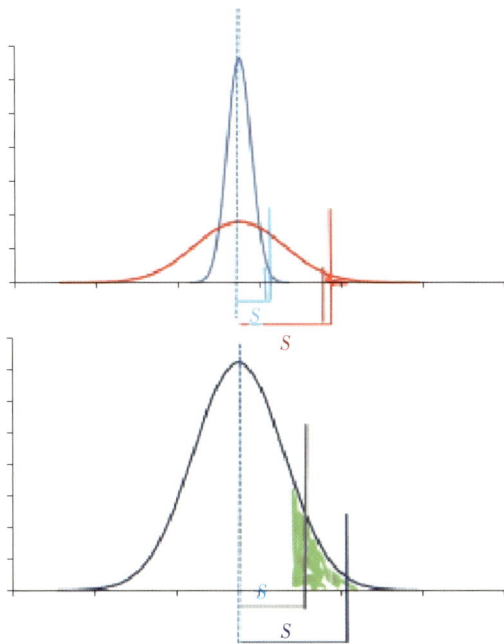

图 9-3　选择标准的性能变异大小（上图）和选择比例（下图）的变化对选择差大小的影响

因此：

遗传进展由 3 个主要因素决定：表型方差、选择准确性和选择比例。

选择强度用缩写 i 表示，公式为：

$$i = \frac{S}{p}$$

所以

$$S = i \times p$$

综上所述，结合选择比例与表型方差可以预测选择亲本的平均表现。

因此：

选择强度是以表型标准差为单位的所选比例的平均表现。

我们可以在表 9-1 中查找选择比例对应的选择强度 i。此表适用于符合正态分布的任何性状，不针对特定性状或群体。

9.5.1　将选择比例转换为选择强度

表 9-1 用于将选择比例转换为选择强度，是 Falconer 和 Mackay 于 1987 年发表的转换

动物育种和遗传学

表的简化版。表中 $p\%$ 是用百分比表示的选择比例，i 是相应的选择强度。表中选择比例对应的 i 为线性近似值。当选择比例大于 50% 时，i 为取 $(1-p)$ 的 i，再乘以 $(1-p)/p$。

表 9-1　选择比例对应的选择强度

$p\%$	i	$p\%$	i	$p\%$	i
0.01	3.960	1.0	2.665	10	1.755
0.02	3.790	1.2	2.603	11	1.709
0.03	3.687	1.4	2.549	12	1.667
0.04	3.613	1.6	2.502	13	1.627
0.05	3.554	1.8	2.459	14	1.590
0.06	3.507	2.0	2.421	15	1.554
0.07	3.464	2.2	2.386	16	1.521
0.08	3.429	2.4	2.353	17	1.489
0.09	3.397	2.6	2.323	18	1.458
0.10	3.367	2.8	2.295	19	1.428
		3.0	2.268	20	1.400
0.12	3.317	3.2	2.243	21	1.372
0.14	3.273	3.4	2.219	22	1.346
0.16	3.234	3.6	2.197	23	1.320
0.18	3.201	3.8	2.175	24	1.295
0.20	3.170	4.0	2.154	25	1.271
0.22	3.142	4.2	2.135	26	1.248
0.24	3.117	4.4	2.116	27	1.225
0.26	3.093	4.6	2.097	28	1.202
0.28	3.070	4.8	2.080	29	1.280
0.30	3.050	5.0	2.063	30	1.259
0.32	3.030			31	1.138
0.34	3.012	5.5	2.203	32	1.118
0.36	2.994	6.0	1.985	33	1.097
0.38	2.978	6.5	1.951	34	1.078
0.40	2.962	7.0	1.918	35	1.058
0.42	2.947	7.5	1.887	36	1.039
0.44	2.932	8.0	1.858	37	1.020
0.46	2.918	8.5	1.831	38	1.002
0.48	2.905	9.0	1.804	39	0.984
0.50	2.892	9.5	1.779	40	0.966
		10.0	1.755	41	0.948
0.55	2.862			42	0.931
0.60	2.834			43	0.913
0.65	2.808			44	0.896
0.70	2.784			45	0.880
0.75	2.761			46	0.863
0.80	2.740			47	0.846
0.85	2.720			48	0.830
0.90	2.701			49	0.814
0.95	2.683			50	0.798

9.6 选择反应：广义方法

知道了表型方差和选择比例后，我们就可以确定所选亲本的优势（比平均水平好多少）了。选择强度的计算这仅仅基于方差和选择比例，而没有涉及实际标识的动物，因此，这很方便！我们可以利用这些信息预测给定选择比例下的选择遗传反应，然后评估该反应，并且如果有需要，还可以与使用较大或较小的选择比例时的结果进行比较。选择强度是决策过程中的重要工具。

除了选择比例和表型变异外，预测选择反应或遗传进展，还缺少将表型转化为估计遗传潜力（EBV）的环节。我们需要知道估计得有多准确，以及如何将表型转化为遗传潜力。预测遗传进展有一个通用的公式：

$$\Delta G = i \times r_{IH} \times \sigma_a$$

这个公式实际上与本章前面讨论的混合选择的公式相同，尽管看起来不一样：

$$G = i \times r_{IH} \times \sigma_a = \frac{S}{\sigma_p} \times \sigma_a / \sigma_p \times \sigma_a (= S \times h^2)$$

遗传进展公式的组成部分实际上是有意义的。$\frac{S}{\sigma_p}$ 表示亲本的遗传优势，σ_a / σ_p 将 σ_p 转化为 σ_a，也就是转化为遗传，最后一个 σ_a 将结果转换为目标性状的单位（如产奶量的千克量或骑乘能力得分）。再次强调：使用选择比例（以及选择强度）的优势在于，可以在实际选择决策之前预测结果。从现在起，我们将只考虑 $G = i \times r_{IH} \times \sigma_a$，因为该公示是普遍适用的，不仅适用于混合选择。请注意，公式中各部分的顺序并不重要。

9.6.1 阿拉伯赛马育种的例子

阿拉伯赛马的一个种群的育种目标是提高 3 岁马 2000m 赛跑的速度。目前的群体在这个年龄跑这段距离的平均用时是 117.0s。计划选择前 10% 的优秀赛马进行繁殖（现在我们忽略雄性和雌性在速度和繁殖能力上的差异）。遗传标准差为 3.0s，选择准确性为 0.24。预测这些选择决策下的遗传进展，下一代跑 2000m 的平均时间是多少？

答：查看表 9-1，我们发现 10% 的选择比例会造成 1.755 的选择强度。这意味着选中的前 10% 的个体的平均表现比总体平均水平好 1.755 个标准差，具体是多少，取决于性状的方差：$1.755 \times 3.0 = 5.265$s。这有点乐观，因为我们无法 100% 准确地估计遗传潜力，估计的准确性实际只有 24%（$r_{IH} = 0.24$）。综合所有信息得出：$G = i \times r_{IH} \times \sigma_a = 1.755 \times 0.24 \times 3.0 = 1.26$s。这是关于提高跑步速度的，因此下一代阿拉伯赛马的奔跑速度会加快 1.26s，即达到 $117.0 - 1.26 = 115.74$s。

9.6.2 兔子育种的例子

人们不仅喜欢看马的跳跃表演，也会观看兔子的跳跃比赛。一个非常狂热的兔子训练

动物育种和遗传学

师决定对兔子的跳跃能力（用栅栏的大小进行衡量，单位为 cm）进行选择育种。雄性和雌性在跳圈中的表现一样好。由于雌性能够在短时间内繁育大量后代，因此雄性和雌性的选择比例可以相等。我们的育种者根据 10 个后代的表现选择了前 20% 的最佳跳跃者进行繁殖，兔子跳跃能力的遗传力为 0.14，表型方差为 40。这种选择策略下获得的预测遗传进展将有多少？

选择比例为 20% 时的选择强度为 1.4。选择的准确性可以通过第 8 章动物排名的表 8-2 确定：

$$\sqrt{\frac{\frac{1}{4}nh^2}{1+\frac{1}{4}(n-1)h^2}}$$

将遗传力和后代的数量代入之后，我们得到选择准确性为 0.27。遗传方差根据遗传力和表型方差确定：$0.14 \times 40 = 5.6$，遗传标准差是 5.6 的平方根，即 2.37。

将所有这些信息代入公式，遗传进展为：$G = 1.4 \times 0.27 \times 2.37 = 0.90 cm$。

下一代的平均跳跃能力将比上一代高 0.90cm。

育种者对预测的结果不满意，他们希望获得更多的遗传进展。于是选择前 15% 而不是前 20% 的兔子进行繁殖，预测一下取得的进展又会是多少？

选择准确性和遗传标准差保持不变，但选择强度由 1.4 提高到了 1.554，预测的选择反应变成了 0.99cm。

育种者并不十分满意，因为他希望获得超过 1 厘米的遗传进展，这次决定根据 12 个而不是 10 个后代的表现进行选择，预测这种新情况下的选择反应。

根据更多的后代的表现进行选择，将提高选择的准确性，重新计算 r_{IH} 为 0.30。预测的选择反应现在变成了 $1.554 \times 0.30 \times 2.37 = 1.10 cm$。

9.7 世代间隔

选择的遗传反应可以预测下一代的表现相对于当前一代的表现提高了多少。分析遗传进展的公式，会让你认识到选择决策是如何影响选择反应的。

从 9.6.2 兔子育种的例子可以看出，选择比例和选择准确性对预测选择反应有影响。我们面临的问题是，我们预测的遗传进展是以世代来表示的，那么一个世代究竟有多长时间？

定义

世代间隔（Generation interval）是指后代出生时父母的平均年龄，而这些后代将产生下一代繁殖动物。世代间隔有助于按年而不是按世代计算遗传反应。

每代获得 1.10cm 的遗传进展提供不了太多信息。如果兔子的世代间隔是 0.3 年，显然会比世代间隔是 1 年的遗传进展要快得多。即使我们不知道一个世代有多长，但为了更好地了解遗传进展，也需要用时间单位来表示。常用的时间单位是年。为了表达每年的遗传进展，我们需要知道一个世代是多少年。很明显，父母的第一个后代肯定比最后一个后代出生的早，有些动物生育第一个后代的时间比其他的动物要早，有些动物只生育一个后代，有些动物生育的后代很多。如何将这些因素都考虑在内呢？世代间隔长度（缩写符号为 L）的定义是选定亲本以后，平均数量的后代出生时亲本的平均年龄。这里的"以后"这个词很重要，因为必须认识到，如果是依据后裔测定选择的亲本，那么这些后裔不属于世代间隔的一部分。图 9-4 是世代间隔概念的示意图，图中的上半部分是根据动物自己的表现或兄弟姐妹的表现进行选择。

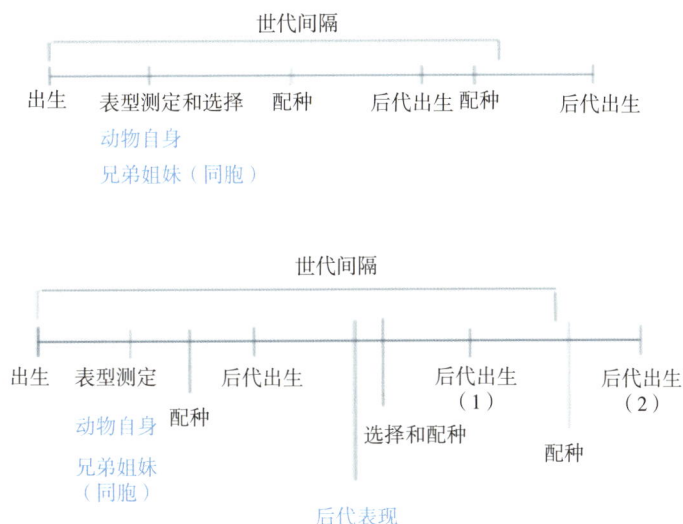

图 9-4　世代间隔原理示意图。上图是根据动物自己或其同胞的表现进行选择。下图是根据第一胎后代的表现进行选择，这些后代不用于计算世代间隔，导致世代间隔变长

9.8　优化遗传进展

动物被选中后会进行第一次配种繁育后代。在图 9-4 中，动物平均有两批后代（单胎或一窝）。假设图中每批后代出生的数量相同，世代间隔长度等于两批后代出生之间亲本的年龄。如果数量不同，则需要根据每批后代的数量对世代间隔（长度）进行加权计算。

例如，在一个绵羊品种中，母羊在 1 岁时会有第一批后代（单胎），在 2 岁时产下第二代（单胎），这种情况下的世代间隔是 $(1×1+1×2) / (1+1) =1.5$ 年。如果同样一群母羊，大多数在第二胎中产了单羔，但有些产了双羔，第二批后代羔羊的平均数是

1.3，那么世代间隔就变成了（1×1＋1.3×2）/（1＋1.3）＝1.56年。

对于因第一胎后代的表现而被选中的动物来说，从第二批后代开始"计数"。这一点见图9-4的下半部分表示。除此之外，计算世代间隔的方式，与计算基于自身性能或同胞性能进行选择的动物完全相同。显然，如果基于后裔测定进行选择，那么世代间隔将会变长。

我们继续以绵羊为例子，如果基于第一批后代的表现选择绵羊亲本，那么现在所有的母羊都有机会多繁殖一批后代。每只母羊被选为亲本后还会繁殖两批后代，共繁殖三批。母羊产下第三批后代时的平均年龄是3岁，平均产羔数是1.5只，世代间隔将变成（1.3×2＋1.5×3）/（1.3＋1.5）＝2.54年。

到目前为止，遗传进展都是以世代为单位表示的，而且我们也已经计算了一个世代有多少年，因此我们可以按每年来表示遗传进展：

$$\Delta G = \frac{R}{L} = \frac{i \times r_{IH} \, \sigma_a}{L}$$

需要注意的是，选择的准确性与世代间隔之间存在一定的关系。通过改进EBV的信息来源，可以提高EBV的准确性，基于大量后代表现信息的EBV准确性最高，然而收集这些信息需要很长时间。换句话说，世代间隔变长了。因此，提高准确性带来的每年遗传进展的增加可能会被随之而来的世代间隔变长抵消。此外，使用尚未被证明可作为亲本的个体繁育大量后代也会花费大量金钱。

我们再回顾一下9.6.2兔子育种的例子进行简要说明：当根据12只后代的表现进行选择亲本时，育种者感到满意。然而，他可能想更详细地探究这一问题，因为这种选择取决于窝的大小，一胎能否就有12只后代，或者是否需要多胎才能达到这个数目。多胎意味着需要更多的时间，兔子的世代间隔很短。在这种情况下，我们可能需要考虑降低一点选择准确性，但在相同的时间范围内管理更多的选择世代。从长远来看，这样可能会带来更多的遗传进展。

因此：

优化遗传进展需要在提高准确性和缩短世代间隔之间进行平衡。

9.9　选择路径

到目前为止，我们还没有考虑过雄性和雌性选择策略的差异，但在大多数物种中两者是有区别的，造成这种差异的主要原因有3个：

（1）造成这一现象的重要原因是雌性的生殖能力有限，尤其是雌性哺乳动物。动物育种中的一个普遍假设是种群的数量在世代之间保持不变。这会影响选择策略，因为这意味着被选中的动物应该能够生产足够多的后代维持种群的规模！雄性可以比雌性繁衍更多的后代，尤其是在有了人工授精技术之后。因此，雄性的选择往往比雌性更严格。换句话说，雄性和雌性的选择强度可能有差异。

（2）另一个原因是雄性和雌性估计育种值的信息来源不同。有些性状无法在两个性别的个体中都进行测量，如产奶量。因此，雄性可能会根据后代的表现进行选择，而雌性则根据自己的表现进行选择，这就导致雄性和雌性的选择准确性有差异。

（3）第三个原因是动物被选择留作种用时的年龄，以及后代出生时亲本的平均年龄。例如，如果雄性是根据后裔测定进行选择的，而雌性是根据自己的表现进行选择的，那么雄性种用时的平均年龄将比雌性大。另外，大多数物种的雄性比雌性成熟得早。换句话说，第一胎后代出生时雄性亲本和雌性亲本的年龄可能会有差别，因此它们的世代间隔也可能存在差异。

雄性和雌性在选择上的这些潜在差异造成的结果是，在计算遗传进展时需要考虑选择路径的差异。处理不同选择路径的方法非常简单，可将遗传进展的公式分成雄性（m）和雌性（f）两部分：

$$\Delta G_{每年} = \frac{R_m + R_f}{L_m + L_f} = \frac{i_m r_{IH,\,m} \sigma_a + i_f r_{IH,\,f} \sigma_a}{L_m + L_f}$$

雄性和雌性的选择强度、选择准确性和世代间隔可能会不同，但遗传标准差是一个种群的参数，在雄性和雌性上是相同的。

9.9.1 肉牛育种的例子

荷兰的肉牛养殖规模相当小。澳大利亚、美国、法国、英国等国家的肉牛养殖产业更大，母牛在陆地上的大片地区不定期地放牧吃草。因此，人工授精技术在种群繁殖中并不是非常有用。大多数农民购买公牛后，会让公牛和母牛一起放牧吃草。规模很大的农场也会对公牛进行育种。

如果一个肉牛种群要提高生长性状，生长性状的遗传力是 0.35，表型的标准差（σ_p）是 0.2kg/d。母牛根据自己的表型进行选择。假定种群的数量保持不变，母牛一生可以产 3 头犊牛，选择 2/3（0.67）的犊母牛繁育后代更新种群（记住，公犊牛和母犊牛都会出生！）。留种率是 0.67 的选择强度（i_f）是 0.54（按表 9-1 查找选择强度）。基于个体自身信息进行选择的准确性等于 $\sqrt{h^2}$，因此，$r_{IH,\,f} = \sqrt{0.35} = 0.59$。

公牛根据 100 个后代的表型进行选择，$r_{IH,\,m}$ 是 0.95。每头公牛和 10 头母牛配种，公牛的选择比例为 $0.10 \times 0.67 = 0.067$，选择强度是 1.95（按表 9-1 查找选择强度）。

最终，遗传标准差 σ_a 等于 $\sqrt{h^2 \times \sigma_p} = \sqrt{0.35 \times 0.2^2} = 0.118$。

那么群体的遗传进展是多少？

将上述信息带入公式，就能获得每代的遗传进展：

$$\Delta G_{每代} = i \times r_{IH} \times \sigma_a = i_m r_{IH,\,m} \sigma_a + i_f r_{IH,\,f} \sigma_a = 0.257\,(\text{kg/d})$$

每一代的遗传进展不能直观地提供预期的遗传进展。为了实现这一点，可以将每一代的遗传进展标准化成每年的。母牛繁育后代的平均年龄是 4.5 年，$L_m = 4.5$。当有了后裔测定信息之后公牛才被选留种用，因此公牛的世代间隔是 5 年。下面预测一下这个群体的年遗传进展。

动物育种和遗传学

将每一代的遗传进展除以世代间隔，可得到每年的遗传进展：

$$\Delta G_{每年} = \frac{i_m r_{IH, m}\sigma_a + i_f r_{IH, f}\sigma_a}{L_m + L_f} = \frac{\begin{array}{c}1.95 \times 0.95 \times 0.118 + \\ 0.54 \times 0.59 \times 0.118\end{array}}{5 + 4.5} = 0.027 \text{ kg/d}$$

因此：

雄性和雌性的选择强度和选择准确性可能有所不同。

分别计算每一条选择路径的选择反应，再相加为整个种群的遗传进展。

9.10 选择路径的更多细节

雄性和雌性选择路径不同的原因有很多，主要在于雄性通常比雌性能产生更多的后代，雄性对下一代的贡献比雌性大得多。由于这个原因，在许多物种的育种中，人们会把更多的注意力放在尽可能选择准确的雄性上。雌性通常没有选择标准或选择标准不严格。在许多动物物种中甚至还会进一步将种公畜的选择路径区分为生产新的种公畜和生产母畜。同样的区分也适用于种母畜：生产新的种公畜还是生产母畜。被选作种用的公畜称为父系，被选作种用的母畜称为母系。

因此，我们可以定义出 4 条选择路径：

（1）父系的父系（SS）

  a. 这是最严格的选择途径，这些父系是新的种公畜的父亲。只有最优秀的父系才能作为种公畜的父亲。

（2）母系的父系（SD）

  a. 在父系中这是一个不那么严格的选择路径。这些父系将是种母畜（母系）的父亲。

（3）父系的母系（DS）

  a. 这是母系中最严格的选择途径，用来繁育新的父系。只有最优秀的母系才能作为种公畜的母亲。

（4）母系的母系（DD）

  a. 这是最不严格的选择路径。新的母系是否有选择标准取决于系谱。

$$\Delta G_{每年} = \frac{R_{SS} + R_{SD} + R_{DS} + R_{DD}}{L_{SS} + L_{SD} + R_{DS} + R_{DD}}$$

因此：

选择反应可以分为若干条选择路径，路径的数量取决于选择强度的差异和选择准确性。

9.10.1 奶牛育种的例子

在奶牛场，母牛每天都要挤奶（通常每天在挤奶室挤奶 2 次），一般使用人工授精技术进行配种。因此，农民可以把精力集中在母牛身上而不用考虑公牛。在奶牛中引入人工授精技术导致，奶牛的饲养分工出现了明显的差异：母牛往往由农民饲养，公牛则由育种公司选育。农民和育种公司可以一起合作，因为奶牛饲养需要他们彼此的共同投入。奶牛是一个利用所有四种选择路径的物种。一方面是公牛，经过后裔测定选留的公牛都可以用来生产新的奶牛，但具有最高 EBV 的公牛的公犊牛才被作为种公牛的候选个体，其他的公犊牛则被作为肉牛卖掉。大部分的奶牛被用来繁育新的奶牛（"更新群体"）。最好的母牛与最好的公牛交配产生新的公牛，这些母牛成为公牛的母系。另一方面，也有一些被评定为质量不佳的母牛不能用于繁育新的奶牛，这些母牛被从育种规划中淘汰出来，用于和肉牛品种交配，生产具有一些价值的犊牛。母牛在被替换之前会一直产奶。

试想一下，在一个没有基因组选择的时代，在一个只有 2000 头奶牛的小群体中，80% 的奶牛被用来繁育更新奶牛群体。由于无法进行精子的性别鉴定，所以下一代出生的公牛和母牛各占 50%。在公犊牛中，1.5% 被选作种公牛，0.25% 选作种公牛的父亲。在出生的母犊牛中，3.5% 被选为种母牛。母牛繁育后代时的平均年龄是 4 岁，生产后备种公牛时的平均年龄是 5.5 岁。公牛繁殖后代时的平均年龄是 6 岁，生产后备种公牛时的平均年龄是 8 岁。根据奶牛产奶量的 EBV 进行选择。母牛的 EBV 根据自己的产奶量进行估计，公牛的 EBV 则根据 10 个女儿的产奶量进行估计，公牛父亲的 EBV 根据 20 个女儿的产奶量进行估计。产奶量的遗传力是 0.3，这个群体的遗传方差是 122500kg。

计算产奶量每年的遗传进展是多少？

答：

这个问题需要逐步解答。这里一共涉及四条不同的选择路径。对于每条选择路径，我们都要计算选择强度 i 和选择准确性 r_{IH}。由于我们需要计算每年的遗传进展，因此还需要再除以世代间隔。

首先计算 SS 路径。选择比例（留种率）为 $0.8 \times 0.5 \times 0.0025 = 0.001$（0.1%），查表 9-1 得 i 为 3.367，根据动物排名章节的表 8-2 计算 r_{IH}，公式是：

$$\sqrt{\frac{\frac{1}{4}nh^2}{1+\frac{1}{4}(n-1)h^2}}$$

如果我们把女儿的数量 20 和遗传力 $h^2=0.3$ 代入公式，算得 r_{IH} 为 0.619。

在 SD 路径中，选择比例（留种率）是 $0.8 \times 0.5 \times 0.015 = 0.006$（0.6%），查表 9-1 得 i 为 2.834，计算得 r_{IH} 为 0.448（10 个女儿，遗传力 $h^2=0.3$）。

在 DS 路径中，选择比例是 $0.8 \times 0.5 \times 0.035 = 0.014$（1.4%），查表 9-1 得 i 为 2.549，r_{IH}（自身表现）$= \sqrt{h^2} = 0.548$。

在 DD 路径中，选择比例是 $0.8 \times 0.5 = 0.4$（40%），选择强度 i 是 0.966，r_{IH} 和 DS 路径的 r_{IH} 同为 0.548。

现在我们已经计算好了每一个选择路径，现在需要综合起来计算遗传进展，遗传标准差 $= \sqrt{122500} = 350\text{kg}$。

$$\Delta G = \frac{\begin{array}{c}3.367 \times 0.619 \times 350 + 2.834 \times 0.448 \times 350 + \\ 2.549 \times 0.548 \times 350 + 0.966 \times 0.548 \times 350\end{array}}{8+6+5.5+4} = 78.64 \text{ kg}$$

即，这个群体平均每年预计将多产 78.64kg 牛奶。

请注意，这不是一个真实存在的例子，因为现实中有各种复杂的因素，比如动物会根据多个信息来源进行选择，如动物自己、兄弟姐妹和后代的表现。动物的年龄越大，获得的信息就越多，育种值也就越准确。此外，我们假设育种发生在同一世代内。然而事实上，世代之间是有重叠的，有些动物用于育种的时间比其他动物长得多。

9.11 选择强度和近交速率

从前文可以明显看出，减小选择比例，提高选择强度，可以增加遗传进展。因此，只选择极少数非常优秀的动物进行繁殖可以获得较快的遗传进展。这很简单，可为什么不这样做呢？那是因为，首先繁殖能力决定着维持种群规模所需选择的动物数量，除了这个事实之外，还有另一个重要的问题就是近交。在遗传关系和近交的章节中，我们曾讲到可以通过 $1/8 N_m + 1/8 N_f$ 预测群体的近交速率。少量的亲本会导致较高的近交速率，尤其是在雌性数目和雄性数目不等的情况下。如果我们采纳联合国粮食及农业组织的建议，使用 $0.5\% \sim 1\%$ 以下的近交速率维系种群，可能会影响选择策略。

在相同的近交速率下，大群体比小群体的选择强度更大。例如，在 20000 个（雄性、雌性各一半）动物的群体中，选择比例为 1% 时将选出 100 个雌性和 100 个雄性，雌雄选择比例相同的近亲速率为 0.25%。然而，如果这个种群只有 2000 个动物，那么 1% 的雄性和雌性的选择比例将导致 2.5% 的近交速率，这就太大了。通常，雄性的选择比例（远）小于雌性。如果我们再选取 20000 个动物的种群，选择 0.1% 的雄性（选择最好的 10 只雄性）并使用所有 10000 只雌性进行繁殖，近亲速率则为 1.25%（准确地说是 1.25125）。尽管有 10010 只动物被用于繁殖，但近交速率仍然太高，无法维持种群生存。在大多数物种中，每只雄性拥有 1000 只人工授精的后代是不成问题的，但前提是要有足够数量的雌性。

育种公司通过出售遗传物质（通常是精子）赚取收入，因此维持种畜存活符合其利益，但竞争对手也想在相同的市场上出售遗传物质。为了解决这一矛盾，育种公司试图通过增加尽可能多的遗传进展，但同时将近交速率控制在 1% 以内来保持（或增加）自己的市场份额。

因此：

选择强度的决策取决于遗传进展和近交速率。

9.11.1 特例：间接选择

到目前为止，我们假设的都是群体中至少大部分个体的目标表型信息都是可用的。如果选择的是生长性状，那么很容易就可以获得不同年龄段的体重；如果选择的是产奶量，那么雌性的生产记录可用；即使选择的是肉质，亲属的记录也是可用的。然而，在某些情况下，表型是不可用的，如传染疾病和/或性状的表型收集成本很高或具有破坏性。这个时候，就需要用第二个性状的表型，即指示目标性状的表型，这里的重要先决条件是，指示性状与你想要改善的性状（即育种目标性状）相关。显然，两者的相关性越高越好。在给定指示性状选择的前提下，育种目标性状的遗传进展可以表示为：

$$\Delta G = i \times r_{IH指示性状} \times \sigma_{a育种目标性状} \times r_{指示性状,育种目标性状}$$

公式中的选择强度与直接选择时相同，也取决于选择比例。选择育种动物的准确性用指示性状的遗传力预测，因为这是我们选择的基础。我们关心的是育种目标性状的选择反应，所以想用育种目标性状的单位来表达结果，因此使用育种目标性状的遗传标准差。间接选择的准确性取决于指示性状和育种目标性状之间相关性的大小，也就是对指示性状的选择在多大程度上确实会导致育种目标性状的遗传进展。因此，我们必须将结果乘以指示性状和育种目标性状之间的相关系数。因此，总的来说，选择的准确性既取决于指示性状选择的准确性，也取决于指示性状与育种目标性状之间的相关性。

需要注意的是，与直接选择相比，间接选择能否获得更多的遗传进展取决于指示性状遗传力决定的 $r_{IH指示性状}$ 和育种目标与指示性状之间的相关性。

因此：

指示性状为育种目标性状的表现提供了一个指标，并可用于替代难以测量或测量成本很高的性状。

指示性状的遗传力和指示性状与育种目标性状的相关性决定间接选择成功与否。

当性状难以记录或测量成本很高时，间接选择可能是一个很好的解决方案。

示例：奶牛白线病

2002—2003 年大量荷兰奶牛群的研究结果表明，奶牛白线病的患病率为 9.6%，但遗传力低，仅为 0.02%（$r_{IH} = \sqrt{0.02} = 0.14$）。遗传力低的一个重要原因是农场只检测了一次白线病的抗性，检测时没患病的奶牛都被认为是健康的。然而，有些奶牛可能刚刚康复或没被感染。遗传方差为 0.078，因此 $\sigma_a = \sqrt{0.078} = 0.28$。从这些数字来看，获得大的遗传进展的希望不大。但是，白线病与蹄角的遗传相关系数为 0.64，角足比平足更容易受到感染。蹄角是一个易于测量的性状，遗传力为 0.18（r_{IH} 为 0.42）。如果我们基于白线病抗性的观测结果进行选择，那么遗传进展将为 $i \times \sqrt{0.02} \times 0.28 = i \times 0.040$。如果我们通过选择蹄角降低白线病的患病率，那么遗传进展将是 $i \times \sqrt{0.18} \times 0.64 = i \times 0.076$。也就是说，间接选择蹄角获得的选择反应几乎是直接选择的 2 倍！

9.12 预测选择反应的实际问题

到目前为止，我们一直在讨论由人决定哪些动物可以繁殖哪些不可以的最佳情况。育

动物育种和遗传学

种者的影响主要体现在两个方面：选择比例和选择准确性。为了更好地预测遗传反应，正确的选择比例和选择准确性是至关重要的。这有多现实？实际情况如何呢？

实际情况是，所有的潜在种畜可能都掌握在某一个人或某个育种公司手里，如在商品猪和家禽育种中。选择比例在某种程度上可能取决于市场的预期情况，至少人们会记录市场的变化。育种动物的选择准确性也掌握在育种公司手中。根据其他动物（兄弟姐妹、后代）的表现选择动物，选择的确切数量取决于可用动物的数量，并且可能会因动物而异。虽然这种小波动对预测遗传进展的影响非常有限，但即使在那些育种公司也可能会发生一些意想不到的事件，如疾病暴发，从而影响预期选择的比例。然而，总的来说，本章给出的预测方程对这些物种都是非常有用的。

在奶牛育种方面，情况变得复杂，因为大部分奶牛归个体养殖户所有。每个养殖户（农场主）都有自己的育种目标，不过一般来说这些目标与拥有公牛的育种公司的目标相似。公牛的选择比例掌握在育种公司手中，但这些公牛的后续使用权掌握在养殖户手中。有些公牛受欢迎，有些不那么受欢迎。尽管这两种公牛都是被选中进行繁殖的，但受欢迎的公牛会比不受欢迎的公牛拥有更多的下一代。在预测选择的遗传反应时，我们假设的是所有被选择的公牛都有平等的机会"传播它们的基因"，显然情况并非如此。公牛的使用频率是否高于预期，将导致对遗传反应的预测是过高还是过低。与不那么受欢迎或年轻的公牛相比，受欢迎的公牛显然会有一个更准确的 EBV，在预测选择反应时需要考虑这种准确性的差异。在母牛方面，有两个原因导致选择对母牛的影响可能很小：首先，母牛的选择比例非常大，因为大多数母牛都用于繁育更新种群；其次，养殖户的选择标准可能略有不同，导致奶牛的总体选择效果甚至更小。在实践中可以忽略此选择路径。

马的情况比奶牛的情况更复杂一些。如果种马达到了血统簿（品种登记名册）规定的标准，就会被批准用于繁殖。然而，批准的种马数量不能指代准确的选择比例，因为不是所有的公马驹都是后备种马，有些马主人不愿意在种马检查时展示他们的小公马（年轻的种马）。因此，基于种马检查中选择的小种马数量确定的选择比例，可能并不代表真正的选择比例。有与奶牛一样，有些种马会更受欢迎，因此，在下一代会有更多的后代。与奶牛一样，种马选择的准确性取决于可用的信息，而且种马之间可能存在差异，这一点在预测选择反应时可以考虑进去。在大多数马的育种中，也像奶牛育种一样允许所有的母马繁殖（配种的结果会登记在血统簿中）。然而，与奶牛不同的是，实际进行繁殖的不一定都是最好的母马，有些非常好的母马的主人不想让他的母马配种，而有些性能差的母马的主人可能想繁殖一匹小马驹。虽然母马的选择比例接近 100%，但小马驹的数量通常很有限，因此选择的准确性较低。拥有受欢迎的父亲的母马可能会有大量的半同胞。

犬的情况更复杂。育种协会和荷兰养犬俱乐部董事会定义了公犬繁殖的一些基本先决条件。某些品种的母犬需要提供与某些品种潜在特定问题相关的健康证明。到目前为止，一直都还不错。然而，在公犬中没有选择比例，因为很少有人喜欢养育一只繁殖公犬，这与犬的品质没有必然的关系。同样地，尽管母犬的性能很好，但母犬的主人很少想要它们繁育幼犬。因此，基于选择比例和选择准确性来预测犬的遗传反应不可行，但工作犬的育种除外，工作犬的品质就是选择标准且选中的犬会用于繁殖。

那么，在选择比例和选择准确性不好定义的情况下该怎么办呢？一种解决办法是根据父系和母系的 EBV 预测每次配种获得的后代的平均遗传潜力。正如我们在遗传模型一章中看到的，由于孟德尔抽样，仅凭父母的 EBV 也只是让你对后代的 EBV 有了一些了解：$A_{后代} = \frac{1}{2} A_{父系} + \frac{1}{2} A_{母系} + MS$。预测遗传反应的不准确性会增加到什么程度，将取决于亲本 EBV 的准确性。

因此：

预测选择反应时，假设选择比例和选择准确性是非常有用的，但要注意假设的准确性（或缺乏假设的准确性）！

9.13　预测选择反应的关键事项

（1）育种是预测未来。

（2）预测遗传进展是预测未来的表现，也是事先评估育种决策。

（3）遗传进展由表型方差、选择准确性和选择比例 3 个主要因素决定。

（4）世代间隔允许按每年而不是每世代表示遗传进展。

（5）优化遗传进展需要在提高准确性和缩短世代间隔之间进行平衡。

（6）选择路径允许雄性和雌性的选择比例和选择准确性不同。

（7）选择强度取决于遗传进展与近交速率的关系。

（8）当性状难以测量或测量成本很高时，使用指示性状进行间接选择可能是一个非常好的解决方案。

（9）假定选择比例和选择准确性对预测选择反应非常有用，但要注意假设的准确性（或缺乏假设的准确性）！

10 选择和配种

在估计了育种值并预测选择决策对遗传反应的影响之后，我们已经准备好采取行动：选择和配种实践！像动物育种的许多方面一样，个体和整个群体的配种决策可能不一样。单个育种者的育种目标和整个群体的育种目标可能不一样。但为了在群体水平上实现遗传改良，在群体水平上做出选择决策至关重要。个体育种者可以在达到群体水平标准的动物中，再采用自己的选择标准为其选择配偶。配种决策可能取决于多个方面，如后代的预期用途、母体的特质（或缺点）、（在自然交配情况下）配种所需的价格或距离。在选择配种个体方面设定这些限制，是为了找到合适的配偶繁殖出优良的后代。个体育种者的配种决策可能会影响群体水平的近交速率。因为如果你和许多其他育种者的选择相同，那么被选择的动物在下一代中将拥有许多后代，而其他动物可能会没有。因此，个体层面的配种需求和其在群体层面的结果之间可能会有冲突。

本章我们将讨论配种决策的原因和后果，例如为了弥补雌性质量不足或为了使后代具备某些品质（如颜色）。我们还将讨论在群体水平上大量使用受欢迎父系的潜在后果，并简要介绍亲子鉴定的原因。

注意：配种和单基因性状！

配种决策也可能是为了试图创造或避免纯合。例如，对于隐性单基因疾病，配种决策的目的是避免产生隐性纯合子后代。然而，也有一些单基因性状具有有利的效应。例如，牛是否长角，或创造一种特有的毛色。关于这些，在单基因性状遗传的章节中有更多的介绍。

10.1 选择标准和配种决策

在商品猪和家禽的育种中，选择出最好的动物后，接着来的交配或多或少带有随机性。没有个体的配种决策，因为没有证据表明个体的配种决策对群体平均水平有什么额外的价值。换句话说，对受选择的性状，平均而言，配种不会产生方向性的变化。如果有什么价值的话，那可能就是降低性状的变异，但前提是所有育种者必须怀着相同的育种目标做选择和配种决定。在个体水平上，配种决策可能会有一些额外的价值，特别是与单基因性状有关的决策。

动物所有者们决定使用雌性动物进行繁殖的原因可能因人而异。例如，为了产奶、努力获得最高质量的后代，或者，即使动物不好，但仍可以用来繁殖后代。为雌性选择配种对象的具体原因也可能因情况而异。这些情况可能包括实际因素，比如自然交配时要考虑成本和距离，避免一些特定问题（如遗传性疾病），互补不足，甚至为了寻找最受欢迎的配偶。在选择最佳配偶之前应该先确定选择标准，但在实践中，这两个过程往往是相互关联的。请注意，遗传进展是通过选择而不是配种实现的。

雌性动物的所有者决定是否使用经过批准的雄性动物进行配种繁殖，他们负责实际的育种工作。雄性动物的所有者在市场上只有一种"产品"，因此他们可能需要在产品营销上下功夫。市场营销与雄性的质量至少一样重要。顶级的父系决定了一个育种组织的竞争力。

因此：

配种决策对种群水平没有影响，但可能对个体水平有影响。

选配与近交的关系

回顾一下，如果动物的父母之间具有亲缘关系，那么这个动物就是近交的：$F_{个体} = \frac{1}{2} \times a_{亲本间}$。如果父母有共同的祖先，那么它们之间就有血缘关系。距离这个共同祖先的世代越少，它们之间的亲缘关系就越密切。全同胞兄弟姐妹的后代的近交系数为 $\frac{1}{2} \times 0.5 = 0.25$。父母双方的血缘关系越少，后代的近交系数就越小。一些育种组织制定了一些避免近亲交配的规定。例如，荷兰养犬俱乐部（荷兰负责管理各犬种的一个组织，并负责所有注册纯种犬的血统登记）有一项规定是，任何母犬与其祖父、父亲、兄弟、儿子或孙子交配所生的后代都不能注册血统。

因此：

选配（Mate selection）应该考虑潜在双亲之间的加性遗传关系，因为它直接指示后代的近交系数。

10.2 互补选配

选配可能是为了弥补某些特定的缺陷。例如，一匹母马拥有很好的步态的同时可能腿部质量不好，那么与其配种的公马就要有完美的腿部。如果有证据表明公马的后代也会有很好的腿部质量则更好，腿部质量比强壮的奔跑更重要，因为母马会把步态遗传给后代。另一匹母马可能有完美的腿部但需要更强壮的奔跑，那么与其配种的公马就应该有很好的奔跑能力，对腿部质量的要求就不高。至少，理念上是这样。育种者为每个雌性选择特定的配偶，使后代具有最佳的质量。对育种组织的实用建议是首先选择亲本，因为这决定了遗传进展，然后制定补偿配种方案作为咨询服务内容。

然而，尽管这些听起来非常合乎逻辑，但也不能保证一定会成功！我们很清楚，通过互补选配，育种者们会有不同的育种目标。一个母畜的缺点可能是另一个母畜的优点。显然，在一个种群中，所有配种决策的加性效应不太可能朝着某个特定的方向。换句话说，配种决策会带来额外的遗传进展。在个体层面上，还有许多因素可能会影响配种决策的预期结果。

（1）孟德尔抽样。即使能非常精准地知道亲本的 EBV，孟德尔抽样也会引入机会因素。

（2）一因多效性（一个基因影响多个性状）和上位效应（基因-基因间的相互作用）。某个表型，如马的步态质量，可能受一个基因与另一个基因的相互作用的影响。如果后代获得的是这些基因的不利等位基因，那么后代的步态将不会得到改善。

（3）选择决策依据信息的准确性如何？例如，赛马冠军是遗传还是训练造就的？在没有准确 EBV 的情况下，我们尤其应该问问自己这些问题。

因此：

补偿性选配（Compensatory mating）是指为雌性个体寻找最佳配种对象以弥补其不足。

补偿性选配可能对个体配种结果有影响，但对种群水平没有影响。

10.3 长期的遗传贡献

为什么动物有共同的祖先？因为它们的共同祖先显然很受欢迎，有很多后代，于是可能经过几代之后就繁衍出了近交双亲。一个育种动物在过去越受欢迎，就越容易成为潜在近交双亲的共同祖先。拥有共同祖先的动物越多，任意两个动物之间交配产生近交后代的可能性越大。换句话说，某一个动物对种群的长期遗传贡献与种群的近交速率之间存在着某种联系。长期的遗传贡献是衡量种群中动物之间因共同祖先而产生亲缘关系的水平的一种指标。为了阐明这个概念，假设一个公畜因为赢得了一场重要的比赛而变得非常有名，于是许多育种者都选它和自己的母畜配种，于是在下一代中它就有充分的理由成为冠军公畜，因为它的许多儿子表现得比平均水平好（得多），所以它的儿子们也常被用于繁殖。

于是，在下一代，这些儿子们的一些儿子表现得又比平均水平好很多，儿子的儿子再次被用来繁殖。可以想象，几代之后，种群中会有很大一部分动物将共有第一个冠军公畜祖先。如果这些动物之间进行交配，那么对于这个冠军祖先而言，它们就是近交的。

> **定义**
>
> 长期的遗传贡献（Long term genetic contribution）是衡量群体中由于共同祖先而产生亲缘关系的一种指标。
>
> 动物对种群的长期遗传贡献与种群的近交速率之间存在着一定的关系。

如果我们分析自己和邻居的家谱就会发现，当家谱追溯得足够久远时，我们和我们的邻居也有共同的祖先。最终，每个人彼此之间都是相关的，彼此间亲缘关系的大小取决于共同祖先繁衍的后代数量，以及每个人距离共同祖先的世代数量。共同祖先的后代越多，通往共同祖先的"路径"就越多，我们与共同祖先共享的基因比例就越大，同样的原理也适用于动物育种。一般来说，由于育种群相对较小且通常不从种群外引入新的育种群，所以从共同祖先那里获得相同基因的过程要快很多。因此，经过几代之后，几乎所有的动物都与那个共同的祖先有了血缘关系。再经过几代，共同祖先的贡献将不再改变，几乎所有的动物都有相同比例的共同祖先基因。

10.3.1　遗传贡献的例子

在图 10-1 中，遗传贡献的概念得到了说明。图中展示了 2 个公畜在 6 代间的遗传贡献，通过方框中的颜色比例来表示。每个公畜与 10 个母畜配种，每个母畜产生 10 个后代。

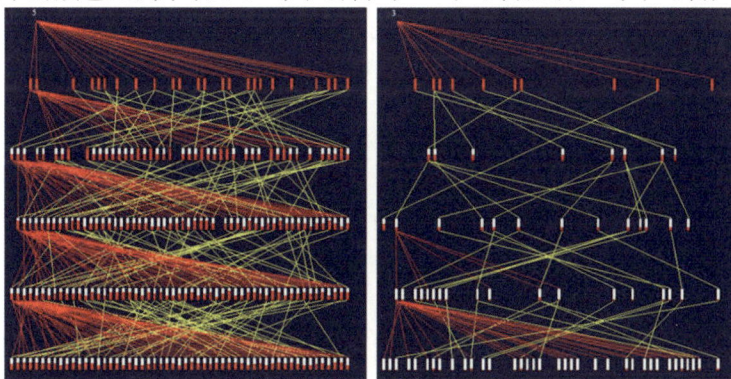

图 10-1　同一群体中 2 个公畜在 6 代间的遗传贡献。公畜以红色表示，母畜以黄色表示。最初，群体内 5 个公畜分别与 10 个母畜配种，每个母畜分别产生 10 个后代。左图展示了其中 1 个遗传优越且受欢迎的公畜在群体内的贡献。在第 6 代中，所有动物的基因中都有相当一部分来自这个公畜。右图展示了一个不太受欢迎的公畜的贡献，它的两个孩子没有任何后代。在第 6 代中，它的遗传贡献很小（图片是使用 Brian Kinghorm 的免费软件 GENUP 制作的）

动物育种和遗传学

因此每个世代共有 100 个后代，其中 50 个是公畜。在这 50 个公畜中，只有 5 个被选中进行繁殖。选择不考虑父母亲本，所以好的公畜会有更多的后代用于繁殖，不好的公畜则没有。祖先公畜对后代的贡献通过方框中颜色的比例来表示。左图中的祖先公畜非常优秀，它的后代很受欢迎，有两个儿子被选中并广泛用于繁殖。另外，它们的儿子和孙子也很受欢迎。因此，祖先公畜在第 6 代中的贡献比例很大。右图中的祖先公畜不太受欢迎，它的儿子没有被选中进行繁殖。在这个家族中，只有第 4 代和第 5 代中才有公畜被选中进行繁殖。因此，祖先公畜在第 6 代的遗传贡献非常小。请注意，一旦祖先公畜的遗传贡献在群体中稳定下来，就无法改变其在种群中的贡献大小了。

10.3.2　遗传贡献和近交的关系

当前决定的公母畜间的配种强度会对后代产生重大影响。某个动物的贡献一旦在种群中扩散开，就无法改变。通过考虑每个繁殖动物的遗传贡献来预测近交速率时，是一种准确预测近交速率的方法，但前提是要考虑种群奠基者的贡献。如果只考虑新进动物的贡献，那么那些奠基者之间的亲缘关系就被忽略了，在这种情况下算出的近交速率比真实值低。

动物的遗传贡献对近交速率影响的公式如下：

$$\Delta F = \frac{1}{4} \sum c^2$$

其中，ΔF 是所考虑动物的遗传贡献导致的近交速率，c^2 是指动物对下一代动物的遗传贡献的平方。确定现在的配种强度，就可以预测未来的近交速率！

因此：

配种强度（Mating intensity）可以对后代的近交速率产生不可逆的影响。遗传上优良的动物的遗传贡献将在种群中大量传播，并在每个动物体内保持固定的比例。

10.3.3　一只受欢迎的公羊对近交的影响的例子

在图 10 - 2 中，有一个更具有应用性（尽管相当极端）的例子，展示了由 5 只繁殖公羊建立的一个小型绵羊种群。其中有些公羊比其他公羊更受欢迎，有一只特别的公羊（2 号公羊）非常受育种者欢迎，是一名冠军羊，群体中 45% 的配种用的都是它，而其他公羊的配种比例则为 10%～20%。显然，这只受欢迎的公羊成为冠军很合理，它的后代也很受欢迎。在 6 代内，种群中的个体平均共有来自这只公羊 60% 的基因，这一比例在第 25 代时缓慢增加到了 66%，之后保持不变（平均而言，第 25 代的所有后代个体与这只公羊共享了 66% 的基因）。此时近交速率为 1/4×10.1×0.1+0.66×0.66+0.09×0.09+0.07×0.07+0.08×0.087=0.116。到第 35 代的时候，可能所有的个体都和 2 号公羊有了亲缘关系。请注意，此时其他 4 只始祖公羊的贡献同样也存在。同样，所有的个体也都与这些公羊有一些相同的基因。显然，这些公羊都有一些遗传优势传给后代，再经过选择用于繁殖等。然而，2 号公羊的贡献远远大于其他公羊，表明 2 号公羊对近交速率的贡献也较大，其隐性等位基因纯合的风险也更大。

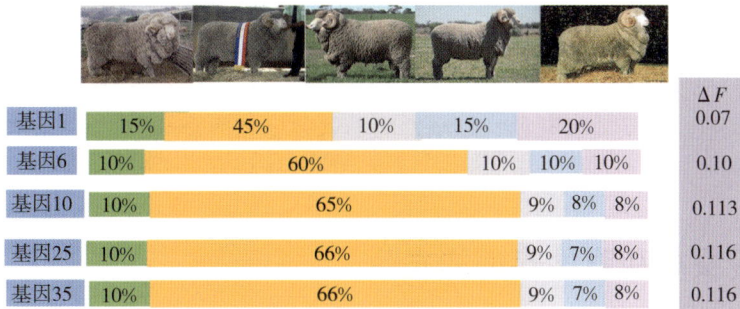

						ΔF
基因1	15%	45%	10%	15%	20%	0.07
基因6	10%	60%	10%	10%	10%	0.10
基因10	10%	65%	9%	8%	8%	0.113
基因25	10%	66%	9%	7%	8%	0.116
基因35	10%	66%	9%	7%	8%	0.116

图 10-2 始祖公羊在多个世代间的遗传贡献及这些贡献对近交速率的影响（这里的近交速率只考虑了这些公羊的遗传贡献，其他个体的贡献没有考虑）

重要的信息：密集使用受欢迎的个体可能导致短期收益和长期成本间产生利益冲突。短期内，每个人都想使用优秀公畜，因为每个人都想创造最大的机会培育新的冠军，优秀公畜的所有者也会有可观的收入。然而，从长远来看，这可能会对种群及个体育种者产生负面影响。因为如果受欢迎公畜的后代表现很差，它的儿子们被选中进行繁殖的机会就会很小，受欢迎公畜的贡献就会很小或消失。

因此：

密集使用遗传优良动物的短期收益与长期成本之间存在利益冲突。

10.4 育种的局限性

一些育种协会针对种公畜的配种强度制定了相关规定。规定的目的是控制公畜对后代的遗传贡献，从而控制近交速率。为了实现这一点，他们努力让每一个被选中的公畜做出相同的贡献。一般而言，育种者不太喜欢这些配种限制，因为他们主要关注短期结果，如他们想要利用优秀的公畜进行繁殖，或者通过出售配种机会来赚钱。这些个人利益通常超过了整个群体的长期利益。人们往往认为不影响他们利益的规定才是好的。为什么他们要自我限制，但别的动物可以与优秀的公畜配种？为什么不允许他们通过出售配种机会来赚回为获得优秀公畜付出的成本？我们可以想象，对于公畜是私有的物种（如犬、马或羊）来说，这尤其是个问题。在奶牛育种方面，优秀的公牛归少量人工授精服务站所有，他们也可以销售其他公牛的精液。

示例：弗里斯兰马的育种限制和近交速率

弗里斯兰马是一个数量相对较大的荷兰马品种。但它的群体规模并不是一直都很大。最初它在弗里斯兰地区被作为农用马使用，平时主要用于拉农具，周日则拉着马车去教堂。20 世纪 50 年代，拖拉机越来越受欢迎，弗里斯兰马和其他农用马一样失业了，导致群体数量大幅减少。20 世纪 80 年代，弗里斯兰马再次流行起来，成为休闲运动用马。随着受欢迎程度的不断提高和人工授精技术的应用，通过少量始祖公马建立的种群的规模快速增大，最终到 2000 年的时候，群体的近交速率增加到了 2%。那时出现了近交衰退迹象，如精液质量和母马生育能力下降。遗传性疾病如隐睾、胎盘潴留、侏儒症和脑积水的发生率也有所升高。育种组织决定采取行动，并于 2003 年开始规定每匹种公马最多繁殖 6 个季节，每年最多繁殖 180 次。从 9 岁开始，限制解除。这些繁殖限制会影响种马所有者的经济收益，但对整个种群的未来有积极作用。到 2013 年，群体的近交速率降低到了 0.5%。

10.5　遗传贡献和隐性疾病的发生

我们可以问问自己为什么过度使用一个优良动物会有风险？答案是它对近交速率的影响会越来越大。近交速率是遗传疾病发生率增加的一个指标。据估计，每个个体携带约 25 种隐性疾病，其中大多数尚不为人所知，且与物种无关。遗传贡献与近交速率直接相关，贡献大意味着增加了这些遗传疾病将来在纯合子动物发生的风险。

为了深入了解遗传疾病如何在群体中传播，我们假设"出现"了一种新疾病——具有不利效应的隐性突变出现了。这种新突变可能需要相当长的时间才能被察觉。因为起初它只存在于少数后代（大约 50%）中，这些后代成了携带者。在下一代中，这个突变通常仍然只会在携带者中出现，因为育种者通常会禁止兄弟姐妹间配种。因此，只有当允许世代间（父母与子女或叔叔与侄女）可以交配的情况下，纯合子动物才能在下一代中产生。即使这样，纯合子隐性突变的数量也会很少。因此，根据缺陷的类型，隐性基因仍然可能被忽视。只有在突变发生后的第 4 代，才会因非亲缘关系较近个体间的交配而产生纯合子动物。疾病纯合子出现的第一代能否被识别取决于疾病的严重程度。如果这种疾病不会导致非常严重的问题，那么在很长一段时间内它可能都会被忽视。当我们意识到它的时候，不利等位基因的频率在群体中可能已经相当高了。

图 10 - 3 的示例旨在说明及时发现具有不利效应的突变的概率。图中是关于后代数量（每个动物将有 10 个后代）和避免近交（不存在兄弟姐妹或亲子间交配）的假设。基于这些假设，一个新的突变大约需要 4 个新的世代才有可能被发现。只有当突变的结果非常严重且不能归因于其他因素时才会被注意到。例如，突变如果不利于胚胎存活，就需要较长时间才能意识到生殖力的降低是因为胚胎死亡而不是精子质量差等其他原因。在图 10 - 3 中，某个时刻一个动物出现了 1 个不利的隐性突变，动物的部分后代将是携带者。携带者的后代一半遗传突变型等位基因，一半遗传野生型等位基因。子 1 代中 5 个是携带者，5 个是野生型。种群中所有其他个体都是野生型且都可以用于配种（同胞个体间不允许配种）以产生子 2 代，每个动物也有 10 个后代。于是子 2 代中会出现 25 个携带者和 75 个野生型。子 2 代仍然只能与野生型交配，于是产生了 125 个携带者和 825 个野生型的子 3 代。此时，携带者之间就可以配种了，但同胞之间仍然不允许。因此，125 个携带者中只有 100 个可以配种，如果所有这些个体之间进行配种（携带者之间），那么在 10000 个后代中将会出现 25 个患病个体！因此，考虑到所有的假设，这是相当现实的。尽管假设每个

动物有 10 个后代可能有点多，但等到 4 代以后，最多也只有 0.25％的患病个体。如果遗传性疾病的影响不是非常极端或不寻常，那么需要很多世代才能意识到患病动物的数量在增加，才会去想这可能是遗传的吗？

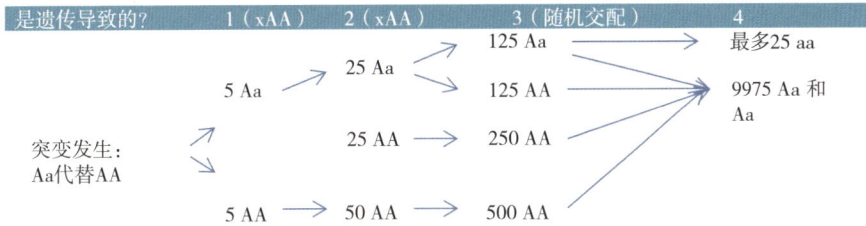

图 10-3　不利效应突变可能被忽视多长时间的计算实例。重要假设：每个动物每代有 10 个后代，在同一代内随机交配，同胞（全同胞和半同胞）间不允许交配。请注意，群体的实际规模可能比这个数字大，因为这只是一个动物的后代

类似图 10-3 示例的真实事件曾发生过，如一个著名（或者说是臭名昭著）的例子是荷斯坦奶牛的遗传性疾病——BLAD（牛白细胞黏附缺陷）和 CVM（脊椎畸形综合征）。一头公牛的巨大遗传贡献导致了这两种遗传性疾病在荷斯坦奶牛群体中的广泛传播。

10.5.1　大量使用一头公畜对遗传缺陷频率的影响

20 世纪 80 年代，有一头名叫卡林·艾姆·艾芬·豪贝尔（昵称：贝尔）的公牛（图 10-4）很受欢迎，因为它女儿们的产奶量很高，所以 20 年来用它作为父系进行了大量配种，它的儿子们也被广泛使用。如今，大多数荷斯坦奶牛都与贝尔是近亲，通常还不止通过一个选择路径。

图 10-4　贝尔

不幸的是，经过许多世代以后，人们发现贝尔似乎是两种遗传性疾病（BLAD 和 CVM）的携带者。由于它被大量用作父系，因此这种疾病蔓延到了整个荷斯坦-弗里斯兰牛群体中。BLAD 导致免疫缺陷、反复感染，疾病可以追溯到贝尔的祖父奥斯伯恩代尔·伊万霍。CVM 常常（88％）导致母牛受精后 260d 内流产，只有 4％～5％的胎儿能够活着出生，疾病可以追溯到贝尔的父亲宾夕法尼亚州艾芬豪之星。直到 1999 年，人们才发

现 CVM。

因此，尽管 BLAD 和 CVM 的突变都不源自贝尔，而可能源自它的父亲和祖父，但贝尔的巨大遗传贡献导致了这两种疾病在荷斯坦-弗里斯兰奶牛群体中的广泛传播。这两种疾病都没有严重到在低频率时就让人们意识到这是某种遗传性疾病。因此，在被意识到是遗传性疾病前这两种疾病被广泛传播。

因此：

繁殖动物的密集使用加快了隐性遗传性疾病在群体中的传播速度。

在被发现是遗传性疾病之前，这种疾病已经广泛传播。

10.6　亲子鉴定

许多育种协会为了提高系谱记录的质量，在后代出生时通过 DNA 检测确认配种情况。系谱记录质量差的原因有很多：

（1）在一些群体（如鱼类）的交配系统中，多个雄性和雌性饲养在一起。因此，只有在检测 DNA 后才能得知后代的确切系谱。

（2）当许多后代（大约）在同一天出生时，给动物做标记可能会出错，一个动物的系谱可能会登记在另一个动物身上。

（3）在大型牧场系统（如在新西兰）的奶牛养殖中，在 6 周内会用不同的公牛精液对母牛进行人工授精，每天在无监管牧场收集初生的牛犊时，往往很难确定哪头小牛是哪头母牛的后代。在这种情况下亲本双方都不确定，需要根据亲本 DNA 信息重建亲子关系。

（4）配种失败时，雌性需要重新配种，有时会用同 1 头雄性，有时会用 1 头新的雄性。由于精子可能会在雌性体内存活一段时间，因此需要 DNA 检测揭示哪头雄性是父亲。

（5）育种规划开始时，当几乎没有系谱信息可用时，可以通过密集的 DNA 测试（如大量 SNP）确定动物间的亲缘关系。

（6）避免错误的配种，特别是在配种价格高昂的情况下。当配种次数超过了种公畜的配种潜力或者种公畜的生育能力不足时，种公畜的所有者可能会使用替代者。过去特别是 DNA 检测出现以前，在马的育种中确实出现过一些这样的情况。

因此：

为了保持系谱记录的准确性，可以对后代的亲本进行 DNA 检测。

多数情况下，DNA 检测是确认父母身份的唯一方法。

10.7　选择和近交的关键事项

（1）配种是指在选中的种畜中找到合适的亲本（双亲）并产生后代。

（2）配种决策在群体水平上对遗传改良没有影响，但在个体水平上可能有一定的影响。

（3）补偿性配种是指寻找最好的配偶弥补雌性的缺点。

（4）选配应考虑候选种畜间的加性遗传关系，因为这直接反映了后代的预期近交系数。

（5）不均衡的配种强度可能会对后代的近交速率产生不可逆的后果。

（6）在密集使用优良遗传动物方面，存在短期收益（生产者和育种者的利益）和长期成本（近交相关的问题）之间的利益冲突。

（7）DNA 检测可用来确认后代的亲子关系。

11 杂交育种

罗伯特·贝克威尔（见第1章）不仅是育种实践的创始人，还是首个标准化品种的创始人。1850年以前，人类在农业和其他活动中使用的都是地方种群。这些种群非常适应它们的饲养环境，但是它们的特征，也就是表型的变化很大，而且它们后代的特征也很难预测。贝克威尔通过确定育种标准和育种目标培育了第一个标准化的品种。在地方种群中通过这种方式对一些特征进行选择，从而产生了（标准化）品种。

> **定义**
>
> 品种（Breed）是物种内具有一些可识别的共同外貌、表现、祖先或选育历史的一组可交配的群体。这个概念有许多定义，更多细节请参见11.1。
>
> 杂交（Crossbreeding）是指不同品种或品系动物间的交配。

作为精心设计的育种规划的一部分，不同品种动物之间的杂交是一项系统性交配。商业肉牛、家禽和猪在育种中进行杂交有什么好处呢？本章我们首先解释杂交育种的理论背景及不同的杂交系统，下一章我们再概述育种规划的结构。在不同的品种或品系中，杂交发生在选择好了亲本(种畜)之后（如下图中的第5阶段），是育种规划结构的一部分（第6阶段）。

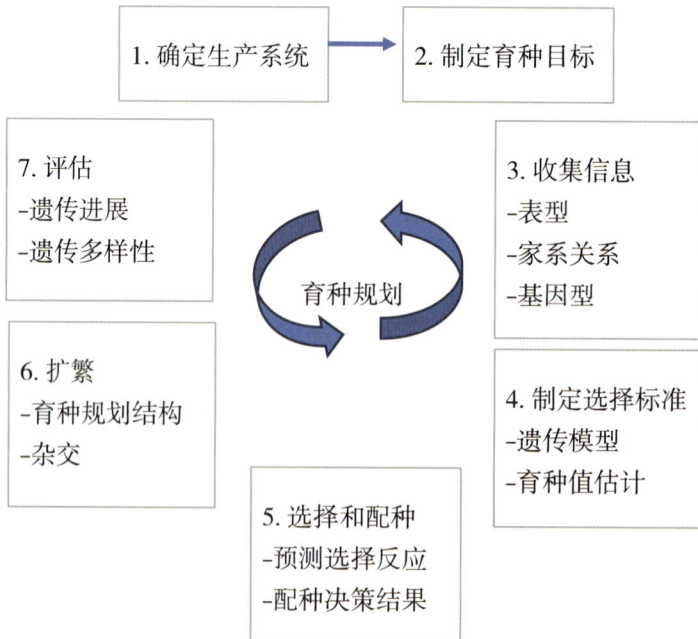

马和犬的许多标准化品种，是不同品种（地方品种或标准化品种）间杂交和对杂交个体进行育种标准特征强烈选择的结果。于是，对特定特征的选择，导致家养物种中出现了大量的品种。品种的特性各不相同。因此，为了特定的生产目标，可能需要结合不同品种的特性。鉴于此，有时品种间会杂交。例如，在热带国家，将一种具有高抗蜱虫能力的当地牛与一种高产的外来牛杂交，以获得具有中等产肉量和抗蜱虫能力的牛。

本章我们将解释以下主题：

- 杂种优势的遗传背景；
- 杂交育种的动机；
- 不同的杂交育种体系及其适用性。

11.1 品种的定义

什么是品种？ 这是个简单但难以回答的问题，以下是各种团体发布的品种的定义，每一种定义都考虑了发布团体的利益：

ⅰ．"通过选择和育种，彼此间变得相似并将这些特征均匀地传给后代的动物"。（http：//www. ansi. okstate. edu/breeds/，2006 年 9 月 28 日）

ⅱ．"品种是 CFA 管理机构同意承认的一群家猫（猫科亚种）。本品种必须有区别于其他品种的特征"。（CFA，猫爱好者协会，http：//www. cfa. org/breeds/breed-definition. html，2006 年 9 月 28 日）

ⅲ．人种或各种人或其他动物（或植物）通过遗传延续其特殊或独有的特征（http：//www. biology-online. org/dictionary/Breeds，2006 年 9 月 28 日）

ⅳ．"种族，种类；血缘；延续特定遗传特性的后代品系"。（1959 年出版的《牛津英语词典》）

ⅴ．"具有可定义和可识别的外部特征，使其能够通过视觉评价与同一物种内其他相似的群体区分开的家畜群体亚群，或是基于地理和/或文化与表型上独立分离的群体"。（联合国粮食及农业组织世界观察名单，第三版）

ⅵ．"品种是一个家畜群体，由育种者的共识所定义，……这个术语出自家畜育种者，可以说是为了育种者创造出来的。没人有权将这个词给予科学定义，并当育种者偏离既定定义时批评他们。这是他们的用词，育种者的普遍用法是我们必须接受的正确定义"。（《群体遗传学》，1994 年出版，主编为 Lush）

ⅶ．"只要有足够多的人说它是一个品种，它就是一个品种"。（K·哈蒙德）

在定义（ⅴ）中，联合国粮食及农业组织认为品种通常是一个文化术语，并应该受到承认。这一观点在定义（ⅵ）中得到了清晰的表述，在定义（ⅶ）中得到了简明的总结。虽然这一点是公认的，但是通过遗传自相同的血统获得相似性的概念是对品种定义的有益补充。

来源：第三章 "什么是遗传多样性？"，《农场动物遗传资源的利用和保护》，约翰·威廉姆斯和米格尔·托罗因主编，2007 年，编辑 Kor Oldenbroek，瓦赫宁根学术出版社。

11. 2　杂种优势

　　杂交不但适用于不同的品种，而且适用于不同的选育系（品系），在猪和家禽的商业育种中得到了充分应用。品系通过纯种选育或品种间的杂交而成。品系形成后，品系内的动物只针对少量育种目标性状进行选育，几个世代以后，它们在这些特定育种目标性状上的表现会更加出色。品系间杂交后，杂种不仅可以结合每个品系的特性，而且由于杂种优势，杂种在某些特性的表现还会高于亲本品种的平均表现。

> **定义**
>
> 　　杂种优势（Heterosis）或杂交优势（Hybrid vigour）（植物育种中的常用术语）是指杂种在一个或多个性状上的表现优于双亲平均表现的程度。

11. 3　杂种优势的遗传背景

　　我们从一个简单的例子开始：假设（现实中不存在）一个基因决定鸡的年产蛋量，该基因有两个等位基因 A 和 a。

　　品种 1 是 A 等位基因的纯合子（已经固定）：所有个体的基因型都是 AA。

　　品种 2 是 a 等位基因的纯合子（已经固定）：所有个体的基因型都是 aa。

　　品种 1 每年产 96 枚蛋，品种 2 每年产 94 枚蛋。品种 1 的公鸡与品种 2 的母鸡杂交。

　　它们后代的基因型为 Aa，预计每年能产 95 枚蛋，这是双亲品种的平均水平。但实际上，它们后代每年能产 100 枚蛋，这就是杂种优势效应：杂种（Aa）的表现优于两个亲本（AA 和 aa）的平均表现。每年 5 枚蛋的杂种优势，用百分率表示为 $5/95=5.3\%$。杂种优势基于显性效应的现象：基因型 Aa 的表型值高于基因型 AA 和 aa 的平均值。

> **定义**
>
> 　　显性效应（Dominance）存在时等位基因是非加性的。当一个位点表现为显性时，该位点杂合子的基因型值的不是两个纯合子的平均值。显性的极端类型是超显性。超显性杂合子的基因型值比任何亲本的基因型值都极端。

　　下面以另一个例子（图 11-1）说明单个位点的显性效应导致的杂种优势。纯合子的基因型值分别为 BB=125，bb=115。B 的加性效应比 b 多 $(125-115)/2=5$。杂合子 Bb 的基因型值为 122，Bb 的显性效应为 122−120（120 ＝BB 和 bb 的平均基因型值）＝2。

基因型值

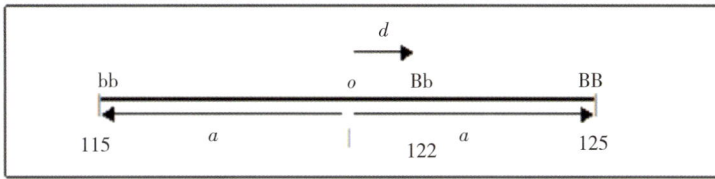

原始值 $o=（bb+BB）/2=（115+125）/2=120$
加性效应 $a=（BB-bb）/2=（125-115）/2=5$
显性效应 $d=Bb-o=122-120=2$

图 11-1   杂种优势示意

11.4   杂种优势效应

    杂种优势具有积极作用，因为许多基因在亲本中是纯合子而在杂交品种中是杂合子。具有不利效应的等位基因通常是隐性的，因此杂交品种就排除了不利的隐性等位基因的表现。两个品种杂交，某一特定性状的预期杂种优势的大小取决于涉及的基因座数量，以及两个品种在这些基因座相关等位基因频率的差异。

    图 11-2 以一个基因的两个等位基因决定一个性状为例进行说明。基因频率差异越大，杂种优势越大。将两个品系针对多基因性状杂交后，杂种优势量由全部基因座的等位基因频率的平均差异和每个座位的显性效应决定。当等位基因频率的差异为－1时（杂交亲本在全部基因座上都是不同等位基因的纯合子），杂种优势等于1（100％）。

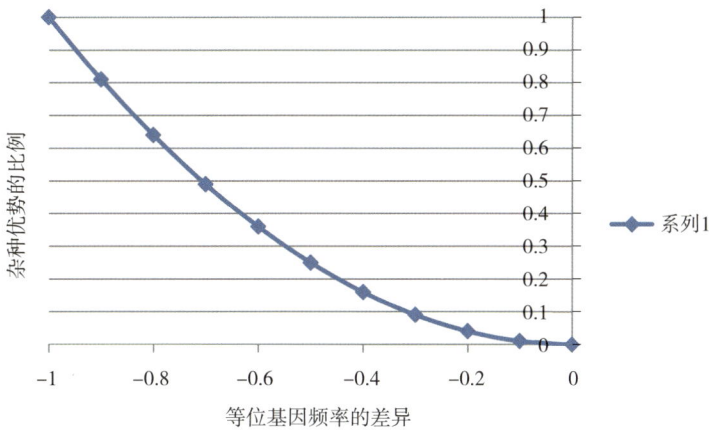

图 11-2   杂种优势效应

11.5　杂交育种的动机

杂种优势是进行品种或品系间杂交育种的首要原因。这些显性效应在所有物种和跨物种中都能观察到，并能得出这样的结论：低遗传力性状的杂种优势估计值较高，高遗传力性状的杂种优势估计值较低。杂种优势通常表现在繁殖和健康性能上。这些性状的遗传力较低，很难通过选择育种得到提高。因此，改良繁殖性状和健康性状往往是开展杂交育种的一个重要动机。在新西兰，泽西牛和荷斯坦牛间的杂交有着悠久的历史。从 2000 年开始，在北美和西欧，奶牛杂交育种的应用越来越广泛。杂交用于改良高产奶牛的生育能力和健康状况。这些性状在选育计划中很难改进。例如，产奶量是奶牛的一个重要育种目标性状。丹麦的研究表明（表 11-1），可以利用不同奶牛品种间的杂交优势，改善与奶牛的使用寿命和总利润密切相关的特性。

表 11-1　杂种优势估计（肉牛）

性状	杂种优势
产肉量	3%
繁殖力	10%
易产犊性（杂种肉牛自身）	10%～15%
死产（杂种肉牛自身）	5%～10%
易产犊性（母本的）	10%～15%
死产（母本的）	5%～10%
寿命	10%～15%
总利润	≥10%

参考资料：《奶牛杂交育种：丹麦模式》，索伦森·M. K. 等，2008 年，*Journal of Dairy Science*，第 91 卷第 11 期第 4116-4128 页。

杂交育种的第二个原因是发挥品种或品系的互补性：两个品种或品系的特性相结合更有利。例如，高产仔数品种的母猪与快速生长到屠宰体重品种的公猪间的杂交。杂交增加了窝产仔数，也提高了育肥期的生长速度，比有相同产仔数和中等生长速度的后代的母猪品种以及有中等产仔数和高生长速度的后代的母猪品种更能盈利。

第三个原因是杂交品种可以综合单一品种内不易同时改良的性状，如猪的瘦肉率和肉质。这些性状在品种内或品系内呈负相关：瘦肉率越高，肉质得分越低；瘦肉率越低，肉质得分越高。影响瘦肉率的基因也影响肉质但效应相反。

杂交育种的最后一个原因是保护商业公司选育品系获得的遗传进展。商业公司在饲养动物、记录性状等方面投入了大量的资金。为了避免竞争对手使用他们的纯种亲本，他们只出售杂种个体。销售杂种个体可以一代又一代的为育种公司盈利。

11.6 不同的杂交育种体系及其适用性

第一，当我们使用"品种"这个词的时候，你也可以理解为品系（"选育系"）。在猪和家禽的商业育种中，选育专门化品系比在品种内选择更普遍。第二，在所有的杂交育种体系中，动物进行杂交之前需要先经过相关性状的选择，杂交育种不能代替选择。第三，杂交育种规划要求所有参与者严格执行。因此，采用杂交育种有多种原因，并且只有严格执行选定的杂交育种体系才能实现。

在这些杂交育种体系（在下面各节中进行概述）中，杂种优势的百分比各不相同，如表 11‐2 所示。

表 11‐2 不同杂交类型中 S 品种和 T 品种的杂种优势

杂交类型	杂种优势（%）
F_1 (S×T)	100
F_2 (S×T) × (S×T)	50
回交 S× (S×T) 或 T× (S×T)	50
轮回杂交第二代 S× (T× (S×T))	75
轮回杂交第三代 T× (S× (T× (S×T)))	62.5
多世代轮回杂交	66.6
合成系第二代（＝F_2）(S×T) × (S×T)	50
合成系第三代（＝F_3）(S×T) × (S×T) × (S×T)	50
两品种多世代合成系	50
三品种多世代合成系	66.6

纯种杂交体系中，F_1 的杂种优势是 100%。F_1 群体中，F_1 和其中一个亲本品种等位基因频率的差异，是两个亲本品种之间等位基因频率差异的一半。这一事实表明，当 F_1 与其中一个亲本品种回交时，F_2 的杂种优势是二元杂交的 50%。杂种优势的百分比取决于母本群和父本群等位基因频率的差异。如前所述，杂种优势在改善健康和生殖这类低遗传力性状方面最显著、最有价值。

11.6.1 二元杂交（纯种杂交）

二元杂交是两个品种之间的杂交，后代用于生产，不用于育种，用符号 F_1 表示杂种。后代可以发挥杂种优势的全部效应。这种杂交体系需要维持纯种，且杂交和纯繁都要有育种规划，被广泛应用于奶牛和绵羊育种。不被用于纯繁更新的雌性，被用来与生长速度快和屠宰质量高的品种进行杂交。通过这种方式，不需要用于群体更新的后代获得了比纯种后代高得多的价值。

A×B

↓

F_1（AB＝50％ A，50％ B）

11.6.2　三元杂交

三元杂交是二元杂交母畜（F_1）与第三个品种的纯种公畜杂交。它们的后代，也就是杂交的第二代，用符号 F_2 表示。这种体系可以利用杂交母畜（F_1）的全部杂种优势效应。三元杂交的一个特例是杂交的母畜与其中一个亲本品种的父本杂交，被称为回交。过去在荷兰，长白猪和荷兰大白猪的三元杂交非常受欢迎。长白母猪是优秀的母本。荷兰大白猪的生长和胴体性状表现优异，但母性性状表现较差。长白猪和荷兰大白猪的第一次杂交，产生了高产仔数的优良母本（基于长白猪的特性和杂种优势），优良母本继续和荷兰大白猪的父本回交产生了大量生长性能和胴体性能优良的仔猪。

A×B

↓

F_1（AB）×C

↓

F_2（ABC＝25％ A，25％ B，50％ C）

11.6.3　四元杂交

四元杂交是指二元杂交母畜（F_1）与第三和第四个品种间杂交产生的公畜进行杂交。它们的后代，也就是杂交的第二代，用符号 F_2 表示。这种体系可以同时利用杂交母本（F_1）和杂交父本（F_1）的全部杂种优势效应。四元杂交广泛应用于家禽的商业育种规划中。蛋鸡和肉鸡生产采用四元杂交的原因主要有 3 点：发挥杂种优势，发挥品种和杂交组合的互补性，在不同品种中可以选育单一品种内难以同时改良的性状。在家禽育种规划中有很多（15～20 种）重要的性状，其中一些性状存在负相关和/或遗传力较低。先针对这些性状选择出专门化的品系，再通过品系之间的杂交综合品系的性能，可以充分发挥杂种优势。

A×B　　　　　　　　　C×D

↓　　　　　　　　　　↓

F_1（AB）　　　×　　　F_1（CD）

↓

F_2（ABCD＝25％ A，25％ B，25％ C，25％ D）

11.6.4　二元轮回杂交（交叉杂交）

二元轮回杂交的起点类似于回交。A 品种母畜与 B 品种公畜杂交。母畜后代（F_1）与 B 品种公畜杂交（回交）。母畜后代（F_2）与 A 品种公畜杂交。母畜后代（F_3）与 B 品种公畜杂交，等等。在每一代中，A品种和B品种的公畜交替使用。所有世代的杂交母畜都可以用来生产更新群体。在这样的杂交体系中，仍可以利用一部分杂种优势效应（纯种杂交的2/3），需要通过育种规划维持纯种。但这部分可以由其他育种者来完成。图11-3展示了牛群的二元轮回杂交。

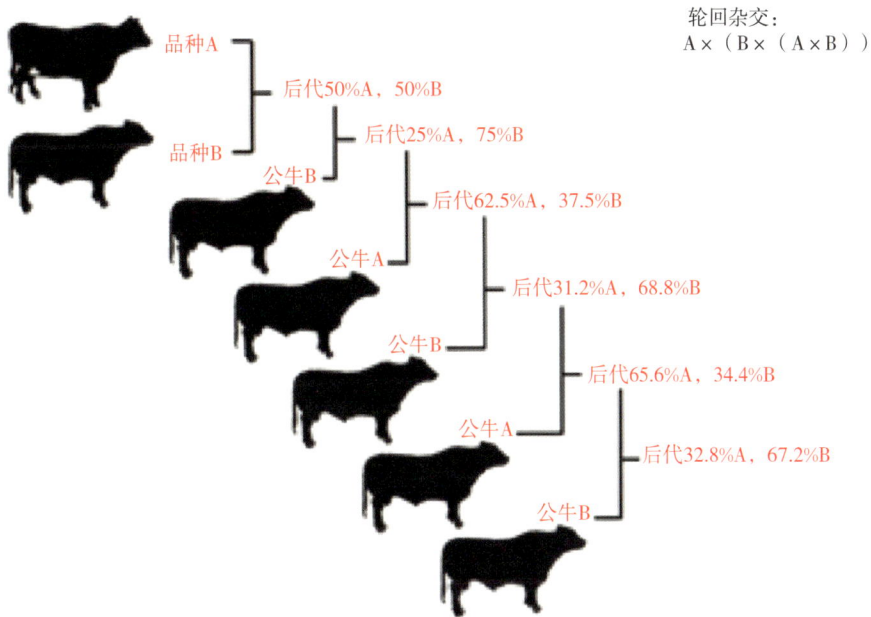

轮回杂交：
A×（B×（A×B））

品种A
品种B
后代50%A，50%B
后代25%A，75%B
公牛B
后代62.5%A，37.5%B
公牛A
后代31.2%A，68.8%B
公牛B
后代65.6%A，34.4%B
公牛A
后代32.8%A，67.2%B
公牛B

轮回杂交从50/50%开始，最后稳定在65/35%或35/65%，从最后使用的种公畜获得65%

图11-3　牛群的二元轮回杂交

11.6.5　三元轮回杂交（交叉杂交）

在三元轮回杂交中，A品种母畜与B品种公畜杂交。它们的母畜后代（F_1：AB）与C品种公畜杂交。母畜杂交后代（F_2：25％A、25％B和50％C）再与A品种公畜杂交。它们的母畜后代（F_3：62.5％A、12.5％B和25％C）再与B品种公畜杂交，等等。在每一代中，品种A、B和C的公畜交替使用，所有世代的杂交母畜都可以用来生产更新群体。在这样的杂交组合中，仍可以利用很大一部分（6/7）的杂种优势效应。

11.6.6　渐渗（基因渗入）

在这种杂交体系中，B品种公畜与A品种母畜杂交，用来渗入品种B中频率很高但A品种中缺失或频率较低的性状。在第一次杂交的母畜后代（F_1：AB）中，根据A品种所需的性状进行选择，再与A品种公畜交配，下一代继续重复进行。B品种只使用一次，在杂种中通过选择渗入品种B的有利性状。有利性状遗传标记的出现大大提高了该方法的适用性。基因渗入的一个例子是将Booroola等位基因导入荷兰特克塞尔绵羊。Booroola等位基因可以增加产仔数，存在于美利奴羊中。将特克塞尔母羊与美利奴公羊杂交后，

动物育种和遗传学

在 F_1 代中选择 Booroola 等位基因携带者，使纯种特克塞尔母羊的产羔数比没有携带有利等位基因的母羊多一倍。

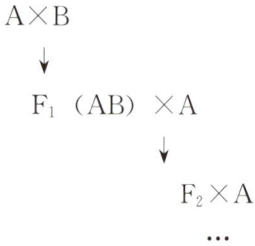

A×B
↓
F_1（AB）×A
↓
F_2×A
···

11.6.7　级进杂交

这种杂交体系中使用的方法旨在快速将动物群体从一个品种转变为另一个品种。新的理想品种的公畜与上一代的母畜不断回交。经过三代之后，F_3 代动物已经包含了理想品种 87.5％的基因。经过四五代之后，种群将与理想亲本品种完全相似。

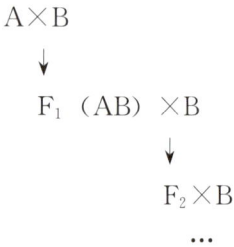

A×B
↓
F_1（AB）×B
↓
F_2×B
···

20 世纪 70 年代，西欧的育种者将当地的黑白花奶牛与来自北美的荷斯坦-弗里斯兰牛进行了级进杂交，形成了现在的欧洲荷斯坦-弗里斯兰牛品种。

11.6.8　合成品种培育

这种杂交开始于两个品种杂交，F_1 代的雄性和雌性自交。F_2、F_3 和 F_4 代等继续自交。通过这种方式，一个新的（培育）品种被创造出来了，它含有两个始祖品种等量（50％）的等位基因。根据这一原则也可以用 3～4 个品种培育新品种。这种新品种培育的起始就是 F_2 代雄性和雌性间的自交。荷兰弗莱福兰绵羊是新品种培育的一个例子。它开始于芬兰的当地绵羊和法兰西岛绵羊的杂交。芬兰当地的绵羊是产羔数较高的品种，而法兰西岛绵羊是非季节性发情的品种。两者杂交的 F_1 代母羊产羔数多，两年内可以产三只羔羊。通过 F_1 代自交产生 F_2 代，F_2 代自交产生 F_3 代······就创造出了一个非常高产的绵羊品种。

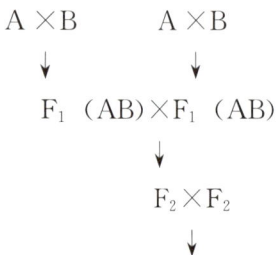

A×B　　　A×B
↓　　　　↓
F_1（AB）×F_1（AB）
↓
F_2×F_2
↓

$$F_3 \times F_3$$

$$\cdots$$

11.7 杂交育种的关键事项

（1）杂交是指不同品种或品系动物之间的交配。

（2）品种是物种内具有一些可识别的共同外貌、表现、祖先或选择历史的一组可交配的群体。

（3）选育系由纯种选育或不同品种杂交而成。品系形成后，对选育系内的动物进行有限数量育种目标的选育。经过几代的选择之后，它们在特定的育种目标性状上表现出色。

（4）品种或品系间杂交产生的杂种不仅组合了各品种或品系的特性，而且在某些特性上，由于杂种优势，杂种的性能还会高于亲本品种或品系的平均性能。

（5）杂种优势或杂交优势，指杂交后代在一个或多个性状上的表现优于两个亲本平均表现的程度。

（6）杂种优势具有有利效应，因为亲本品种的很多纯合基因在杂交品种中是杂合的，而具有不利效应的等位基因通常是隐性的。因此，杂交品种就排除了不利的隐性等位基因的表现。

（7）品种或系间进行杂交的原因：一是杂种优势；二是利用品种或品系的互补性，结合两个品种或品系的特征更有利；三是杂种结合了单一品种中难以同时改进的特性；四是保护商业公司品系的遗传进展。

（8）在所有的杂交体系中，在杂交之前首先要对动物进行相关性状的选择。杂交不能代替选择。杂交育种规划需要所有参与者严格执行。因此，采用杂交育种有许多原因，只有严格执行选定的杂交育种体系才能实现。

12　育种规划结构

育种规划旨在获得群体的遗传进展。在育种规划中，通过收集后备群的信息，估计育种值，对后备群进行选择，结合后备群的配种方案，为育种目标性状建立永久选择反应。因此，遗传进展在育种规划结构的第 5 阶段通过选择获得，在育种规划结构的第 6 阶段进行传播。

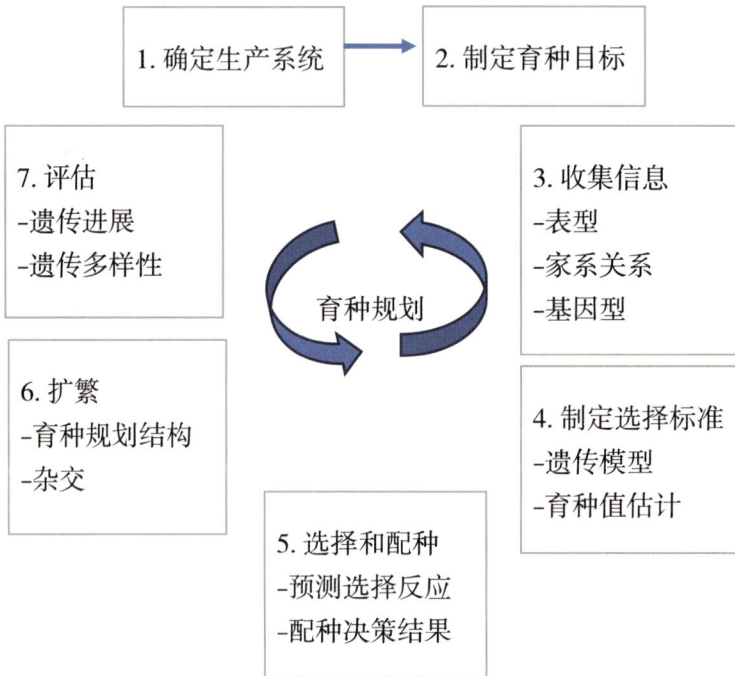

定义

　　育种规划或育种方案（Breeding program）是旨在明确育种目标，生产下一代动物的一种规划。它包括记录选定的性状，估计育种值，选择潜在亲本，以及为选定的亲本制定配种方案［包括适当的（人工）繁殖方法］。

12.1　育种规划中的遗传进展

　　正如我们之前见过的，永久选择反应取决于选择强度、育种值的准确性、遗传变异和世代间隔。前三个因素在选择反应公式的分子上，最后一个因素在分母上。因此较高的选择强度、准确性和遗传变异以及较短的世代间隔可以得出最高的选择反应。选择反应的公式为：

$$SR = i \times r \times \mathrm{var}_g / GI$$

式中，SR ＝选择反应，i ＝选择强度，r ＝准确性，var_g ＝遗传变异，GI ＝世代间隔。

在育种规划中，遗传变异几乎不会受影响，但其他三个参数会受影响，而且它们之间相互关联，特别是选择准确性和世代间隔。例如，如果想要准确性高，就必须等待长时间才能获得选择后备群的所有信息，也就导致世代间隔延长。如果可以接受较低的选择准确性，就可以选择年幼的个体进行育种，从而缩短时代间隔。因此，育种规划可以在选择强度，选择准确性和世代间隔方面进行优化。

如前所述，在一项育种规划中有四种选择路径可以产生选择反应：父系的父系，父系的母系，母系的父系，母系的母系。总的选择反应是这些路径选择反应的和。这四种路径对遗传改良的影响依次递减，这些影响差异反映在了育种规划的结构上。

12. 2 育种规划或多或少受到控制

在一项育种规划中，育种者的坚持、准确性和纪律性至关重要。重要之处在于：对育种目标的坚持，收集表型、基因型和登记系谱的准确性，以及对选择原则的坚持。这些都是应该加以控制的重要人为因素。但是，几乎所有物种候选群的母畜，有时也包括公畜，隶属于个人：农场主或市民。这些动物归他们所有，他们决定这些动物是否繁殖，和哪些动物繁殖。在动物私有的情况下，坚持育种目标，系统、准确地收集信息，选择和配种都非常需要这些动物所有者的支持和帮助。

对于伴侣或休闲动物物种，品种协会对它们的育种规划控制得非常宽松。这些扁平结构的育种规划可以选择几乎所有的母畜。对繁殖公畜的选择，在大多数情况下，育种协会只有比较大投票权。选美表演动物的体态在很大程度上决定着用哪些公畜，通常会导致少数的"冠军"公畜在整个种群中被大量使用。在这些育种规划中，只有父系的父系和母系的父系的选择途径可以在整个群体中产生有效的选择反应。我们将以马的一项育种规划（荷兰 KWPN 计划）为例进行说明。

相反，在猪生产和家禽生产（生产猪肉、蛋和鸡肉）中，商业育种规划控制所有的育种活动。育种公司有种畜，数量有限，是品系的一部分。利用这些品系，育种公司负责确定育种目标，收集数据，估计育种值，选配亲本，生产新一代。公司的品系通过三元或四元杂交产生大量动物，生产肉、蛋等终产品。在这些育种规划中，所有的选择路径都能在金字塔结构的育种规划中产生有效的选择反应。育种公司通过选育不同育种目标性状的品系，可以灵活地进行不同的三元或四元杂交生产。例如，在猪生产中，不同的市场对屠宰重、胴体组成和肉质的要求不一样。面向全球市场运营的猪育种公司会选育不同的品系进行猪生产，服务不同的猪肉市场，养殖户们通过签订合同在金字塔结构中从事品系杂交和扩繁生产。我们将以猪的一项育种规划（Topigs 公司）为例进行说明。

扁平松散的育种结构和完全受控的金字塔形结构之间还有一种育种规划，即拥有一个开放的育种核心群。在这种规划中，部分群体归有限数量的育种者和/或一个育种公司所有，用来选择下一代的父系和下一代父系的母系，整个群体中只有母系的母系的选择途径产生的选择反应不重要。我们将以奶牛育种的开放核心群（CRV 奶牛计划）为例进行说明。

12.3　扁平结构的育种规划

人类用到的许多物种（如犬、马、肉用绵羊和肉用山羊）都有一个简单的育种规划。在这样的规划中会对公畜进行高强度的选择，因为需要有限数量的公畜繁殖下一代。对母畜会进行一定的选择，因为需要大量的母畜作为母系繁殖下一代。这种选择的效果甚微。在这些物种中，种畜（尤其是母畜）掌握在个体所有者手中，他们掌握着种畜的选择和交配。由于育种目标变化得太频繁、不稳定，性状和系谱记录不完整，因此很难影响选择和配种，导致世代间遗传进展速度较慢。在这些物种中，血统簿在育种规划中扮演着重要的角色。血统簿上记录着系谱，并规定了下一代雄性和雌性亲本的选择标准。雄性的选择标准通常非常严格，只有有限的个体能被批准用于繁殖。在这些标准中通常非常强调雄性的体型。对于母畜来说，标准非常宽松，很少有不符合标准的。

对于马的育种，育种者已经做了很多工作，育种规划也越来越专业化。根据血统簿规定的选择标准，选择品种中有限数量的公马和体型、健康和生产性能最好的母马进行育种。这的确带来了可以通过分析证实的遗传进展。

在犬的育种中，外型对公犬的选择起重要作用。在表演中获得最好体型分数的少量公犬用于育种，通常不受品种协会的任何影响。目前犬类的育种正受到社会各界的广泛关注，因为人们对犬类体型的强烈选择和群体中个体间的高度亲缘关系产生了不利效应，导致了高频率的近交和遗传缺陷。

在肉用绵羊和山羊品种的育种中，公羊的选择最有效，因为生产下一代只需要有限数量的个体。这类物种的育种目标很简单，就是特定日龄时的重量和产肉量。通过使用年轻的公绵羊和公山羊，可以保持较短的世代间隔，从而产生遗传进展。从农场经济角度出发，母羊应该尽可能长时间地产羔。因此，母羊的世代间隔相当长。在肉用绵羊和山羊更密集的生产系统中，繁殖母羊品种与专门产肉的公羊品种杂交，产生了大量生长性状和屠宰品质良好的羔羊。荷兰特克塞尔品种就因这些特性闻名，在全球范围内经常被用作终端父系和当地的繁殖母羊杂交，生产杂交羔羊。在奶用绵羊和山羊品种中，普遍选择公羊的母系用于繁殖。公羊的后裔测定很难进行，因为产奶系统中奶绵羊和奶山羊的比例较低。到目前为止，奶绵羊和奶山羊获得的遗传进展很少。

12.3.1 扁平结构育种规划的例子：KWPN 计划

KWPN 育种目标（2014）：

自 2006 年以来，KWPN 规划了四个育种方向。最大的群体（85%～90%）是骑乘马，可细分为盛装舞步专用马和障碍赛专用马。另外两个育种方向是驾驭专用马和 Gelders 专用马。尽管每个育种方向都有自己的附加育种目标，但所有马都必须符合 KWPN 的一般育种目标：

- 选育符合国际一级赛事参赛要求；
- 骨骼结构符合长期服役要求；
- 有运动天赋且对人亲善；
- 功能性身体结构和正确的运动机制造就的良好运动表现；
- 具有强吸引力的外观，以及精致、高贵优雅的气质。

KWPN 为每个育种方向制定了单独的育种标准。这些标准实际上描述了理想的盛装舞步专用马、障碍赛专用马、驾驭专用和 Gelders 专用马。育种标准有助于对马进行客观、统一的评价，为评审员提供评估的基本依据，降低个人明显的偏好风险，因此提高了评估的一致性、重复性和可靠性。

有必要区分母马和公马！

KWPN 通过发声明激发大家选择和使用最好的母马，声明是对母马的"质量认证"，对母马自身的品质（表现、形态和健康）或其后代的品质（表现、形态）的认证。

公马要成为 KWPN 血统簿批准使用的种马，有一条必经的路线。这条路线有四个步骤：

ⅰ. 检查公马：在坚硬的地面上检查四肢和身体，检查自由跳跃（障碍赛专用马）或自由运动（盛装舞步专用马）性能。

ⅱ. 健康核查：在选择的各个阶段，公马的身体机能、X 线检查、精液质量和吼叫声必须达到临床检测的最低要求。

ⅲ. 场内性能测试：依据年龄，公马必须在最长 70d 的核心性能测试中证明自己的运动能力。

ⅳ. 当成年公马有了后代后，检查和/或跟踪这些后代在运动中的表现。根据收集到的信息，对每匹公马的育种值进行估计。在其最大的后代长到 1 岁、3 岁、7 岁和 11 岁时，根据育种值对公马进行评估。

KWPN 收集许多不同阶段的各种信息：

- 新批准成年公马随机 20 匹小马驹后代的体型和运动等方面的线性得分；
- 新批准成年公马随机 20 匹小马驹后代的 X 线检查结果；
- 为血统检查提供 3 岁母马的体型、运动、自由跳跃等方面的线性得分；
- 在公马选择过程中提供所有年轻公马跳跃或自由运动等方面的线性得分＋价值得分
- 母马一天的性能测试（IBOP）中获得的成绩，以及母马和成年公马的场内测试（EPT）成绩；

• 所有注册过的马匹的比赛结果。

这些数据用来估计所有公马和母马的育种值。

育种值用来估计：

• 所有线性得分性状（体型、运动、自由跳跃）；

• 软骨病；

• 盛装舞步表现；

• 障碍赛表现。

这些育种值供育种者在选择过程中使用，用来评估育种规划及公马和母马的最佳组合。

12.4 金字塔结构的育种规划

首先，在许多育种规划中，记录性状的成本很高。因此，与整个动物种群相比，有性状记录的动物数量相当少。然后，在有限数量的动物中通过选择实现遗传改良。随后，被选中的动物再将从表型记录群体中获得的遗传改良传播到整个种群。选择有限数量的动物，在下一代繁殖大量动物，在最后一代大规模生产"产品"动物，这就是金字塔结构的育种和生产规划。

选择反应的传播取决于育种规划的结构。在商品猪和家禽育种中，选择发生在最顶层的育种规划中。通过一些"繁殖代"，将顶层获得的选择反应传播到产肉或产蛋的终产品动物中。图 12-1 概述了 Hendrix-Genetics（ISA）育种规划结构（金字塔结构）。

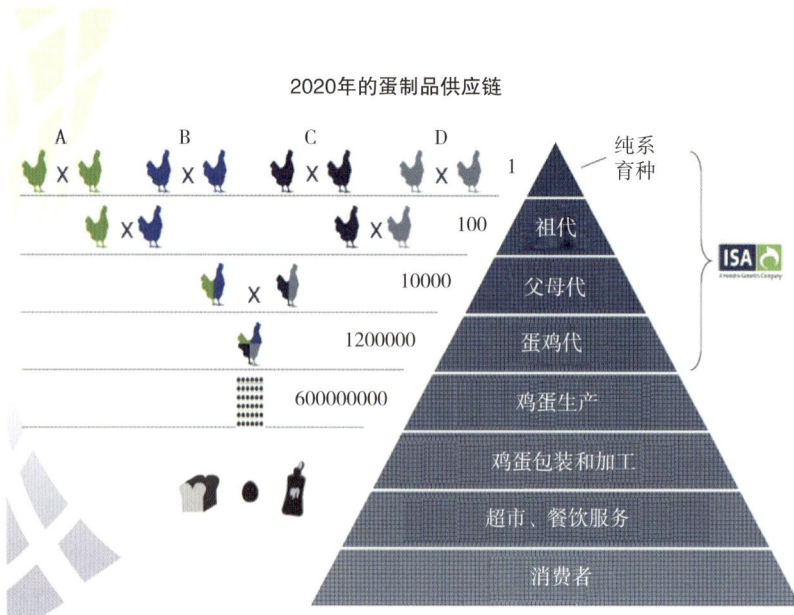

图 12-1 Hendrix-Genetics（ISA）育种规划结构

在商业育种方案（如家禽和猪的育种方案）中，选择反应是通过专门的品系实现的。例如，在商业家禽（肉鸡）育种方案中，通常采用四元杂交。在繁殖性能和产蛋性能方面选择两个母系，在生长性状方面选择两个父系。充分利用杂交优势育种，繁育出大量健康雏鸡。在以上肉鸡育种方案中，选择发生在数量有限的曾祖父母的纯系中。当被选中的曾祖父母繁殖到一定数量时，将它们进行杂交。品系选育的世代间隔很短，不到一年就累积了选择反应。A×B品系杂交得到AB系的F1祖父母，C×D品系杂交得到CD系F1祖父母。纯系和F1动物归育种公司所有，以保护品系的特性和实现的遗传改良。通过维持不同的选择系，可以创造出能够满足不同市场需求的动物，快速应对市场的变化。

在商品猪育种中通常采用三元杂交，参见 Hypor（海波尔）公司2014年的方案（图12-2）。

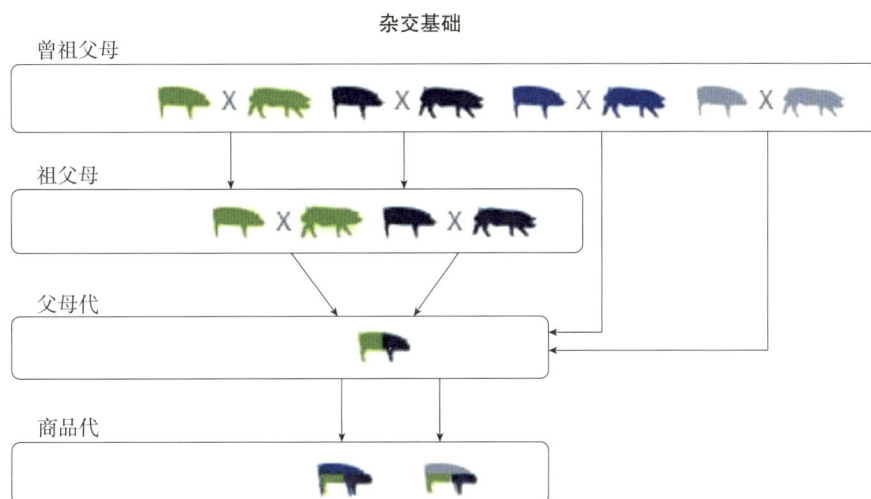

图 12-2　Hypor 公司商品猪育种方案

12.4.1　金字塔结构育种规划的例子：Topigs 育种规划

基础：三元杂交

Topigs 公司采用三元杂交系统生产商品猪，即商品猪是杂交母猪和父系公猪的后代。Topigs 用两个母系 Topigs 20 和 Topigs 40 进行杂交，生产 F_1 母猪，F_1 母猪再与四个父系（Tempo、Talent、Top Pi 和 Tybor）之一进行杂交。Topigs 20 是由长白猪和大白猪杂交而成的选育系。Topigs 40 是大白猪杂交而成的选育系。两种母系的育种目标性状略有不同。它们杂交产生的 F_1 母猪（Topigs 母猪）具有母性性状的杂种优势，比 Topigs 20 和 Topigs 40 平均多产一头 F_2 仔猪。杂交获得了强健的母猪，能够看护和哺育与父系杂交生产的所有仔猪。母系和父系（两个母系和四个父系）不同育种目标性状的权重也不同（图12-3、图12-4和图12-5）。

动物育种和遗传学

Topigs 品系的结构和性能测定（图 12-6 和图 12-7）

动物的健康状况对育种公司非常重要。由于不同的农场之间和不同的国家之间运输活体动物或精液/胚胎可能不会传播疾病，因此，国内育种结构开始向国际 SPF 育种结构进行转变。目标是建立 3 个 SPF 遗传核心场，每个核心场每个母系至少有 250 头 GGPS（曾祖父母）和 600 头存栏母猪。人工授精技术的普遍应用（精液的健康风险比活体公猪小），使得全球范围内的遗传物质交换得以实现，从而将全世界的选育系联系起来。在农场采用人工授精技术，可以缩短世代间隔，对母系进行性能测定。

一个母系由 2000 多头（外）曾祖代母猪（GGPS）和（外）祖代母猪（GPS）组成，用于繁殖力和母性性能测定。对它们生产的超过 7500 多头青年母猪进行生长性能和胴体性能测定，从中挑选约 1200 头用于更新 GGPS 和 GPS 母猪。每年以非常高的选择强度从 2500 头测定公猪中挑选 40 头（外）曾祖代（GGP）公猪。对公猪来说，采食量是性能测定的一个附加指标。每个品系还有 20000 头杂交亲本母猪，为（外）祖代（GP）母猪和外曾祖代（GGP）母猪的选择提供额外的繁殖力和稳定性信息。在父系中也进行性能测定。

关于父系选育方案的解释和补充：每个父系由 500 头 GGP 母猪组成，每年更新一次（世代间隔短），对它们生产的 3500 头青年母猪进行生长性状和胴体组成的测定，从中挑选 500 头用于更新 GGP 群体。每年以非常高的选择强度从 3500 头测定公猪中挑选 40 头作为 GGP 核心公猪，测定的性能包括生长性状、胴体组成和采食量。每头核心群公猪测定 50~100 头杂交后代（F_2）的生长性能，并对 25 头纯种后代进行胴体分割和肉品质测定。

育种值估计（图 12-8）

Topigs 公司为不同的品系建立了一个非常大的数据库。每周，来自超过 25 个国家 750 多家育种场的数据将对超过 30 万头母猪的数据进行更新。这些数据同时收集自育种和生产"金字塔"的各个层级。每周更新育种值。育种值是通过多性状动物模型混合 BLUP 程序计算而来。对每头猪计算其 Topigs 指数值以进行排名和选择。Topigs 公司还进行了针对繁殖力和胴体性状的基因组选择。

综合纯种和杂交后代的性能表现

在整个金字塔育种体系中，系谱登记做得很仔细，这有助于收集 GGP 三代内全部后代的完整数据。随着世代的增加，GGP 的后代数量成倍增加，几年内每个 GGP 都能获得丰富的数据。所有这些数据都会被存储起来用于评估育种值。与此相关的数据包括母猪存活率、实际条件下的增重、屠宰数据（特别是胴体组成和肉质）。为了更好地预测这些性状，以及繁殖力和存活率性状的育种值，基因组选择被用于 GGP 动物的早期准确选择。

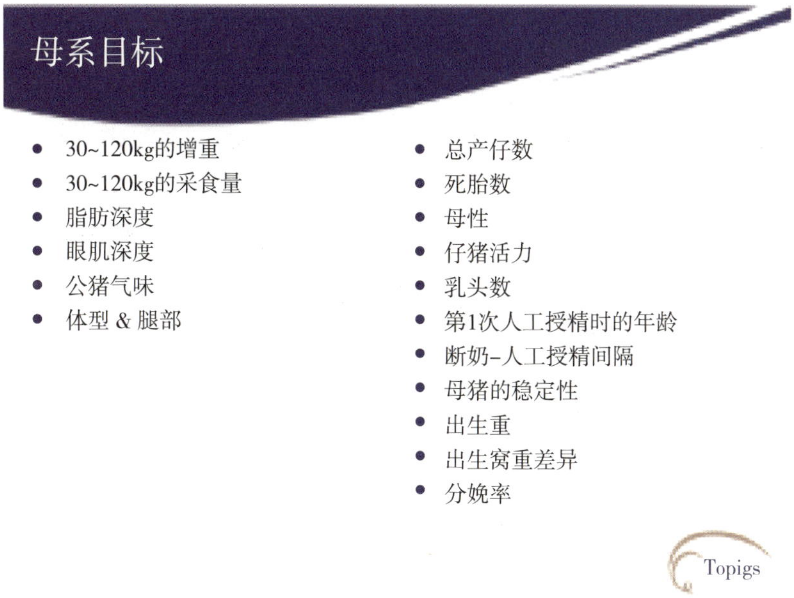

母系目标

- 30~120kg的增重
- 30~120kg的采食量
- 脂肪深度
- 眼肌深度
- 公猪气味
- 体型 & 腿部

- 总产仔数
- 死胎数
- 母性
- 仔猪活力
- 乳头数
- 第1次人工授精时的年龄
- 断奶–人工授精间隔
- 母猪的稳定性
- 出生重
- 出生窝重差异
- 分娩率

Topigs

图 12 - 3 母系目标

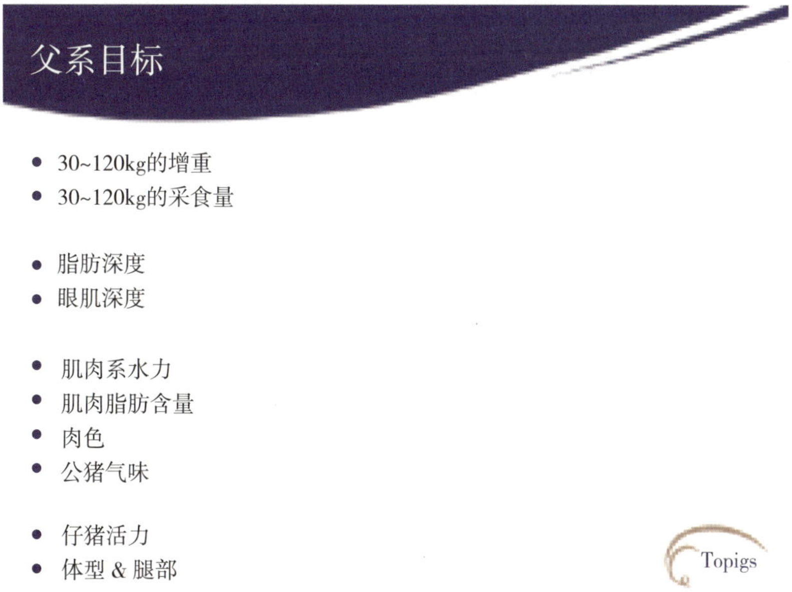

父系目标

- 30~120kg的增重
- 30~120kg的采食量

- 脂肪深度
- 眼肌深度

- 肌肉系水力
- 肌肉脂肪含量
- 肉色
- 公猪气味

- 仔猪活力
- 体型 & 腿部

Topigs

图 12 - 4 父系目标

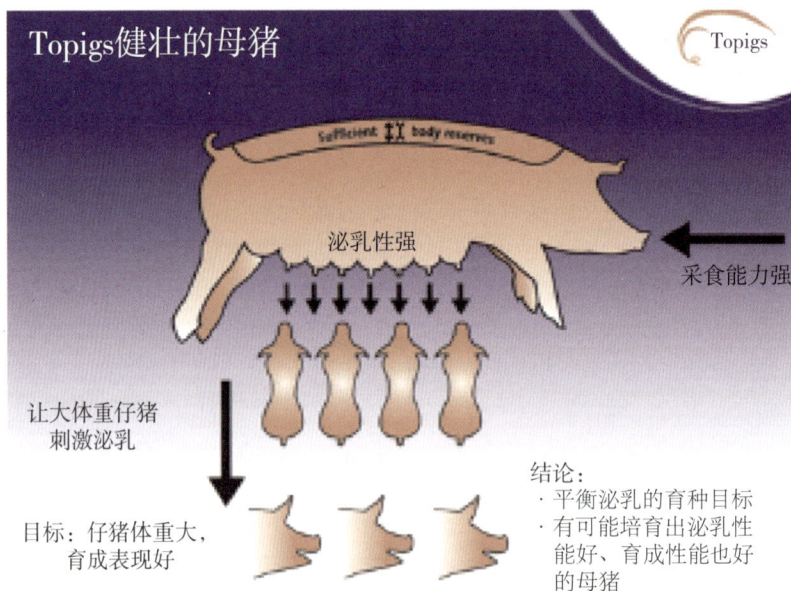

图 12 - 5　母猪性能

GN 性能测定系统
母系

- >2000头（G）GP 母猪
- 生殖力，稳定性，乳头数，仔猪称重
- 每年测定>7500头后备母猪的表型
- 寿命增益，测试增益，眼肌 & 脂肪（美国标准）
- 60%更新率（GGP中 >100%）

- 每年选择40头GGP公猪
- 每年测定>2500头公猪的表型
- 寿命增益，测试增益，眼肌 & 脂肪（美国标准），采食量（FCR）

- 附加母猪性能数据的商业农场（CCPS）
- 生殖力、稳定性
- 每条生产线≥20000头母猪

图 12 - 6　GN 表现测试系统（母系）

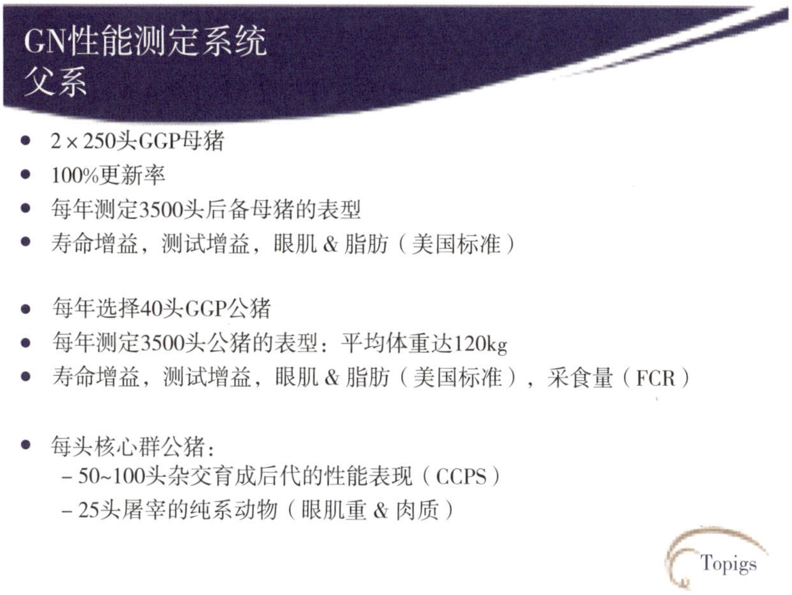

图 12－7　GN 性能测定系统（父系）

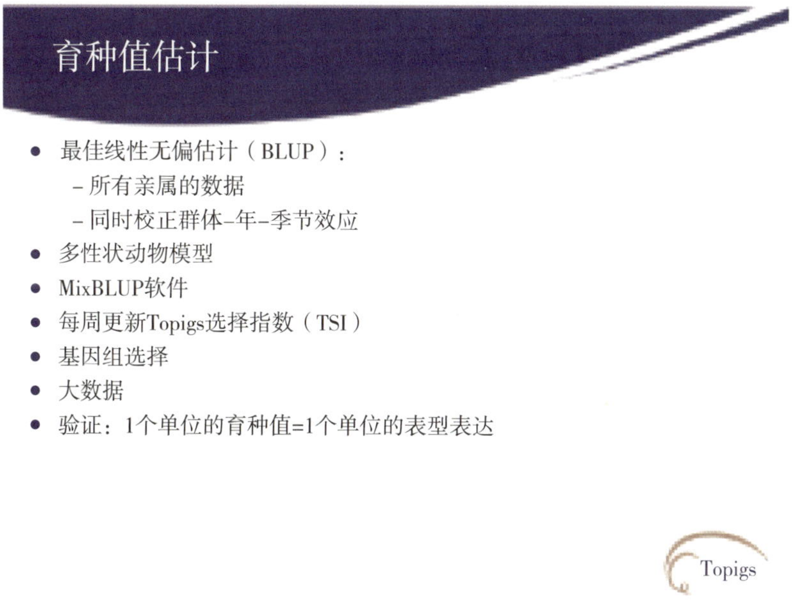

图 12－8　育种值估计

12.5　开放核心群的育种规划

核心群育种规划以少数具有遗传优势的雌性动物为重点。这些动物是潜在的父系的母

动物育种和遗传学

系，归一个育种组织或少数育种者所有，被称为核心群，负责繁殖下一代父系的父系和母系的父系，有大量的表型记录。（育种场或育种单位）负责核心群的选种选配。因此，可以坚持稳定的育种目标，完成性状和系谱记录，完全控制核心群的选种选配，取得一代又一代的高遗传进展。核心群也可以是闭锁的，见于猪和家禽的商业育种。核心育种群一旦选定，核心群以外的动物将不再引入核心群。这被称为**闭锁核心群的育种规划**。

在牛的育种中，人工繁殖技术，特别是人工授精技术和体外受精与胚胎移植相结合的技术在开放核心群中有了良好的发展和广泛的应用。于是，育种者就有可能利用优良的父系和母系繁衍大量的后代，并在生产群中广泛传播这些优良动物的基因。在传播扩散基因的群体（生产群，主要用于生产）中测定父系后代在重要性状上的表现，当生产群中母牛的估计育种值与核心群的育种值相当或高于核心群的育种值时，就可以进入核心群。在这种情况下，它们可以由育种公司买下或经由育种机构签约进入核心群。这被称为**开放核心群的育种规划**。

对于具有扁平结构育种规划的物种，如马、犬、绵羊和山羊，可以考虑采用开放核心群的育种规划。这样就可以在可控的情况下获得遗传进展，个体私有育种者可以广泛使用核心群中的雄性。在犬的育种中，人们为了培育功能犬制定了开放核心群的育种规划，为了培育导盲犬甚至还建立了闭锁核心群的育种规划。

12.5.1 开放核心群的育种规划实例：CRV 奶牛计划

选择目标和 CRV 选择指数

CRV 核心群的育种目标（2014 年）是："对农场的利润做出最佳贡献的、健康且产奶期长的奶牛"。荷兰 CRV 奶牛育种公司在选择下一代公牛的亲本以及核心群或潜在的核心群个体时使用自己的指数，在这个 "CRV 指数" 中，健康和寿命被赋予了很大的权重，如图 12 - 9 所示。

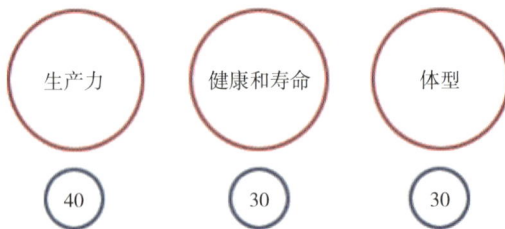

图 12 - 9　CRV 指数中生产力、健康和寿命、体型的相对权重

三类指标的每一类都是一个次级指数，每个次级指数分别包含产奶量性状、健康和寿命性状、体型性状，这些性状组成了次级指数的权重。

三类指标的性状有许多来源，其中一个重要的来源是产奶记录。出于管理的原因，农场主喜欢了解个体的产奶量数据［产量（kg）和构成组分］。体型数据由检查人员定期访问农场进行收集。健康和寿命性状通过分析产奶记录和体型数据而来。

被选中将遗传改良传播到生产群中的公牛，采用的是另一个选择指标：NVI。NVI 是在荷兰和佛兰德斯地区（Flanders）使用的总净值指数，用于对公牛进行排名，目的是让那些排名靠前的公牛能够产下接近全国育种目标的女儿们。NVI 的计算公式中考虑了三个不同组分：产量、健康和体型。下面给出了 NVI 三个组分对应的潜在表型及其对 NVI 的贡献：

乳品生产群的选择反应

表 12-1 给出了生产群使用 NVI 选择 1 代后的遗传进展（用育种值表示）。例如，使用 NVI 公式进行选择后，下一代动物的产奶量育种值将比当代动物的产奶量育种值增加 272kg。

表 12-1　生产群使用 NVI 选择 1 代后的遗传进展（用育种值表示）

性状	进展	价值单位
产奶量	272	kg
脂肪量	13	kg
蛋白量	8.7	kg
寿命	200	d
乳房健康	2.3	/
乳房	1.8	/
肢蹄	2.2	/
产犊间隔	0.8	/
第一次到最后一次人工授精的时间间隔	1.0	/
易产犊性（父系）	1.4	/
母系产犊过程	1.1	/
父系活力	0.7	/
母系活力	0.9	/

CRV 的育种规划结构

CRV 同时为荷斯坦黑白花（Black&White，简称 B&W）和费里斯兰红白（Red&White，简称 R&W）奶牛执行育种规划。母牛来自 CRV 的核心群（Delta 公司）和世界各地农民饲养的生产群（欧元交易）。欧元交易方式获得的母牛，要根据协议和 CRV 选择的公牛配种，而且配种后产下的犊牛要优先出售给 CRV 公司。"欧元交易"计划使 CRV 的核心群成了一个"开放的"核心群，把从生产群农场选中的 CRV 指数最高的母牛的后代加入 CRV 旗下的 Delta 公司母牛的后代群中。在这个群体中，CRV 选择公畜和母畜繁殖下一代的潜在种畜。Delta 公司育种方案中应用了体外授精（In Vitro Fertilization，IVF）技术，收集 1 岁小母牛的卵细胞，在实验室里用选定的父系精液，进行体外授精。通过这种方式，供体的全同胞和半同胞后代（公牛和母牛）由受体母牛产出。选择 CRV 指数预测值最高的公牛和母牛。公牛被用作核心群和生产群的父系，母牛被选进 Delta 公司的核心群。当小母牛通过体外受精能获得足够的胚胎时，就会进行人工授精，并转运到 CRV 的测定场。在测定场，小母牛被饲养到第一次产犊，在统一的条件下测试第一次泌

动物育种和遗传学

乳的产奶量和乳成分。测试结果（自身表现）用于计算实际育种值。每年有 100 头 Delta 公司的小母牛和 150 头欧元交易小母牛通过与 CRV 签订合同在农场接受测试，测试成绩最好的小母牛在第一次泌乳时将再次作为供体使用，获得的部分胚胎也会出售给生产场。

在下面（2014 年）的方案中，150 头 B&W 测试公牛中只有 38 头来自生产群，50 头 R&W 测试公牛中 23 头来自生产群。在 Delta 核心群，对 1 岁的小母牛供体进行了高强度的选择：根据 90 头小母牛和 112 头公牛的预测育种值（基因组育种值），选出 15～20 个供体（图 12 - 10）。

CRV 每年在 Delta 项目中生产 5700 个胚胎，在欧元交易项目中生产 3000 个胚胎，还会从北美市场购买一些胚胎。对出生公犊牛的选择强度非常高：在生产群中，每 15 头公犊牛中选择 1 头作为年轻的父系。

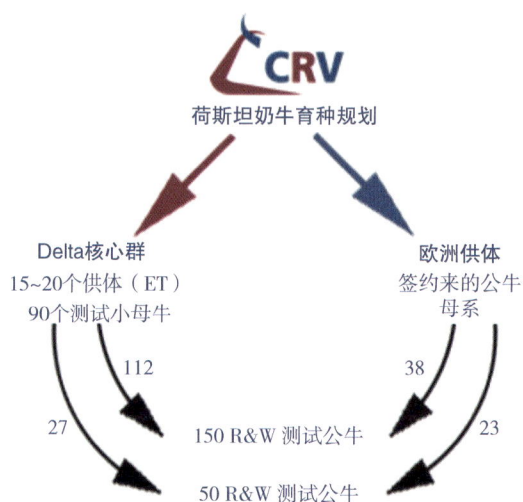

图 12 - 10　CRV 奶牛计划中的基因组选择（个人交流资料，
Marieke de Weerd，2013 年 11 月）

基因组选择吸引商业育种公司之处有两点：首先，在全同胞个体有自己的表型记录或后代的记录之前，可以计算它们之间的育种值差异。SNP 分析可以弄清父母的哪些基因遗传给了每个全同胞。其次，要获得青年动物的准确的育种值需要进行后裔测定。基因组育种值的准确性接近于后裔测定的育种值准确性。采用基因组选择，育种规划的世代间隔可以很短，加快育种规划的遗传进展。

过去，CRV 采用后裔测定方法选育奶农使用的大量公牛。奶农购买的公牛精液，25% 来自未经证明的年轻公牛。CRV 在短期内会出售年轻公牛的 1000 剂精液，因此，4 年后，一头年轻公牛至少会有 50 头女儿完成第一次泌乳，这时就可以挑选最好的公牛了，接着经过验证的最好的公牛会被奶农大量使用（75% 的体外授精在奶牛场进行）。

在这种传统的测定方案中，第 0 年选择小公牛的母系和父系，第 1 年年轻小公牛出生，第 2 年收集、使用它们的精液，第 3 年它们的后代犊牛出生，第 5 年它们的女儿开始产奶，第 6 年它们的女儿完成第一次泌乳。然后，根据女儿们的第一次泌乳数据，选择待验证的年轻小公牛。在第 6 年之后，通过验证的年轻小公牛才开始被广泛使用，它们的后代要在第 10 年开始出生。在这种传统的测定方案中，需要 10 年才能选出年轻的母牛和小公牛，从而增加奶农的利润。

2014 年，随着基因组选择的应用，奶牛养殖户使用的年轻公牛增多了。这是由于基因组育种值估计的准确性，接近用女儿后裔测定数据估计育种值的准确性，如图 12 - 11 所示，从中可以看出可靠性就是准确性。

红色=基因组选择，蓝色=传统测定方案

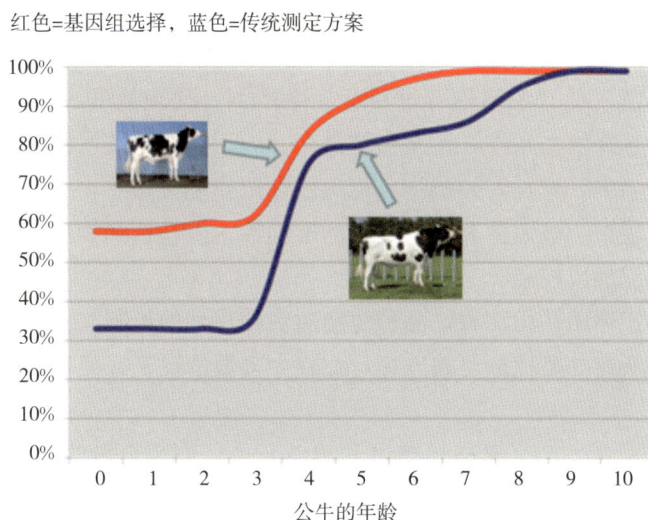

图 12 - 11　产奶量的可靠育种值

在 CRV 育种规划中，对年轻公牛母本的基因组选择降低了它们的选择年龄。75％的年轻公牛母本是 1 岁的小母牛，25％是初产母牛。在传统方案中，年轻公牛的母本在选择时至少已经完成了一次完整的泌乳期。越来越多具有基因组育种值的年轻公牛被用作新一代年轻公牛的父本。在传统方案中，只有经过验证的公牛才能成为待测试年轻公牛的父本。因此，基因组选择大大缩短了 CRV 育种计划中的世代间隔，并以至少 2 倍的速度加速了遗传改良。

基因组选择的另一个效果是基因组测试的成本相对较低。因此，每年会对 2 600 头年轻公牛进行 SNP 基因型检测。然后，根据它们的基因组育种值，每 15 头中选择 1 头投入育种规划。这种高强度的选择，即使在全同胞群体中也是非常有吸引力的。在育种规划中，被选中的具有高基因组育种值的年轻公牛的数量不断增加，那些需要等待四年才能获得后裔产奶数据的公牛数量大大减少。与传统方案中有大量需要"等待"数年直到女儿完成首次泌乳期的公牛相比，基因选择育种的成本很低。

CRV 与欧洲其他国家的许多育种公司合作建立了一个大规模的参考群。2014 年，参考群包括了约 30 000 头经后裔测定的公牛，对这些公牛也进行了 SNP 图谱扫描。这个庞大的参考群使得未经验证的年轻公牛的基因组育种值的准确性非常接近后裔测定公牛育种值准确性。

基因组选择在奶牛场的价值

在奶牛场，很大一部分奶牛必须用作母本生产下一代奶牛。这种低选择强度可以通过两种方式来提高：①延长奶牛的寿命，从而增加每头母牛的产犊数量；②使用性控精液，将获得小母牛的可能性提高到90%而不是50%。在采用低更新率和性控精液造就的高选择强度下，对犊牛采用基因组选择可以提高奶农的收益。

12.6 育种规划的关键事项

（1）育种规划是一项旨在明确育种目标、生产下一代动物的计划，包括记录选择性状、估计育种值、选择潜在亲本，甚至包括适当（人工）繁殖技术的配种方案。

（2）在育种规划中，育种者的坚持、准确性和纪律至关重要。关键因素包括：对育种目标的坚持，收集表型、基因型和登记系谱的准确性，以及选择和配种的原则。所有这些重要的人为因素都应加以控制。

（3）对于伴侣或休闲动物物种，品种协会对育种规划的控制非常松散。这些规划具有扁平的结构：几乎所有的雌性都可被选择，而在大多数情况下，品种协会对雄性的选配只有较大投票权。

（4）在生猪和家禽生产（猪肉、鸡蛋和鸡肉）中，商业育种规划控制所有的育种活动。育种公司拥有一定数量的育种动物，这些动物是他们选育系的一部分。利用这些选育系，育种公司确定育种目标，进行数据收集和育种价值估计，并负责选择和选配繁衍下一代。

（5）具有开放核心群的育种规划，介于扁平松散结构的育种规划和完全受控的金字塔结构的育种规划之间。在这些开放核心群的育种规划中，部分群体归数量有限的育种者和/或育种公司拥有，用于选择父系和下一代父系的母系。

13 育种规划评估

设计和实施育种规划之后，评估育种规划的结果至关重要：选择的遗传反应有多大？如果一切都按计划进行，那么结果将类似于预测的遗传反应。然而，在某些情况下，预测的遗传反应和实际获得的遗传反应会有所不同。在这种情况下，必须找出需要及时调整的地方。我们现在已经到了育种规划周期的第 7 步：评估育种规划。本章我们将讨论一些需要考虑的问题，以便使遗传优势在下一代中能够继续维持或改进，成功获得遗传进展。评估的重点是，实际取得的遗传反应是否与预期的大致相同。如果不是，我们需要找出原因。系谱和表型记录是否有错误？被选中进行繁殖的动物真的被用于繁殖了吗？选择的环境和后代测定表型的环境是否相似？换句话说，我们是否选择了正确的动物？种群是否达到了选择的极限？评估的另一个重点是，发生了哪些没有预料到的变化。针对育种目标性状的选择改良，是否对其他性状造成了（不利的）反应？对育种规划的评估不仅包括对育种实践的评估，还包括展望未来。相关的法律法规或市场情况是否有改变，或预期在不久的将来是否会有任何改变？我们的竞争对手在做什么？育种者应该做什么来保持或扩大市场份额？因此，即使育种规划已经启动，我们仍然需要努力保持这种持续评估育种规划的状态。

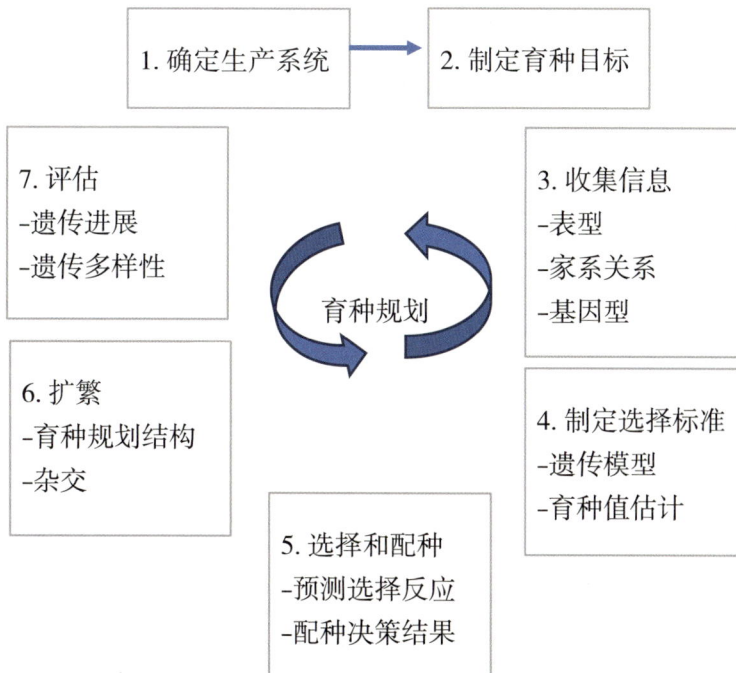

```
1.确定生产系统  →  2.制定育种目标

7.评估                              3.收集信息
-遗传进展                            -表型
-遗传多样性                          -家系关系
                 育种规划           -基因型

6.扩繁                              4.制定选择标准
-育种规划结构                        -遗传模型
-杂交                               -育种值估计

          5.选择和配种
          -预测选择反应
          -配种决策结果
```

除了已经取得的遗传进展外，还需要在另一个重要方面评估育种规划：遗传多样性维持到了什么程度？近交速率是否可控？如果不可控，可以做些什么来改善？遗传多样性的评估对育种方案的评估具有十分重要的意义。没有遗传多样性，育种计划就没有未来，遗传多样性的减少会增加近交衰退和群体的遗传疾病频率。从遗传多样性的角度对育种计划进行评估将在另一章（第 14 章）中讨论。

13.1　如何衡量遗传进展？

遗传进展衡量的是这一代动物比上一代动物在遗传上进步了多少。要确定遗传改良的能力，需要了解动物的遗传潜力。实际的遗传潜力无法直接测量。但是，可以非常精确地估计动物的育种值，如使用许多后代信息得到的 EBV，这些育种值可以看作真实遗传潜力的近似值。除了准确性要高外，育种值还不能有系统效应偏差。例如，食用高质量饲料的动物可能比食用一般饲料的动物整体上表现得更好。如果 EBV 没有纠正这种影响，喂养高质量饲料的动物的 EBV 将会偏高。它们虽然表现得更好，但却不是因为它们的基因。为了获得对 EBV 的最佳估计，需要使用 BLUP（最佳线性无偏估计）方法。BLUP 将饲养条件、栋舍、季节或其他系统环境效应均考虑在内（见第 8 章动物排名）。

综上所述，当使用 BLUP 方法准确估计 EBV 时，有可能获得世代间遗传进展的高度近似值。实现的遗传进展或实现的遗传反应可以用两代间平均 EBV 的差表示。

$$实现的选择反应＝平均 EBV_{世代 t+1}－平均 EBV_{世代 t}$$

实现的遗传反应的最佳近似值用下面这个简单的公式计算。请记住，预测的遗传反应的计算公式为：

$$\Delta G = \frac{i \times r_{IH} \times \sigma_a}{L}$$

因此，需要评估实现的遗传反应和预测的遗传反应之间的差异。差异越小，实现的遗传反应越接近预测的遗传反应，越不需要评估。然而，如果差异很大，就必须找出造成差异的原因。

因此：

实现的遗传进展（Realised genetic improvement）可以通过计算平均 EBV 之差来确定，如几个世代间的平均 EBV 之差。

13.2　遗传趋势

为了对长期已实现的遗传反应有所了解，可以评估世代间的遗传趋势。遗传趋势是每个世代的平均 EBV，表明世代间的变化方向，通常用图形表示，有助于检查是否存在非线性的意外偏差，如选择极限。图 13 - 1 显示了 1995—2013 年间荷兰黑白花奶牛产奶量的遗传趋势，按照产犊年份而不是世代进行表示。因为在奶牛中，世代不是离散的而是相互重叠的，有些奶牛比其他奶牛年龄大。按产犊年份表示遗传趋势，可以克服世代间的重叠，同时也能让我们更深入地了解在一段定义的时间范围内发生了什么。在技术上，EBV 的估计以 2009 年的平均 EBV 为参考，即 2009 年是参考年。遗传潜力高于 2009 年平均水平的动物具有大于 0 的 EBV，遗传潜力低于 2009 年平均水平的动物的 EBV 小于 0。图中显示了年度平均 EBV。EBV 增加的事实表明存在正向的遗传趋势。动物在不同出生年份都获得了遗传改良，也就是说选择是成功的。图 13-1 也展示了产奶量的表型趋势（从 1995 年遗传趋势之下开始的绿线）。两种趋势的斜率大致相同，表明管理、饲养和畜舍等环境因素对遗传改良的表达起到了支持作用，而非限制作用。

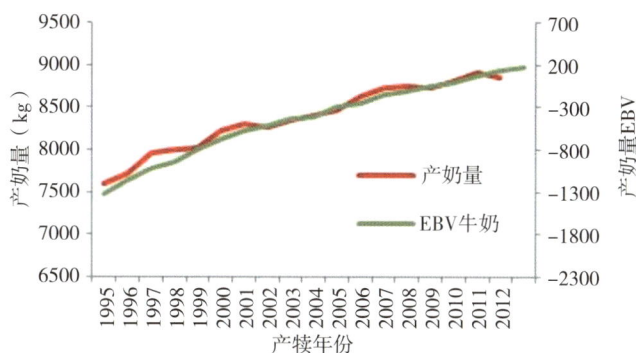

图 13-1 荷兰黑白花奶牛 1995—2013 年间产奶量和 EBV 的增加趋势。尽管比例标尺不同，但两者都增加了约 1500kg

> **定义**
>
> 遗传趋势（Genetic trend）表示一段时间内（如几年或几个世代）实现的遗传反应。

13.3 影响可实现的遗传反应的因素是什么？

预测的遗传反应应用于制定育种规划，设计育种方案。之后，记录遗传进展，但通常不会与预测的遗传反应进行比较。这是一个遗憾，因为预测的遗传反应和实现的遗传反应之间的差异可以表明育种规划是否成功。因此，监测两者之间的差异是非常明智的，因为它可以让我们了解育种规划是否成功，以及育种有没有按照我们最初的规划进行。

假设不等于实现

为什么估计的遗传反应和实现的遗传反应之间会有差异？想一下预测选择反应的公式，并评估每个组分，它们的实际值是否与预测公式中使用的值相同？

选择强度

首先，实现的选择强度可能比预测反应公式中使用的强度要低。例如，由于某种原因有些被选中的动物不能参与繁殖。这意味着不那么优秀的动物将取而代之，这将降低实现的遗传反应。或者某些被选中的动物被用作亲本的次数远超过其他动物，影响了选择反应。

选择准确性

其次是选择准确性。它受遗传力和信息来源（如来自自身表现还是同胞测定）的影响。信息来源很容易受到影响。如果在预测公式中假设所有动物的 EBV 都是基于 5 个后代的信息，但实际有些动物的后代不足 5 个，这将降低准确性。同样，一些动物也可能有 8 个而不是 5 个后代，这将提高 EBV 的准确性，从而增加选择遗传上最好的动物进行繁殖的可能性。遗传力不易受影响。正如我们在遗传模型一章中所看到的，提高遗传力的一个潜在方法是改进获得表型的测量方法。遗传力也可能由于加性遗传变异的改变而改变。

加性遗传标准差

预测公式中的下一个组分是加性遗传标准差，即加性遗传方差的平方根。加性遗传方差用表型信息和动物间的加性遗传关系估计，参见遗传模型一章。它利用了亲缘相关动物比无关动物更相似的事实。然而，如果系谱关系不准确，那么系谱中相关动物的表现的相似性就会减少，可以归因于遗传相关的动物之间的相似性就会随之减少。因此，系谱误差会使估计的加性遗传方差减小。

即使系谱记录正确，加性遗传方差的估计尽可能准确，加性遗传方差的估计值仍可能会随着世代而改变。正如我们在亲缘关系和近交一章（第 6 章）中所看到的，有些因素会影响加性遗传方差。虽然世代之间的变化不会很大，但从长远来看确实会有影响。因此，定期重新估计加性遗传方差是非常重要的。加性遗传方差发生变化的潜在原因是选择增大了理想等位基因的频率。遗传漂变可能导致受选择的等位基因的频率减小，而不是增大。突变可能产生新的、无法预测的变异。

世代间隔

预测公式中的最后一个组分是世代间隔，这点只在按年而不是按世代表示选择反应时才重要。正如我们在预测选择反应一章（第 9 章）中所看到的，确定世代间隔是相当棘手的，几乎所有的家系都不一样，因此必须假设一个平均值。在实际生产中，世代间隔可能比预期的长或短，导致每年实现的遗传反应与预测的遗传反应不同。

因此：

当无法实现选择对应的预测遗传反应时，应考虑是否满足与预测公式的各个组成部分相关的所有假设？

13.4 选择极限

没有达到预期选择反应的一个原因可能是种群达到了选择极限。选择极限表示种群已达到不能再进一步改变的程度。这可能是由于没有更多的遗传变异，但也可能有其他原因。

和自然选择方向相反造成的极限

在图 13-2 中，可以看到一个看似已经达到选择极限的种群的例子。大体型的品系对选择仍然有反应，个体越长越大。小体型品系个体的体型在大约 25 个世代的时间内呈线性减小，但之后不再继续减小。尽管每一代都选择体重最小的鸡，但下一代的体重并没有变得更小。目前尚不清楚为什么会出现这种情况。选择的结果总是在表型上表示出来，有可能是因为遗传上体重最小的鸡与遗传上体重较大的鸡有相同的表型，所以定向选择不再可行。在这种情况下，这种选择极限代表的是生理极限，而不是遗传变异的极限。具体是哪种极限，可以通过再次选择小体重的鸡来判断，如果仍然可以选择，那么遗传变异仍然存在。达到选择极限的另一个原因可能是体重最小的鸡不能够繁殖。这将是一个典型的自然选择与人工选择背道而驰的例子。与自然选择相悖而产生的选择极限通常很难消除。在某些情况下，改善环境可能会消除自然选择的极限。

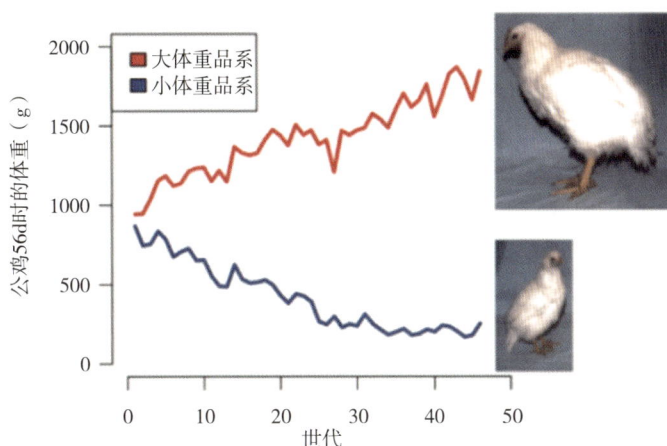

图 13-2　白来航鸡不同选择世代的表型均值。摘自 Johanssen 等 2010 年发表的 Genome Wide Effect of Long Term Different Selection Selection，doi：10.1371/Joural. pgen. 1001188

限制环境对表达遗传潜力的影响

例如，为了表达生长潜力，动物需要摄入足够的营养。如果营养物质不够用，动物就不能显示出它们的遗传潜力，只能表现出饲料营养能达到的极限，这在鹌鹑的长期选择试验中得到了证实：在某个时间点上会出现"选择平台"（见图 13-3，实线）。选择平台似乎意味着达到了选择极限，但实际上可以通过改变环境来清除。真正的选择极限却无法通过改变环境来消除。在图 13-3 鹌鹑试验中，通过改善饲料品质，选择平台得以提升。这个试验清楚地表明，在某些情况下，选择极限有时是由环境限制而不是遗传造成的。出现选择极限主要有三个原因：

-遗传多样性的丧失（不可逆）；

-通过降低生殖力甚至死亡来对抗自然选择（通常不可逆）；

-表达潜能受环境限制（通常可逆）。

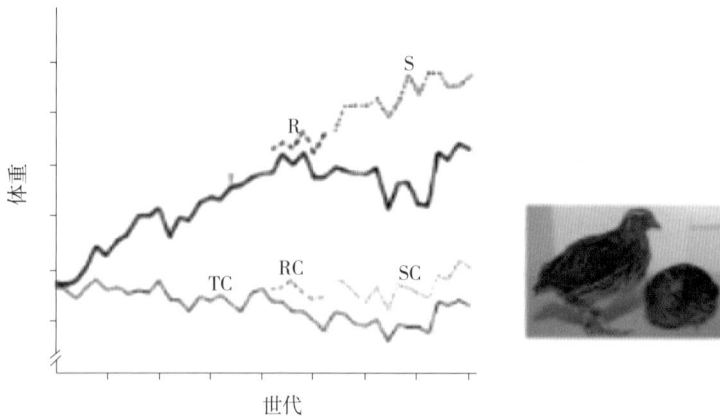

图 13-3 对不同营养环境下某品系鹌鹑 4 周龄体重的选择。该品系在第 25 代左右达到了
选择极限。改善饮食后，这一极限消失（R 系和 S 系）。After Marks 于 1996 年
发表在 Poultry Science 杂志第 75 卷，第 1198-1203 页

13.5 影响选择反应的实际问题

实现的遗传趋势并不总是与预测的遗传趋势相同。实现的遗传趋势通常不会高于预期，但可能会低于预期。如果低于预期，作为育种组织，找出原因至关重要。我们已经讨论了预测选择反应和实现的选择反应之间存在差异的潜在问题。如果这些问题世代相传，将对遗传趋势产生影响。除此之外，我们还会讨论一些其他的原因。

一个明显的原因是，被选择用于育种的动物并不如预期的那样好。这可能是因为在育种值评估中有些处理没有纳入系统效应，导致一些动物在系统评分上优于其他动物，这个评分优势又被归因于其遗传潜力。因此，导致这些动物的 EBV 被高估了，它们的排名高于了基于它们遗传潜力的排名。如果清楚是什么系统效应导致了某些动物 EBV 的过高估计，这个问题就可以很容易地解决。

在预测选择反应和实现选择反应的时间之间，改变育种目标，很可能会导致实现的选择反应和预测的选择反应之间产生差异。预测是用旧的育种目标进行的，但实现选择时用的却是新的经过稍微改变了的育种目标。显然，这将导致预测的选择反应和实现的选择反应产生差异。另外，假设育种目标保持不变，表型记录的改变也可能产生类似的后果。例如，引进新的改良设备可能会提高表型测定的准确性，使遗传力增大（见遗传模型一章），而遗传力反过来又会提高选择的准确性，从而使实现的选择反应增大。解决这两个问题的方法是根据新的情况调整预测的选择反应，并用新的预测的选择反应与实现的选择反应进行比较。

因此：

偏离预期的遗传趋势可能源于育种目标的改变或表型记录的改变。

13.6　基因型与环境互作

　　一个特殊的情况是，选择动物的环境和后代生活的环境不一样。这意味着，在亲代环境中选择的表现最好的动物，在后代环境中表现得不一定好，这是有潜在风险的。当两个环境相似时，这种风险可以忽略不计。然而，如果环境明显不同，则可能会出现问题。例如，一头公奶牛可能是根据其女儿们在荷兰的最佳表现而被选中在西班牙用作奶牛的父系。然而，它的女儿们不耐高温，表现得比预期要差，因为在西班牙，奶牛产奶需要忍受高温，而在荷兰则不太需要。另一头在荷兰的 EBV 较低的公牛（它的女儿们在荷兰并不是表现最好的）在西班牙也被用作父系。它在西班牙很受欢迎，因为它的女儿们在西班牙表现得很好。换句话说，为了能够表达相同的表型（产奶性状），西班牙奶牛的遗传潜力需要与荷兰奶牛的略有不同。它需要有耐高温的能力。因此，西班牙最好的公牛不是荷兰最好的公牛，因为两种环境对基因型的要求略有不同。这种结合基因型和环境的具体情况对动物进行重新排名的方法，称为环境互作的基因型（G×E）。"基因型"可以指个体动物，比如这两头奶牛，也可以代表种群的平均水平。

　　因此：

　　基因型与环境的互作（Genotype by environment）（G×E）＝两种基因型的性能差异取决于测量性能的环境。

　　G×E 指性能差异大小的变化或不同环境中动物排名的变化。

13.6.1　决定环境的先决条件

　　环境可被视为一组先决条件。只有具备该环境的所有先决条件，动物才会发挥最佳表现。如果缺少某些先决条件，性能就会降低。每个环境都有自己的一组先决条件。然而，有些环境之间非常相似，以至于动物可以利用相同的先决条件。两个环境间的差异越大，在任何一个环境中进行管理的特定先决条件就越重要。有时，先决条件甚至是互斥的：拥有一个就不能拥有另一个。例如，厚皮毛可以抵抗寒冷，但不耐热。这些互斥的先决条件称为权衡。动物可以应对一个先决条件，如消化低质量的饲料，但这需要一种相应的消化生理机制，就可能会使得它在饲料质量好的情况下无法快速生长。这就如同我们可能擅长一件事，但自然意味着我们在其他方面不太擅长。通常，满足一个环境中的先决条件只会对另一个环境中的性能产生很小的不利影响。相反时，可能会造成更大的问题。例如，在有感染的环境中，对感染没有抵抗力是相当大的问题。

基因型和环境互作的大小

　　为了深入了解 G×E 的大小，可以将不同基因型在多个环境中的表现绘制成一张图。在这样的图中，x 轴表示环境梯度，如温度、饲料中的蛋白质含量，或动物环境中的其他成分。y 轴表示动物在环境中的表现。这种图被称为反应规范。反应规范的斜率代表基因型对环境的敏感性。水平的斜率表示对所考虑的环境不敏感。正斜率表示一种环境中的性

动物育种和遗传学

能表现优于另一种环境。平行的反应规范表明两个基因型对环境变化的敏感程度相同。然而，如果一种反应规范的斜率比另一种更陡，表明一种基因型对环境变化比另一种基因型更敏感。只有在这种情况下，我们才称基因型和环境存在互作。在极端情况下，反应规范甚至会相互交叉。这意味着不同环境中表现最好的种群不同。

在图 13 - 4 中，展示了两种类型的反应规范曲线来说明 G×E。在上方的图中，反应规范不平行，但也没有交叉，表明在两种环境下表现最优的是同一个种群。在下方的图中，反应规范出现交叉，说明基因优势随环境的变化而变化。图中的反应规范都是直线，因为只考虑了两种环境。当包含更多种环境并进行多种表现比较时，反应规范可以是非线性的。非水平的反应规范表明一些品种可以更好地适应不良的环境。

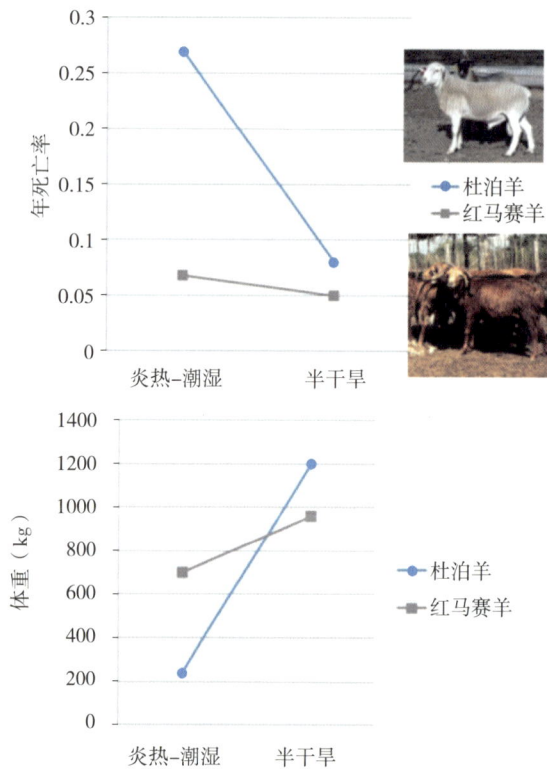

图 13 - 4　G×E 在绵羊品种杜泊羊（Dorper）和红马赛羊（Red Masai）中的两个例子。在上图中，非平行反应规范表明，从死亡率来看，杜泊羊对半干旱条件的敏感性高于红马赛羊。但在这两种环境中，杜泊羊的死亡率仍然较高。在下图中，G×E 更强，表明杜泊羊在炎热-潮湿的条件下体重最重，而红马赛羊在半干旱条件下体重最重

因此：

反应规范（Reaction norm）表示基因型（动物或种群的）在一系列环境中的表现。
基因型的非平行反应规范表明存在基因型和环境之间的相互作用。

194

13.6.2 育种规划中 G×E 的结果

在任何情况下都会发生环境和基因型的互作，表现为一个群体比其他群体对环境的变化更敏感，反应规范曲线显示为一个较陡的斜坡。这对育种规划会有什么后果？什么时候需要考虑后代在不同类型环境中的表现问题？

这些问题的答案在于两种环境中表型之间的遗传相关性。如果相关性很低，甚至为负，基于一种环境中的表现的选择可能会导致后代在另一种环境中的表现较差。例如，如果在一个所有条件（完美的畜舍、饲料、健康保健等）都良好的环境中，选择表现最好的动物，你可能会获得该环境下最具遗传潜力的动物。然而，如果我们在一个普通的环境中使用这些动物作为下一代的亲本，它们可能表现得会很差。因为普通的环境缺乏这些动物表达遗传潜力的先决条件。两种环境中表现的遗传相关性可以衡量一种环境中的基因型在另一种环境中的适应性。换句话说，遗传相关性提供了一个指标，可以衡量同一个育种方案是否适用于两种环境。显然，在后代的环境中对同胞个体或后代个体进行性能测试，对优化选择决策非常有价值。

如果同一个育种计划要服务于多种环境，那么将育种规划进行拆分可能更明智。这种决策取决于若干问题的结果，如现在的遗传进展是多少？育种规划被拆分后如何提高遗传进展？与此相关的非常重要的一点是，在同一个市场领域内和其他竞争对手的竞争地位。作为一个育种公司，你可以通过维持一个单一的育种规划来节省开支，但如果因为失去遗传增益而丢失市场份额，你会损失更多。当然这是家畜育种中的情况，但实际在骑乘马育种中也是如此！例如，KWPN 已经决定将马的育种规划分成两个方向：一个是盛装舞步专用马，另一个是障碍赛专用马。这两个方向的选择标准是不同的。对于盛装舞步的种马，不再测试表演跳跃技能，但应该有出色的步态，并在性能测试中显示出真正的潜力。用于障碍赛的种马不会因为步态较差而罚分，但它们应该具有障碍赛的真正潜力。这个想法是通过选择方向的专门化实现更多的遗传进展。虽然这样做会有成本，但他们认为收益会超过成本，市场份额也会进一步增加。由于将育种规划拆分是相对较近的事情，因此还没有进行评估。但初步结果表明，从遗传进展的角度来看，将育种规划拆分是成功的。

运行育种规划的经验做法是，如果两个环境中的表现之间的遗传相关性低于 0.6，不同的环境需要不同的遗传基因才能表现良好，那么就值得将育种规划一分为二，每个环境各一个。遗传相关性高于 0.6，表明即使选择的亲本是次优的，仍会超过运行两个独立育种规划的成本。成本不仅包括经济上的，还包括由种群规模减小导致的遗传选择反应降低，以及维持（两个较小种群的）遗传多样性的成本。

因此：

如果两个环境中的性能表现的相关性小于 0.6，则需要单独建立育种规划。

13.6.3 相关反应

正如我们在选择反应章节中所看到的，有时可以用一种表型的表现来表示另一种难以测量或测量成本较高的表型的表现。这种类型的性状被称为指示性状，因为它与育种目标中的性状存在相关性，因此基于它的选择会自动改善育种目标中的性状。两者的相关性越强，育种目标性状的选择反应越高。这是利用现有的相关性优势进行育种规划的例子。相关性可以作为选择的工具。

连锁不平衡

相关性存在的原因有很多。第一个原因是，与相关性状有关的基因和目标性状相关的基因的位置非常近。因此，它们之间的重组事件很少。在选择压力下，相关性状的等位基因往往与目标性状的正向等位基因一起遗传。用专业术语来说，这就是所谓的连锁不平衡：两个基因的等位基因组合一起遗传。例如，在犬中，如果与成年体型大小有关的基因与髋关节发育不良有关的基因位置很近，那么决定体型大小和髋关节发育不良的等位基因就一起遗传（图 13-5）。如果大体型的等位基因和髋关节发育不良的等位基因紧挨着，而小体型的等位基因和髋关节正常发育的等位基因紧挨着，那么髋关节发育不良与体型之间就存在负相关。这是由于这些基因几乎总是一起遗传，显然以上的等位基因组合在大体型犬种中是不利的。

基因多效性

遗传相关性存在的第二个原因是影响一个性状的基因也会影响另一性状。这被称为基因多效性。例如，如果影响成年犬体型的基因同时会影响犬的髋关节发育，增大犬体型的等位基因也会导致更高的髋关节发育不良风险，那么对成年犬大体型的选择将导致较差的髋关节质量（图 13-5）。

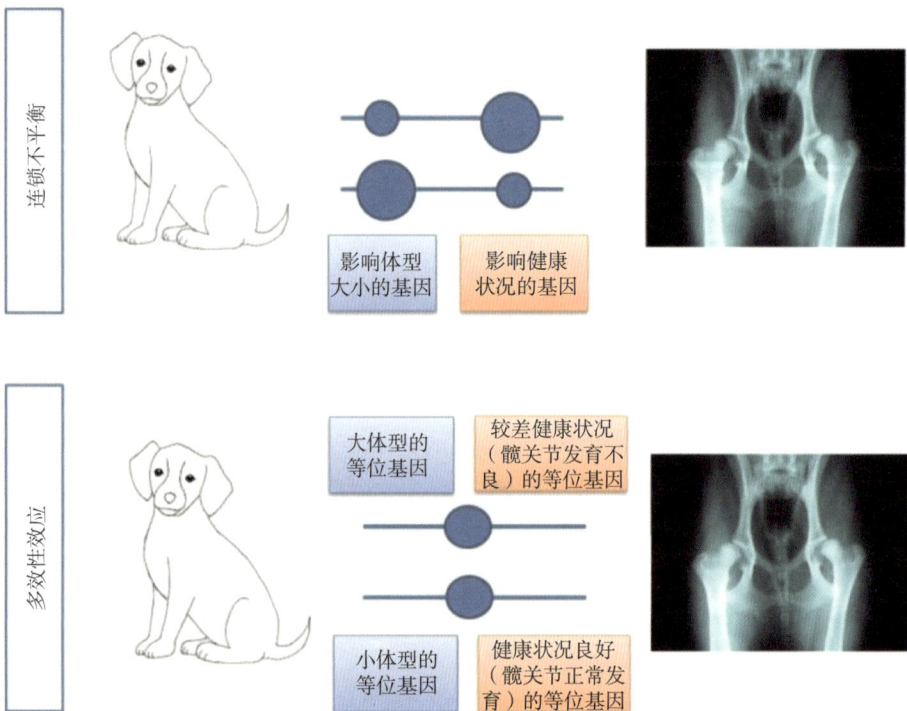

图 13-5　遗传相关性的两个原因：连锁不平衡（影响不同性状的基因不能独立遗传）和基因多效性（一个基因影响多个性状）

13.6.4　资源分配冲突

第三个原因是，被选择的性状与环境敏感之间存在负相关关系。这与等位基因在基因组上的位置或单个基因的多重功能关系不大，这更多的是因为动物必须"做出选择"，把资源花在什么地方。首先，这些选择并不是有意识的选择。我们称它们为选择，是因为用在一个过程或特征上的资源不能用于其他方面。"决定"把资源花在什么地方的机制目前还不清楚，但很可能是遗传因素、动物的生命周期、环境条件、健康状况和其他一些因素的综合影响。各种过程所需的资源是否可用，取决于可用资源的供应和质量，但也取决于动物的摄入能力〔比如，奶牛的采食能力。有些泌乳期奶牛不能采食足够的饲料来维持体况，因为它们把所有的资源都花在产奶上，而采食能力有限又导致它们不得不同时动用自己的一些资源储备（维持体况的体脂、蛋白质等）〕。

因此：

遗传相关性（Genetic correlations）存在的原因有：

-连锁不平衡；

-基因多效性；

-资源分配冲突。

动物在分配各种过程所需的资源时有一些（但不是完全的）灵活性。有些动物似乎在这方面比其他动物表现得更好，而且有迹象表明这种能力是可遗传的。采食能力肯定是受遗传因素影响的。因此，假设我们要构建一个非常简单的模型，我们可以认为资源需要分配到与生存和繁殖有关的任何方面，如图 13-6A 所示。我们现在将动物放在一个要求更高的环境中。为了生存，它将需要获得更多的资源。如果可能的话，它会增加采食量。然而，如果采食量已经达到了它的最大值，它将不得不把分配给繁殖的资源转移到生存上（如图 13-6B 所示）。在这种环境中，生存和繁殖之间存在负相关。更好的生存是以牺牲繁殖为代价的。

在家畜中，选择标准可被认为是"生存"所需的一部分。毕竟，如果它们不够好，它们就不会被选中，也不能成为育种群的一部分。但从育种的长远角度来看，它们已经"死了"从繁殖的角度来看，它们已经"死了"。例如，选择奶牛是为了获得高产奶量。高产量奶牛通常比

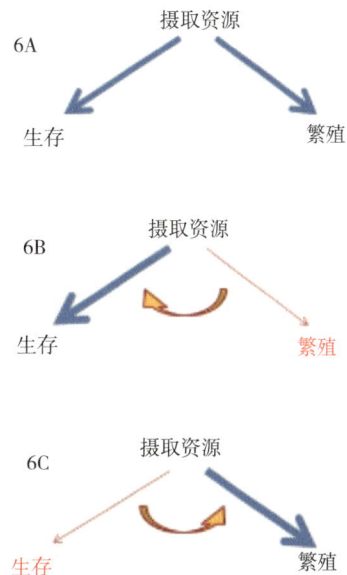

图 13-6　简单的资源分配模型。6A 展示了基本模型：资源需要在与生存和繁殖相关的性状上进行分配。6B 表示生存需要更多的资源。为了达到这一目的，需要剥夺用于繁殖的资源，这可能导致生殖性能下降。6C 显示了相反的情况：繁殖需要大量资源，为了达到所需的数量，剥夺了用于生存的资源。这可能会导致生存和繁殖之间的冲突

动物育种和遗传学

低产量奶牛有更多的生育问题。我们可以使用资源分配模型来了解其中的原因。奶牛不能把它们的资源同时用于生存（如产奶）和繁殖。在产奶上花费最多的奶牛具有选择优势（从而具有更高的生存潜力）。奶牛可以通过增加采食量来实现高产奶量，但也可以通过将资源从繁殖中转移出来用于产奶，从而导致产奶量与繁殖之间的负相关。这就是可能已经发生的事情。

13.6.5 环境的作用

环境也可以得到改善，从而减少需要给生存分配的资源，而将更多的资源用于繁殖（图 13 - 6C）。用于繁殖的资源比例最高的动物将在下一代中占有最大的份额。因此，选择压力会自动转嫁到分配给繁殖的大部分资源上。可以想象，在经过几代之后，将更多资源分配给生存的动物数量会减少。在高质量环境下，这不是一个问题，因为生存只需要有限的资源。然而，如果你把这些动物放在一个质量较差的环境中，它们将无法生存下去。繁殖和生存之间形成了负相关关系。这是除了产奶和繁殖之外的另一种负相关的类型，二者发展的原因是相似的。在这种情况下，动物的繁殖能力很强，但需要良好的生存环境。在前面的例子中，动物有很好的"生存能力"（即产奶量），但以牺牲繁殖为代价。

在现代农场动物物种中，两种类型的负相关都存在。我们已经选择了具有非常高性能的动物，同时我们也试图优化它们的环境，以展示它们的潜力。通过这样做，我们创造了在良好环境条件下表现非常好的动物。然而，与它们被选中时的条件相比，它们对环境质量下降变得更敏感。例如，肉鸡对环境温度的波动非常敏感。与蛋鸡等动物相比，肉鸡感到舒适的温度范围大大缩小了。当然，负相关涉及的不仅仅是资源，但把不需要处理苛刻的环境作为基本原则是可行的，这样所有的努力就都可以放在选择标准（增长）上了。

13.6.6 资源分配模型的证据

尽管资源分配模型是一个简单的模型，但选择反应的方向确实在现实中发生了。为了说明这一点，我们以图 13 - 7 中小鼠选择试验的结果为例。一组小鼠被分成两组，分别用两种不同蛋白质水平的饲料培养了 6 个世代。然后，将它们置于相反的环境中，测量它们的生长表现。两个亚种群在各自的环境中表现最好。然而，高蛋白质饲料组小鼠在其他环境中比低蛋白质饲料组小鼠受到的影响更大。结果如图 13 - 7 所示，它们的反应规范曲线不平行，甚至交叉，表明环境和基因型的相互作用只能在有限的世代中产生。种群或品种会适应它们的环境。

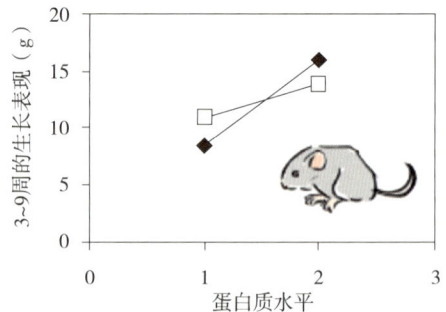

图 13 - 7　两组小鼠分别用两种不同蛋白质水平的饲料培养。在第 7 代记录了它们在两种饲料水平下的表现。结果表明每个群体在各自的环境中表现最好

13.6.7　基因型和环境互作的相关性

　　与基因型和环境互作有关的最后一点是，性状之间的相关性在不同的环境中可能不同。相关性的正负甚至可能发生改变，例如，在良好的环境中，动物成熟的日龄（动物能够繁殖的年龄）和生长呈正相关。大体型的动物比小体型的动物成熟得晚，成熟时的日龄更大。然而，在恶劣的环境中，这种情况可能会逆转。尽管动物的体型大小排名没有改变，但成熟的先后顺序发生了改变，小体型动物更晚成熟。原因可能是在良好环境中小体型动物可以更早达到成年体型大小，从而可以更早开始繁殖。然而，在恶劣的环境中，由于某种原因，小体型动物在长到成年大小时已经非常艰难，因此它们的繁殖开始得晚了。这是一个极端的例子，相关性的正负发生了改变。但需要意识到相关性可能会随着环境的变化而变化。因此，在使用指示性状进行选择时最好记住这一点，一个环境中的结果不能自动转换到其他环境中。

　　总之，基因相关性的存在有些可能是选择策略的结果，有些则是基于基因组的原因。意识到基因相关性的存在是很重要的，因为它意味着对一个性状的选择会对其他性状产生影响。我们可以利用指示性状实现对有利目标性状的选择，但如何处理不利的相关性呢？

13.7　不利相关性的处理方案

　　两种性状有时以一种不利的形式相互关联。例如，奶牛（以及其他物种）的产奶量与生育能力呈负相关。高产动物再次怀孕时往往有更多的生育问题。然而，有些奶牛同时具有高产性能和良好的生育能力。如果选择这些动物进行育种，就可以在不降低生殖力的情况下提高牛奶产量。两个性状之间存在不利相关性，并不意味着它们不能在种群中同时得到改善，除非这两个性状之间的相关性是 1 或−1，否则总会有一些动物同时具有这两个性状所需的基因型。当然，不利相关性中每个性状的遗传进展都将低于有利相关性的性状。因为当存在不利相关性时，一些最适合某种表型的动物就不太适合另一种表型，所以就不应该被选择。因此，选择强度会降低。

　　正如动物排名一章中所述，对育种目标中的性状可以采用多性状同时选择。在有关生产系统和育种目标的第 3 章中，我们已经了解了如何将性状权衡为一个指标（单个值）。权重可以是该性状的经济价值：一个性状单位的遗传改良可以获得多少利润？但有时经济效益并不是衡量目标性状的最佳方式，预期收益是更好的选择。例如，如果预期未来市场或立法会发生变化，那么可以根据表型需要改变的速度来定义选择权重，以满足预期变化。同样，有时社会压力也会在很大程度上改变育种规划的结果。例如，肉鸡不要长得太快；与具有特定的外观相比，某些品种的犬更应该能自由呼吸；小牛出生不应该依靠剖宫产。即使直接从经济角度来看，选择的权重也应该是小的，但社会的要求不一定是这样。除了服务消费者之外，认真对待市场和社会需求也是保持良好声誉的明智之举。良好的声誉对保持和增加市场份额非常重要。

因此：

即使两个性状之间存在不利的遗传相关性，对两个性状的选择仍然是可能的。但遗传反应会受到较低的选择强度的影响。

13.8 预期未来：育种将走向何方？

育种就是预测未来。现在所做的育种规划的改变在几代之后才能显现出来。当然，我们不可能详细地预测未来，但可以预见一些一般性的变化。例如，在不久的将来，是否会有立法影响您的产品？例如，有关畜舍的立法变化是否影响我们将要生产的产品类型。总被选为单独饲养的动物，突然需要群养，很可能不会很成功。同样，如果出口产品的立法将会改变，那么养殖公司需要意识到这一点。如果养殖过程中不能再去角、断尾或断喙，那么育种公司需要挑选出能够适应这些情况的动物。

立法

立法变更通常会提前发出通知。然而，市场的变化就不那么好预测。未来你的客户的经济状况如何？例如，市场会继续需求鸡胸肉，还是会转向全胴体？盛装舞步用马还会像今天一样流行吗？还是说障碍赛马或综合全能赛马才会是新的明星，从而导致对这些马的需求增加？预测市场变化本身就是一门专业。

与市场需求相关的是市场份额。如果你的育种规划成功了，你的市场份额可能会扩大。你准备好迎接市场的新需求了吗？例如，如果你开始向世界其他地方出售你的产品，那里需要的动物和这里需要的一样吗？是否存在基因型与环境的相互作用？如果是，它有多大？是否需要为此创建一个新的群体，或者可以使用当前的群体进行运营吗？你可以在这里选择动物，还是需要在靠近新市场的地方选择动物，以便它们能够适应新的环境？

市场开发

与竞争对手相比，你的市场地位如何？你是在同一个市场经营，还是可以去另一个市场？你产品的强项是什么？竞争对手产品的强项是什么？对整个市场有一个良好的评判是很重要的：什么是需求，谁是市场上的参与者，他们的计划是什么，你的产品质量如何，等等。

科学与技术

你必须关注的最后一个组成部分是新技术的发展。新技术可能使以前不可能的事情成为可能。但至少如果你的竞争对手正在使用这项技术而你没有，你可能会失去优势，然后失去市场份额，然后倒闭。因此，采用新技术很重要，如测量复杂的表型或利用基因组信息估计育种价值，甚至在没有完全清楚新技术的好处的情况下。因为如果你不使用它，而你的竞争对手使用了它，等它看起来是一种有益的技术时就太晚了，你将失去从一开始就使用这项技术可能保持的领先优势。实际上我们经常看到这种情况。在还未完全清楚新技术的益处之前，新技术就被采用了，因为竞争对手也在使用它。为了避免太迟，及时使用新技术很重要。

因此：

在一定程度上预测未来的限制（立法）和机会（市场扩展）很重要。

13.9 遗传进展与遗传多样性之间的平衡

正如我们在评估遗传多样性一章（第6章）中所看到的，在保持遗传多样性和实现遗传反应之间存在着许多利益冲突。最明显的是选择强度。较高的选择强度意味着选择相对较少的动物进行繁殖。用于繁殖的动物减少，导致近交速率变高，从而丧失遗传多样性。与此相关的是：过度使用最好的动物可能会带来更大的遗传进展，但对未来保持遗传多样性是灾难性的。每一项育种规划都需要知道事情的两面性。没有现成的解决方案，具体情况需要具体方法平衡遗传进展和遗传多样性之间的关系。

13.10 育种规划评估的关键事项

（1）通过计算平均 EBV 的差异确定实现的遗传改良程度。

（2）出现选择极限的原因主要有三个：

  a. 遗传多样性的丧失（不可逆转）；

  b. 通过降低生殖力或死亡来对抗自然选择（通常是不可逆转的）；

  c. 环境限制了表达潜力（通常是可逆的）。

（3）遗传趋势代表一段时间内（如一年或数代）实现的遗传反应。

（4）遗传趋势偏离预期可能是由于育种目标或表型记录的改变。

（5）基因型与环境互作＝当根据 EBV 对动物进行排名的时候，在不同环境下排名会有所不同。

（6）反应规范曲线代表基因型在一系列环境中的表现。

（7）如果两个环境中性能之间的相关性小于 0.6，则需要单独建立育种规划。

（8）遗传相关性存在的原因主要有：

  a. 连锁不平衡；

  b. 基因多效性；

  c. 资源分配冲突。

（9）即使两个性状之间的遗传相关是不利的，对这两个性状的选择仍然是可能的。但较低的选择强度会影响遗传反应。

（10）在一定程度上预测未来的限制（立法）和机会（市场扩展）很重要。

14   维持遗传多样性

在之前的章节中我们已经了解到，育种规划的设立是为了遗传进展。要改良性状的遗传变异至关重要，我们在前一章评估实现的遗传进展时已经充分认识了这一点。除了获得的遗传进展外，种群中动物之间的遗传关系也很重要。当由于亲本的选择而导致遗传关系增加时，那么亲缘关系较强的动物之间将来必须进行交配时，近交效应就开始出现：近交衰退和发生隐性遗传缺陷。评估育种规划时需要考虑性状的遗传变异和系谱组成的变化。这些都是遗传多样性的方面，在执行育种规划时要持续不断的评估。育种规划或生产计划（猪和禽类育种的金字塔结构育种规划）中性状的遗传变异并不局限于所涉及品种的遗传变异，它可以扩展到可用于杂交育种的物种的遗传变异。因此，对遗传多样性的关注并不局限于一个品种内的遗传多样性，还包括品种内和品种间的遗传多样性。因此，品种的保护很重要，本章也将解释这一点。接下来，我们将讨论：什么是遗传多样性，如何衡量它，保存品种的价值是什么，动物之间的关系在避免品种内近交方面的重要性，以及如何防止在育种规划中过度增加动物之间的关系。

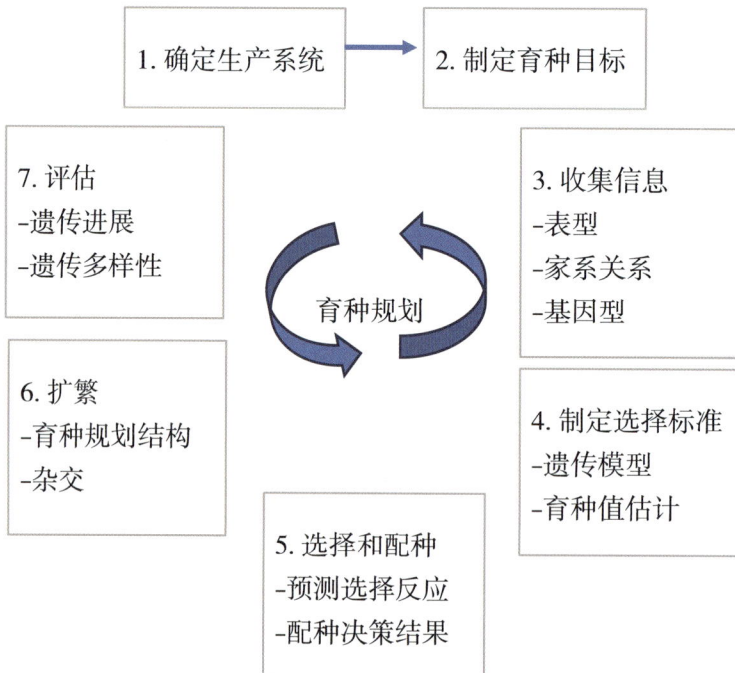

在撰写本章时，经常参考两本书：《农场动物遗传资源的利用和保护》（编辑 Kor Oldenbroek，瓦赫宁根学术出版社，2007 年出版）和《纯种犬繁殖》（编辑 Kor Oldenbroek 和

Jack Windig，荷兰犬科管理委员会出版社，2012 年出版，荷兰语版）。

14.1 遗传多样性

在全球范围内，人类已经驯化了 30 多种动物（其中有 14 种动物负责生产人类 90％以上的食物）用于农业目的。此外，其他动物物种也被驯化用于休闲目的或为人类提供各种其他服务（业余爱好、看家护院、自然管理、狩猎等）。在这些动物物种中，我们观察到许多变异。同一物种的动物在许多性状上或多或少有所不同：它们在几乎所有性状上都表现出多样性。这种多样性源于遗传。

在物种内部，我们可以识别出地方品种：在一个地方品种内部，动物彼此相似，但在个体之间仍然可以观察到许多表型特征的多样性。人类利用地方品种培育出了标准化的品种（后来，又从这些品种中创造了专门的选育品系）。在标准化的品种中，动物之间的相似性比地方品种中要大。它们更加一致。但在标准化品种的个体之间仍然可以观察到多样性。总之，在动物种群（物种或地方资源或品种或选育系）中存在着具有遗传起源的多样性。多样性起源于动物在 DNA 组成上的差异：物种内的差异大于地方资源内的差异，地方资源内的差异大于标准化品种内的差异，标准化品种内的差异大于选育系内的差异。遗传多样性的广义定义是：

> **定义**
>
> 遗传多样性（Genetic diversity）是指物种之间，物种内的品种之间，以及品种内的个体之间的一组差异，是它们之间 DNA 差异的表现结果。

14.1.1 犬的遗传多样性

犬是遗传多样性概念的极佳例证。人类驯化了狼，并在将其驯化后开始饲养，称之为"土狗"。这些土狗经自然选择和适应当地环境形成了地方资源。因此，地方资源之间的性状差异是基于 DNA 的差异而产生的。在过去的 150～200 年间，犬出现了许多标准化的品种，它们在表型、身体构造（例如，体重从 1kg 到 100kg），毛发和颜色上有很大的不同，并且在行为上也存在差异。全世界范围内已经发展出了数百个标准化的品种，这得益于犬中少数具有多个等位基因的基因，这些基因决定了犬的身体构造和外观特征。因此，这些犬之间共享相似的 DNA（因为它们的祖先都是狼），并都属于犬这一物种，但在某些特定基因的等位基因上的差异造就了品种之间（和品种内部）的多样性。

14.1.2 家畜的遗传多样性

在农场动物中，品种间在性能上的差异对开始一项育种计划或农场活动很重要。在生产环境下选择最佳的品种和选出哪个品种最符合我们确定的育种目标都很重要。在过去的 50 年里，人们观察到了巨大的品种差异，特别是在牛、猪和家禽中，这导致了对仍在开

动物育种和遗传学

发的品种进行严格的选择。在这一过程中，许多品种和选育系被淘汰了。动物生产出现了专门化的趋势，只有少数品种被认为是生产乳品、牛肉、猪肉、鸡蛋或鸡肉的最好品种。现代技术在育种规划中的应用进一步加强了这种全球范围内对少数品种的关注，这需要巨额投资来实现。这样的投资只有在广泛传播育种材料且遗传进展能够在大量后代中获得利润时才会有回报。全世界只集中关注少数品种，导致越来越多的品种被认为无利可图，进而产生了灭绝的风险。

14.1.3　品种间变异的重要性

这些发展中的关键问题是：品种间遗传变异占总遗传变异的比例是多少？如果这个参数很小，那么可以预期，当性状出现缺点时，可以在选择计划中利用品种内的变异来弥补。如果品种间的变异很大，那么在品种内预期不能获得足够的选择反应。这是警惕品种灭绝的一个重要原因。

例如：目前，许多荷斯坦-弗里斯兰牛的育种者开始将他们的牛与瑞士、德国、法国和斯堪的纳维亚的两用品种牛进行杂交，以改善其牛的健康和适应性特征。育种者们发现他们的牛的健康和适应性性状正在退化，并且预期纯繁不能阻止这一过程。法国和斯堪的纳维亚的品种确实有更好的健康和适应性特性。在稳定的杂交系统（轮回杂交）中，牛的这些性状从杂交优势中得到了额外提升。

当畜牧业生产必须迅速适应新的挑战时，品种之间的变异可能会有很大帮助。因此，保护多种多样的品种是对当今生产环境和市场发展不确定性的合理和重要的战略回应。

总体而言，品种间的变异约占一个物种内总遗传变异的一半。用公式表示：

$$\sigma_s^2 = 0.5\sigma_B^2 + 0.5\sigma_W^2$$

式中，σ_s^2 ＝物种内的遗传方差；

σ_B^2 ＝品种间遗传方差；

σ_W^2 ＝品种内的遗传方差。

14.1.4　品种间变异的起源

不同品种间的变异由 4 种进化力量促成：遗传漂变、迁移、选择和突变。

遗传漂变是一个术语，是指基因从父母传递到后代时，由于随机抽样过程而导致的等位基因频率的随机波动，是与近交有关的现象之一。它在小群体中的作用更大。随着时间的推移，遗传漂变将导致来自同一种群并保持隔离的两个品种之间的遗传差异逐渐增加。

迁移是指从一个品种向另一个品种转移，它与近交的效果背道而驰，因为迁移减少了品种之间存在的遗传差异，增加了迁入品种内的变异。

如果发生选择，那么携带有利等位基因的动物在下一代将有选择优势。选择可能会导致品种之间的趋同或分化，这取决于每个品种的选择目标。在家畜中，选择可以是人工的，也可以是自然的。例如，在具有周期性干旱等特定挑战的环境中，自然选择将在提高特定品种的适应性方面发挥重要作用。有利等位基因的选择优势如图 14-1 所示。

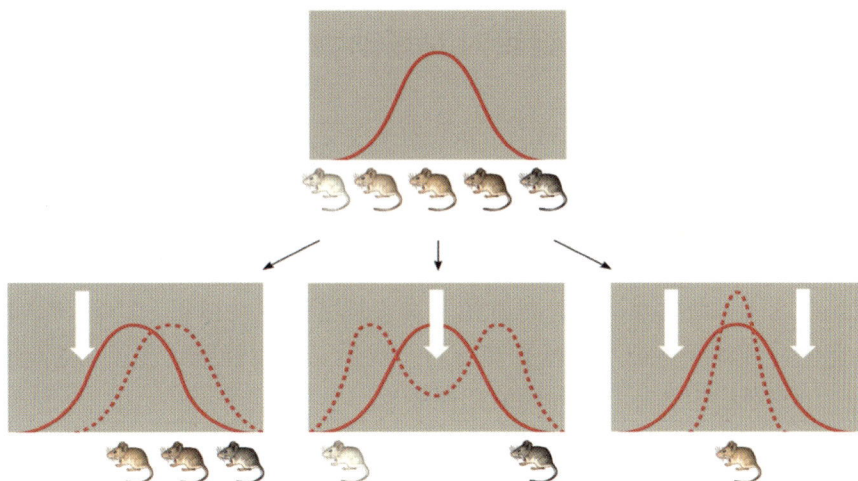

图 14-1 有利等位基因的选择优势：当有色小鼠具有选择优势时，颜色较浅的小鼠的等位基因在后代中消失；当棕色小鼠处于劣势时，它们的棕色等位基因消失，白色和灰色的小鼠得以幸存；当棕色小鼠具有优势时，白色和灰色小鼠的等位基因消失（© 2011 Peerson Education，Inc.）

一般来说，基因组中突变增加了品种间的遗传分化，创造了遗传多样性。然而，突变发生的频率很低，在没有选择的情况下，只有经过相对较多世代后突变的影响才能显现。然而，在过去某个时刻，突变已经造成了核心群的遗传多样性。

14.1.5 品种内变异的来源

遗传漂移、迁移、选择和突变也是品种内变异的影响因素。除了这些演化的力量之外，品种的创造方式对现今品种内的遗传变异也至关重要。

以犬为例，标准化的犬种通常是由少数品种中的少量动物通过杂交创造而来，它们的后代被按照严格的标准进行挑选。一个犬品种通常始于少数始祖动物，这就是犬品种内的遗传变异往往比较有限的原因。

举例来说，猪和牛的品种是通过淘汰不符合育种标准的动物（颜色不对或体态不对），以及密集使用符合育种标准的雄性，从地方资源品种中发展而来。

饲养大量的动物可以避免遗传漂变。

动物的迁移通常对品种内的遗传变异有积极影响。在实践中，如果血统簿规定允许在品种内使用外部动物（在一定规定下），则遗传变异将被扩大。因此，强烈建议使用"开放"的血统簿，而不是将品种封闭。

选择下一代亲本时，如果选择强度非常高，可能也会对品种内的遗传变异产生相当大的不利影响。那样只有很少的个体被选为决定下一代遗传变异的亲本。

动物育种和遗传学

突变对品种内遗传变异在短期内的影响较小。突变的发生率一般很低，以至于短期内品种内的动物数量太少，没有多少机会发生突变。

14.2 联合国粮食及农业组织对农场动物遗传资源的全球计划

20 世纪 60 年代，科学界和农场主团体开始关注受到严重威胁的动物遗传资源。在欧洲，大量农场主离开了有着丰富品种多样性的农村地区，许多当地的品种被少数广泛推广和密集选择的品种所取代。这些精挑细选的品种也被出口到欧洲以外的发展中国家，并取代了那些适应与欧洲截然不同的当地环境和管理系统的品种。1992 年，联合国粮食及农业组织启动了一项农业动物遗传资源全球管理特别行动计划。2007 年，该计划在发布动物遗传资源状况后被"全球行动计划"取代。在联合国粮食及农业组织的术语中，动物遗传资源指的是一个物种内的品种数量。

联合国粮食及农业组织非常重视定义品种的风险状况。这不仅仅是动物数量的问题。当然，动物数量是一个主要的标准，但还有其他因素，如雌性只用于纯种繁殖，还是或多或少用于杂交？一个决定性的因素是该品种的繁殖能力：雌性是像商业家禽育种那样每年可以产生成百上千个后代，还是像马那样平均每十年才能产生一个后代？联合国粮食及农业组织使用"无危""易危""濒危"和"极危"来评估品种的风险状态。图 14-2 展示了根据物种的繁殖能力进行风险分类的情况。

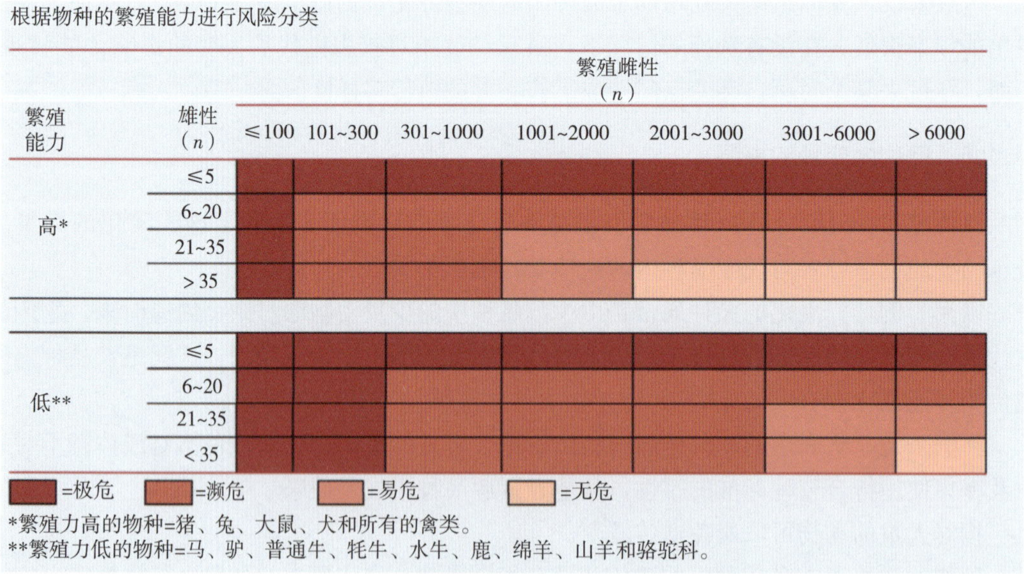

根据物种的繁殖能力进行风险分类

繁殖能力	雄性（n）	繁殖雌性（n）						
		≤100	101~300	301~1000	1001~2000	2001~3000	3001~6000	>6000
高*	≤5							
	6~20							
	21~35							
	>35							
低**	≤5							
	6~20							
	21~35							
	<35							

■=极危　■=濒危　■=易危　□=无危

*繁殖力高的物种=猪、兔、大鼠、犬和所有的禽类。
**繁殖力低的物种=马、驴、普通牛、牦牛、水牛、鹿、绵羊、山羊和骆驼科。

图 14-2　根据物种的繁殖能力进行风险分类

根据品种的风险状况，采用不同的管理策略对该品种进行保护和利用。联合国粮食及农业组织制定了完备的流程图（图 14-3），根据品种的风险状况可以找到适当的策略。对于处于风险中的品种，首先应考虑品种的价值，如与其他品种的关系（它是独特的品种吗?），是否具有特殊的适应性特征，在社会上的使用价值和文化历史价值如何。考虑完这样的因素后，你可能会得出结论，认为该品种值得保护，并制定一项保护计划，可能是活体保存或体外保存。

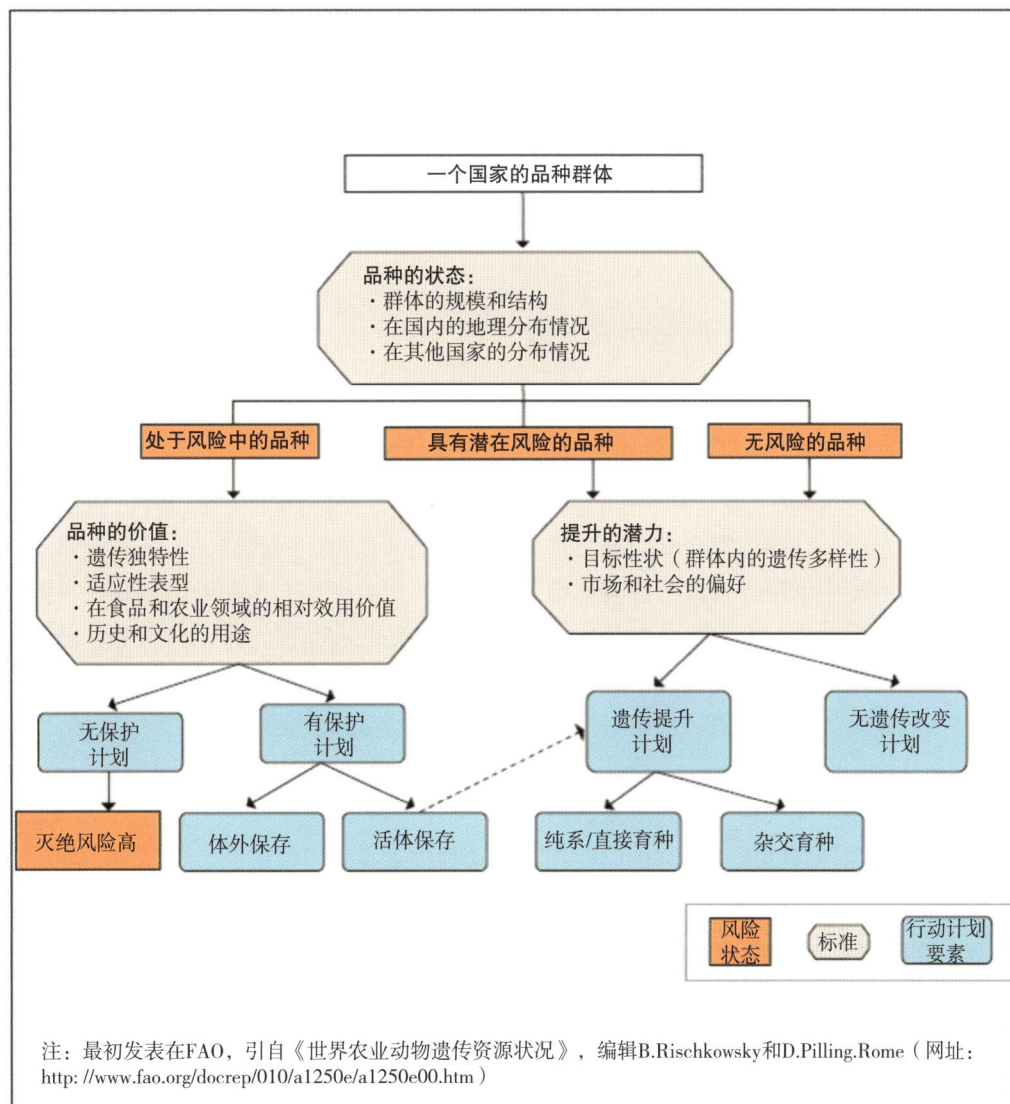

图14-3　一个国家动物遗传资源管理的流程图

定义

活体保存（In vivo conservation）是指在正常农场条件下和/或在品种逐渐形成的区域或主产区内维持活种群的保存。

体外（低温）保存［In vitro (cryo)］是将配子或胚胎冷冻储存在液氮中。

动物育种和遗传学

对于不存在风险或存在潜在风险的品种，在育种规划中仍有可能实现遗传改良。当然，对于存在潜在风险的品种，由于可用于育种的动物数量很少，因此这种可能性是有限的。对于这些品种，可以制定保护计划。首要任务是最大限度地减少双亲之间的亲缘关系而非将遗传改良最大化，必须选择相对较多的父系和母系作为下一代的亲本。这将在后文的保护计划中详细阐述。保护计划会延长世代间隔。因为如果某个父系现有存活的后代数量非常少，则可能会使用该父系在基因库中保存的精液。

品种的活体保存需要一个精心设计的育种规划。这个规划涉及的动物数量较少，需要育种者严格遵守并经常进行评估。活体保存的主要目的是促进这些品种在农村地区的使用，包括：①自然管理；②生产具有高附加值的区域性产品；③维护文化历史活动。

14.2.1　利用保护品种进行研究的示例

颜色偏好性：遗传多样性保护有助于研究的示例

颜色偏好性是牛的显性遗传表型，其特征是身体两侧、鼻子和耳尖的部位有着色。它也被称为"lineback"或"witrik"（白背），具有颜色偏好性的动物的背上通常有一条长长的白色带。许多国家会专门选育这种颜色图案的动物，因此这一特征被保留了下来，至少自欧洲中世纪以来就已经有了颜色偏好性的记录。目前这种颜色偏好性在世界各地的几个牛品种中都有记录，包括比利时蓝牛、一些北欧品种、荷兰白背牛、美国兰德尔背线牛和瑞士褐牛。比利时的科学家们通过对有颜色偏好性和没有这种表型的品种进行基因分型，确定了牛的颜色偏好性是由 6 号染色体和 29 号染色体之间基因组片段的复制和交换引起的（Durkinet 等，2012）。

这项研究是不同染色体上的重复基因决定表型的第一个例子。维持具有这种颜色模式的牛的几个品种有助于发现这种以前在哺乳动物中未知的遗传机制。

14.2.2　使用稀有品种的示例

荷兰德伦特荒地羔羊价格翻倍

德伦特荒地绵羊于 6000 年前抵达荷兰东北部地区。从此，它们在这个贫瘠荒地上繁衍。通过适应和自然选择，德伦特荒地绵羊的体型相对较小，但腿部结实且精瘦（图 14-4）。因此，相对于标准肉羊品种，其胴体量和肉骨比都比较低。它是荷兰唯一的有角绵羊品种。如今，这个羊群主要用于自然管理。它们由牧羊人带领放养，这一景象非常吸引在该地区游览的游客。德伦特荒地绵羊登记册中大约注册了 2000 只母羊。最近，三个羊群的所有者开始将他们的羔羊以 *Drènts Heidelaom* 有机产品的名义进行市场推广。这些羔羊是在一个明确定义的市场链中生产的，相对于不知名的羊羔市场，羔羊的价格翻了一番。

生产链的设置如下：第一，羊群的有机管理以及从羔羊的有机生长到屠宰都是有组织的，这些管理实践由荷兰有机产品官方认证和检验机构 Skal* 进行控制和核查。第二，与当地一家小型屠宰场签约，以最人道的方式屠宰小羊。第三，将屠宰后的胴体出售给专门生产有机羊排、羊腿火腿和羊肉香肠的屠夫。这些产品由屠夫在荷兰西部的有机农贸

图 14-4　荷兰德伦特荒地绵羊

市场上出售。第四，与荷兰的慢食组织以及荷兰德伦特荒地绵羊保护基金会合作。由于特殊的自然管理和饲养方式，德伦特荒地绵羊和羔羊有一种特殊的野味，再加上绵羊及其产品的文化历史意义，德伦特荒地羊被慢食组织收录进了"味觉方舟"（经常面临灭绝危险的传统食品目录）。第五，安排羊群之间的交流，并形成了慢食组织的一个小项目 Presidium**：Drenthe Heath Lamb（德伦特荒地绵羊）（在该地区的语言中又称 *Drènts Heidelaom*）。

14.3　荷兰的品种保护情况

活体保存

在荷兰，荷兰稀有品种基金会（Stichting Zeldzame Huisdierrassen，SZH）促进了荷兰本地品种的活体保存。超过 70 个本地品种的育种或繁育组织与 SZH 有联系。本地品种的定义是指在这个国家存在和繁殖超过 6 代加 40 年。畜禽等动物的本地品种数量相当有限：7 个牛品种，2 个猪品种，4 个马品种，8 个绵羊品种，3 个山羊品种，7 个兔品种，许多本地荷兰鸡和其他禽类品种（如鹅和鸽）。另外，还有 9 个犬品种。

SZH 为育种组织和育种者提供三项服务：①监测品种和育种计划的发展和评估；②唤醒公众意识和积累教育材料；③鼓励使用稀有品种生产地方产品和加强自然生态管理。稀有品种的主要遗传问题是小群体中动物之间的亲缘关系过于密切和近交风险。SZH 与荷兰遗传资源中心（CGN）密切合作，针对如何最小化这些稀有品种小群体的亲缘关系的增加和降低近交速率，为繁育组织提供帮助。在 SZH 和 CGN 的密切合作下，稀有

---

* http：www.skal.nl/English/tabid/103/language/nl-nl/default aspx。

** Presidium 是一个小项目，用于支持生产和销售能够满足慢食组织认为有利于经济、环境、文化和/或社会目标的手工制作食品的团体。

动物育种和遗传学

品种和少数品种的雄性精液被保存在了"基因库"中，育种规划使用该"基因库"中保存的精液。

体外保存

在荷兰，荷兰遗传资源中心（CGN）负责保护目前荷兰境内的农场动物品种的遗传多样性。这些品种包括育种公司广泛使用的品种或选育系和当地的珍稀品种。CGN有一个动物基因库，登记了在液氮中储存的雄性动物精液的概况。在牛中，包括来自广泛使用的品种的公牛样本（每头进入育种计划的公牛保存25剂）或稀有品种的公牛样本（400剂/精选或可用的公牛，收集自自然繁殖的农场）。在猪中，每隔10年会利用人工授精站的公猪（不同选育系的公猪和来自2个稀有本地品种的公猪）收集样本。在家禽和鸟类中，储存稀有品种雄性的精液。在犬中，开始冷冻储存稀有品种公犬的精液。图14-5概述了2013年荷兰动物基因库的登记概况。

图14-5 2013年荷兰动物基因库的登记概况

活体保存和体外保存相辅相成。如果两项措施都做了，通过保护稀有品种，可以确保育种规划的灵活性，并有可能将稀有品种应用于当前的育种活动中。基因库在支持小型稀有品种方面发挥着重要作用，并有助于使这些种群再次复壮。下面以荷兰红白花奶牛的例子来说明。

14.3.1 荷兰红白花奶牛的复壮

1800年左右，弗里斯兰省的牛主要由红斑牛组成。在"牛瘟"暴发后，从丹麦和德国引进了许多红色牛的祖先。自1879年以来，弗里斯兰牛登记册开始登记红白花奶牛（图14-6）。后来，在出口市场的推动下，黑白花奶牛比红白花奶牛更受欢迎。对于黑白花奶牛的育种者来说，如果黑白花奶牛的亲本产下一头红白花的小牛则是一件不光彩的事。在红白花奶牛群体中有很大影响力的父系甚至被称为"弃儿"，遭到黑白花奶牛育种者的遗弃。

在 1970 年，只有 50 个农民拥有 2500 头红白花奶牛，并加入了红白花奶牛育种协会。然后，在短暂（1970—1990 年）时期内进行了专业化和集约化的乳制品生产，并从美国和加拿大进口了荷斯坦-弗里斯兰牛。截至 1993 年，红白花奶牛只剩下 21 头纯种动物（17 头母牛和 4 头公牛）。一群关心红白花奶牛的所有者成立了本地红白花奶牛保护基金会，并与当时刚成立的动物基因库取得了联系。

他们共同开发制定了一项育种规划。通过签订合同，基因库中保存的"老"公牛的精液被用于人工授精。随后出生的公牛由饲养者抚养，并且饲养者可以从基因库获得补贴。这些年轻公牛的精液被收集和保存起来，用于后续的新合同。通过这种方式，该品种的数量实现了增加。到 2004 年的时候，有 256 头活体母

图 14 - 6   荷兰红白花奶牛

牛和 12 头活体公牛。基因库中保存了 43 头公牛的 11780 剂精液，可用于人工授精。少数的母牛仍用于乳制品生产，如制作奶酪。大多数母牛被业余爱好者当作乳牛饲养。

14.4   使用系谱评估遗传多样性

从理论上讲，我们可以通过简单但通常比较昂贵的试验来估计品种间的多样性程度，即将大量不同品种的动物放在同一个环境中进行观察。要求：①每个品种的动物数量足够大，使品种均值的估计误差相对于品种间的差异可以忽略不计；②所选品种可以充分代表所有现有品种，这样方差 σ_B^2 就可以通过品种均值来推导。在什么样的环境进行测试，以及在其他环境下的结果会有多大不同，对农业、环境和保护的全球问题具有重要的研究意义。考虑到这种不确定性，测试环境应与预期的应用环境之间存在直接相关。在 20 世纪 70 年代，对奶牛、肉牛和猪的品种进行了全球范围内的大量比较。然而，大多数试验是在不同环境下用有限数量的品种进行的，这样得到的品种间方差不太可靠。

在品种内量化某一性状的遗传变异也很困难，因为需要将个体间已知的遗传相似性与表型相似性联系起来。可靠的相关性信息的主要来源是家系，即每个个体的父本和母本的记录，这些记录可以积累几代。由于大多数种群缺乏关于单个动物 DNA 的详细信息，因此需要通过观察和记录动物的系谱来确定它们之间的关系，至少要有足够的系谱深度来确

动物育种和遗传学

定影响个体动物之间关系的父系和母系。系谱越久远，真实亲缘关系计算得越准确。在每一代中，父母的数量呈指数增长（2^n）。通常认为，确定亲缘关系需要五代完整的系谱。系谱的完整性是群体系谱信息质量的参数，可以计算出五代或六代完整系谱的百分比。

14.5 DNA 信息对遗传多样性评估的影响

过去十年间，获取基因型信息的成本大大降低，使得这些信息在科学和商业应用中更加经济实惠，这为评估遗传多样性打开了新的机会。科学研究中已经使用了许多不同类型的标记，随着技术的进步，它们的流行程度也在改变。

信息量丰富的 DNA 标记可以通过两种方式帮助评估遗传多样性。第一种方式是克服某些物种（如许多鱼类物种）可能不能直接观察或观察成本非常昂贵的问题。通过在所有后代和所有可能的父母中检测少数多态性标记（如 10～20 个微卫星标记）的基因型，就有可能鉴别出几乎所有后代的父本和母本。第二种方式是在整个基因组的所有染色体上广泛进行基因分型（如 50000 个 SNP），从而更精确地估计同胞或其他亲属共有的 DNA 的真实比例，而不是简单地使用系谱提供的亲属之间共有 DNA 的期望值。

DNA 信息使我们能够以不同的方式评估遗传多样性，因为我们可以获得个体基因组特定区域的核苷酸序列，明确群体内每个基因组位置的等位基因，以及每个个体的基因型。利用这些信息解决遗传多样性问题的方法包括：

（1）检验等位基因频率的多样性。通过定义一个个体的等位基因频率为 0、1/2 或 1，表示个体携带等位基因的拷贝数是 0、1 或 2。将等位基因的拷贝数看作是一个连续的表型，用来计算品种间和品种内的多样性。需要注意的是，在这种方法中，品种均值是品种等位基因频率的估计值。例如，如果两个品种分别固定了不同的等位基因，那么在品种内就观察不到多样性，所有的多样性都存在于品种之间。

（2）将品种多个等位基因（通常来自非连锁位点）频率的均值通过一些预定义的函数组合在一起，以测量品种之间的遗传距离。存在多种遗传距离测量方法，这里不再讨论。

（3）可以测量杂合子的频率而非基因频率。杂合子在一个基因座上有两个不同的等位基因，是等位基因频率、亲缘交配和存活率的函数。这种方法的理论依据是，在缺乏多样性的情况下，种群中将不会有杂合子。可靠的品种间比较依赖非常密集的标记集，在许多物种中这是可行的，因为 DNA 芯片可以包含超过 50000 个标记。

（4）另一种简单但有局限性的多样性测量方法是计算一组基因座中出现的不同等位基因的数量。等位基因数量越多，多样性越高。计算每个品种的等位基因数量以及品种间共享的等位基因数量，可以用于检测品种间的差异。在此基础上，可以变化一下，计算"私有等位基因"的数量，其中"私有等位基因"被定义为在一个品种中发现但在其他品种中找不到的等位基因。

计算等位基因的数量似乎不如测量等位基因频率有价值。然而，私有等位基因的观测值在其他方面可能非常有用，例如，关于处于危险状态的品种的保护，以及关于追溯计划的研究（这种肉真的是由具有这种稀有等位基因的品种生产的吗?）。

14.5.1　全基因组范围内的多样性模式

在使用"非功能"DNA标记（不编码蛋白质）的研究中，有一个重要的前提假设是这些标记是中性的，即这些标记与被选择性状的等位基因不相关。标记的中性很重要，因为人们假定这些标记的频率变化只是通过遗传漂变而不是迁移和选择引起的。基因座的中性可能因品种而异，原因如下：（i）一个品种可能具有其他品种中不存在的重要等位基因；（ii）不同的畜禽品种受到不同选择标准的影响，这些标准主要取决于育种者的选择目标。

基因组是由染色体组织的，这引入了等位基因在不同位点之间的连锁现象（当这些位点在减数分裂期间没有发生重组时，这些等位基因作为一组固定的等位基因组合从一代传递给下一代）。连锁的一个结果是，与一个新的有利突变紧密相连的等位基因在过程中会随着突变增加频率，这个过程被称为"搭车效应"。

与有利突变紧密相连的等位基因很可能也会在群体中固定。因此，在品种内，染色体上的这一区域将因为距离目标突变位点非常近而显示出非常低的多样性。因此，检查整个基因组的等位基因多样性就会得到基因组上的高、低多样性区域。这种基因组多样性模式被称为品种内的选择特征或选择足迹，可以指示驯化过程中的重要位点，或者是特定品种特征的选择标记，或者是整个物种（无论是野生的，还是家养的）高度保守的区域。随着SNP等全基因组标记的使用，在家畜物种中进行选择足迹的有效搜寻正式开始。

> **定义**
>
> 搭车效应（Hith-hiking）由于对与有利等位基因密切连锁的位点的选择而导致的等位基因频率的变化。
>
> 选择特征（Signature）或选择足迹（Selection footprint）是指因为与群体中被强烈选择或淘汰的基因相邻而造成的染色体多样性降低的模式。

更一般地说，DNA分型技术的普遍发展，让我们可以研究散布在整个基因组位点上的等位基因组合的多样性。这种品种内的多样性不仅取决于等位基因频率，还取决于观察到的等位基因的连锁不平衡（LD）程度。这种等位基因的固定组合从一代转移给下一代，可能是由于种群规模和种群管理随着时间的推移而产生的。例如，在过去某个时期，这种等位基因组合出现在了用于繁殖的少数个体中（受欢迎的父系被大量使用或出现了遗传瓶颈），或通过基因渗入引入到了品种中。

> **定义**
>
> 连锁（Linkage）是染色体上紧密相连的基因座上的等位基因以及遗传自一个亲本的等位基因倾向于一起传递给后代的现象。基因位点在染色体上越近，这种现象就越明显。当基因座位于不同染色体时，这种倾向就完全消失了。
>
> 连锁不平衡（Linkage disequilibrium）是等位基因以单倍型的形式固定组合在一起。随着时间的推移，位点之间的重组事件将消除这种组合，距离越远的位点组合消除得越快。
>
> 遗传瓶颈（Bottleneck）指品种的亲本繁殖数量特别少的时期。在这个时期，由于群体数量的显著减少导致遗传漂变很高。
>
> 基因渗入（Introgression）是指一个等位基因或一组等位基因从一个品种转移到另一个品种。这是通过将一些供体品种的亲本与受体品种杂交，然后选择所需等位基因的携带者亲本系统地回交到受体品种而实现的。可以用标记来鉴定携带者。

14.5.1.1　单倍型的例子：牛的 B 血型

在研究牛的血型的文献中找到一个例子，少量动物中存在连锁等位基因的组合，即单倍型。牛的 B 血型是由 12 号染色体上连锁的位点决定的。其中的 20 个不同位点各自负责产生（或缺失）一种抗原因子，这种抗原因子是一种可以在实验室建立的蛋白质。在牛中确定了 300 多种 B 血型，它们的抗原因子组合有所不同。研究发现，在被大量广泛使用的公牛及其儿子中，B 血型的频率急剧增加。12 号染色体上 20 种抗原因子的等位基因排列如下：

_ Q _ Y_2 _ G _ D' _ G' _ G'' _ F⁻' _ F'$_1$ _ BKP' _ I$_1$ _ J' _ K' _ I$_2$ _ O$_1$ _ O$_3$A _ I'' _ I' _

例如，当广泛使用单倍型为 BO$_1$Y$_2$D' 的父系时，这种连锁等位基因组合导致 B 血型的单倍型的频率在种群中增加。

14.5.1.2　基因渗入的例子：特克塞尔绵羊中 Booroola 等位基因的渗入

在特克塞尔绵羊中发现了一个连锁等位基因渗入的例子，渗入的是美利奴羊携带的 Booroola 等位基因。Booroola 等位基因可以增加产仔数：杂合子母羊可以增产 1 只羔羊，纯合子母羊可以增产 2 只羊羔。在一项试验中，特克塞尔母羊与携带该等位基因的美利奴公羊交配。杂交后的 F$_1$ 与特克塞尔个体交配（回交）。目的是引入 Booroola 等位基因，同时尽可能保留特克塞尔品种的其他等位基因。Booroola 等位基因遗传标记的使用加速了这个渗入过程。在试验阶段，Booroola 等位基因导致死胎羔羊的比例显著升高。在后续的几代中，这种死胎的不利影响慢慢消失了。原因是，在所用的美利奴羊中有一个基因的位置距离 Booroola 基因很近，该基因可以增加出生羔羊的死亡率。通过对高产羔数和低死羔数同时进行选择，死羔的不利等位基因和 Booroola 等位基因间的连锁关系逐渐消失。

14.6 监测种群

育种规划不仅要对实现的遗传进展进行评估，还要考虑近交的程度。只要相关动物间的加性遗传关系不等于零，近交就会发生。它们的后代就是近交的。正如我们所看到的，近交系数等于双亲加性遗传关系的一半。近交可能导致单基因隐性缺陷的表达和近交衰退。近交使许多位点纯合，导致优势显性效应消失。在这方面，近交与杂交的作用相反。我们知道杂交会产生杂种优势，特别是在健康性状和适应性状上。近交衰退在这些性状中的迹象也更高。表 14-1 列出了近交对不同物种生产性状的一些影响。

表 14-1　近交导致的衰退

物种	性状	由于10%的近交导致的减少或减小
奶牛	乳产品	3.2%
羊	体重	5.5%
	体型	3.7%
猪	乳头数	3.1%
	体型	4.3%
鼠	雄性数量	7.2%
	体型	0.6%
玉米	株高	2.1%
	种子产量	5.6%

14.6.1　主动近交和被动近交

在一个种群中，近交可能以两种不同的方式产生：①育种者主动选择亲缘关系比一般种群亲缘关系更密切的父系和母系进行交配，称为主动近交；②由于种群中所有的动物都是有亲缘关系的，育种者必须让有亲缘关系的父系和母系进行交配，称为被动近交，这是我们在种群监测时要讨论的主要近交类型。被动近交是由于闭锁群体的个体数量有限造成的，这在许多品种中都是如此。

每繁殖一代，系谱中后代个体的祖先数量呈指数增长。例如，在第 10 代，一个动物有 $2^{10}=1\ 024$ 个祖先。在大多数品种中，在第 10 代的祖先生活的时期，用于繁殖的亲本数量实际上达不到 1 024。这就意味着，在血统表的更深处，父系的系谱和母系的系谱中会出现相同的个体，于是父系和母系成了亲缘相关个体，它们的后代也就成了近交的后代。这说明系谱越久远，父系与母系之间的亲缘关系越完善。被动近交是犬类育种中的一

动物育种和遗传学

个实实在在的问题，我们将介绍的大多数例子都来自犬。

14.6.1.1　异型杂交对减少近交非常有效

近交发生在具有亲缘关系的父系和母系交配时。它们的后代被称为近亲繁殖个体。如果父系和母系都是近亲繁殖个体，但它们之间没有共同祖先，也就是说它们之间没有血缘关系，那么它们的后代就不是近亲繁殖的。换句话说，近交是不遗传的。例如，如果一个处于风险状态的品种引入另一个品种的一个雄性，该雄性和风险种群中的任何雌性都没有共同祖先，那么即使风险种群的平均近交系数很高，所有这个"外来"父系的后代的近交系数也都为 0。异型杂交可以有效减少近交和近交问题。异型杂交可以用父系和母系间没有亲缘关系的单个动物的系谱来说明。

在下面的 Naen 的家系中，父亲 Ferdinand 是近亲繁殖的：它的父亲 Tsjalling 和母亲 Crisje 有共同的祖先 Ritske P 和 Bouke P；母亲 Truus 也是近亲繁殖的：它的父亲 Kerst 和母亲 Klasine 有共同祖先 Ynte。但是根据图 14 - 7 所示的 5 代系谱，Naen 却不是近亲繁殖。因为 Ferdinand 和 Truus 之间没有血缘关系，它们之间没有共同祖先。在实践中，育种者把品种内的这种交配称为"异型杂交"。

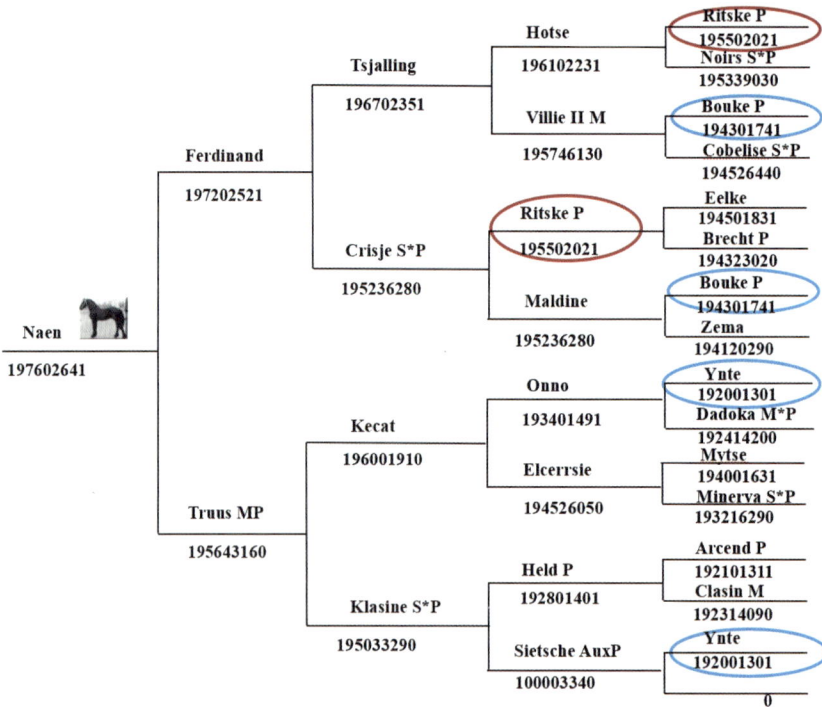

图 14 - 7　Naen 的系谱

14.6.2　群体规模

要监测群体内所有可以配种的动物的数量，即繁殖种群的最大规模。回顾一个品种的历史，其群体规模是会变化的。

监测的第一个参数是群体规模。大型群体的优势是可以尽可能地避免随机漂变和被动近交。在管理良好的商业育种群中，群体规模在育种规划开始前就已经确定好了，并在以后的所有世代中保持不变。但在一些育种规划控制较少的品种，如马或犬，群体规模的发展取决于几个因素。在犬中，品种的受欢迎程度可能会发生改变；在马中，小马驹价格低廉可能导致配种减少，长期下去会减少群体的数量。

监测的第二个参数是每年出生的后代数量。多年来，它代表着一个品种的稳定性。监测数量是增加了（有优势），还是减少了（没有优势）？但是在动物育种领域，我们知道并非所有出生的动物都会用于繁殖下一代。有些是因为没被选中，而有些是因为动物的主人不想用该动物进行繁殖，后者在非商业用途的物种中经常出现，如犬和马。

14.6.3　理想群体

在理想群体中，近交程度非常低，没有不利突变，低频率的等位基因也不会随机丢失。因此，理想群体是庞大的，用于繁殖的雄性和雌性非常多。理想群体减少了亲缘相关动物之间的强制配种，确保稀有等位基因的携带者有后代，不利突变的携带者不进行繁殖。

理想群体的规模很大：科学文献主张使用 100 个以上的动物作为下一代的父母，这有助于自然选择剔除具有不利效应的突变，避免稀有等位基因的随机丢失，维持群体内较大的遗传变异。

除了群体的规模外，群体的结构对理想群体也有贡献。群体结构取决于父母对后代数量的贡献。当这一贡献成比例（均匀分布）时，后代中增加的平均遗传关系不会过多。当只有少数父系作为后代的亲本时，下一代动物之间的亲缘关系就会急剧增加，近交也将急剧增加。请参阅选择和配种章节（第 10 章）对遗传贡献的解释。

父系和母系的数量以及它们后代数量的差异决定了下一代的遗传组成。它们后代数量的变化非常重要。控制良好的育种规划设法最小化这种差异，试图得到数量相等的子代选择个体。但在许多物种中，母系会产下多个后代，因此总会有后代群体的大小差异。在缺乏控制的育种规划中，每个父系的后代数量经常会出现很大的变异。这归因于父系的受欢迎程度，如展会冠军犬或马常常被广泛且无节制地用作父系。当你的目标是降低近交速率时，在种群管理中，对下一代有不同程度贡献的动物的数量是至关重要的。

14.6.4　监测近交速率

为了避免近交带来的问题，如隐性遗传缺陷和近交衰退，每个世代的近交速率 ΔF 要控制在 0.5％以内。国际上普遍认为 0.5％的近交速率是可以接受的最大值。每个世代的估计近交速率越高，发生近交问题的可能性就越高，如图 14-8 所示。

近交速率 ΔF，可以以每年的形式简单表示，通过计算所有出生动物的近交系数，再计算相邻两年所有出生动物的平均近交系数。

每个世代的近交速率 ΔF，即每个世代获得的近交增量，先算出一年内出生的所有动

动物育种和遗传学

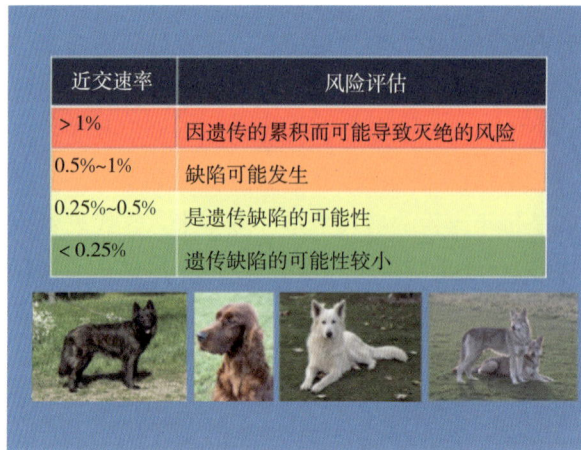

图 14 - 8　近交速率的风险评估

物的近交系数，并计算世代间隔，即更新双亲所花费的时间。

　　计算出第 1 代和第 2 代的近交系数的平均值，再用平均值之差除以平均世代间隔：

$$\Delta F = (F_2 - F_1)/GI$$

其中，F_2 和 F_1 为平均近交系数，GI 为世代间隔。

　　较短的世代间隔不仅可以加速遗传改良，还会加速每年的近交速率。对于小种群而言，遗传改良不是第一优先项，建议使用较长的世代间隔。通过延长世代间隔，可以有更多的时间来监测配种计划的结果，并实现原本计划但仍未有后代出生的配种。

　　为了得到可靠的近交速率，很重要的一点是系谱的前 5 代是完整的。家系不完整会造成对近交系数和近交速率的低估。

14.6.5　加性遗传关系与近交的相关性

　　同样的，可以计算加性遗传关系的速率，与近交速率类似。在群体水平上，近交系数等于双亲加性遗传关系的一半。当群体进行随机交配时，平均加性遗传关系等于平均近交系数的两倍。但是，当采用主动近交时，平均近交系数高于平均加性遗传关系的一半。

　　当一个群体面临近交问题时，避免近交的措施通常是选择亲缘关系较少的双亲进行配种。近交系数随之下降，但群体中的平均加性遗传关系不变，甚至可能还会增加。如此，几代之后，就找不到亲缘关系较少的亲本进行繁殖了。在本章后面我们将概述最佳配种策略。下面以一个犬种为例进行说明（图 14 - 9）。

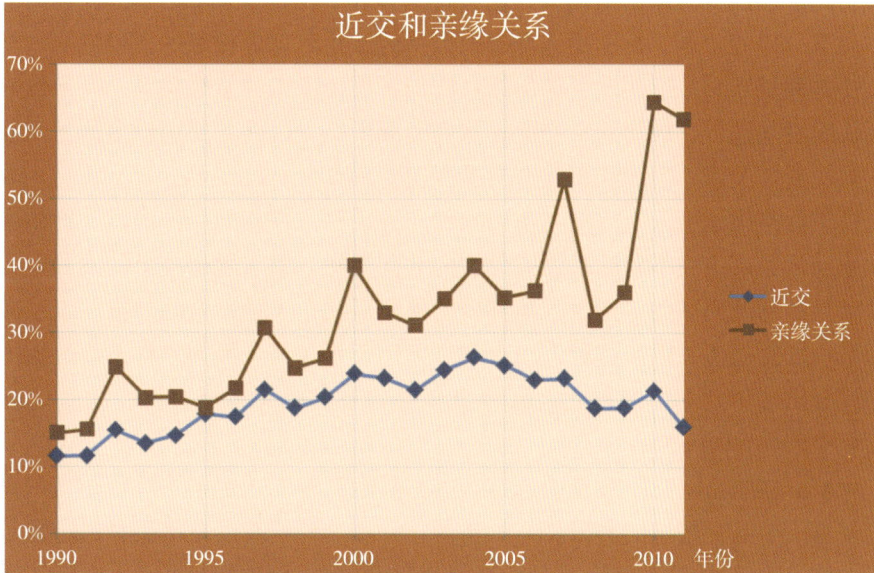

图 14 - 9　一个犬种内的近交问题和亲缘关系。从 2005 年起，通过选择亲缘关系较
　　　　　少的个体进行交配降低了平均近交系数（蓝色曲线），但由于少数公犬的
　　　　　大量使用导致平均加性遗传关系（棕色曲线）仍在增加

14.7　防止近交

　　长期来看，群体中的平均加性遗传关系决定着被动近交的程度。因此，防止（强制）近交在很大程度上取决于管理种群中动物亲缘关系的办法。在商业育种群体中，已经付出了很多努力来进行管理，尽管随机效应（例如，选中的动物产生不了后代）可能会干扰配种计划。在松散的育种规划中很难管理亲缘关系。因此，明智的做法是让育种者了解近亲交配的含义，鼓励个体育种者采用有利于平均加性遗传关系的配种策略。给出交配建议（例如，给出可以与母系交配的公犬，将种群亲缘关系的增加最小化）可能会有很大的帮助。

　　什么措施有助于减缓种群中平均加性遗传关系的增加，从而对近交速率产生有利的影响？下面的三项措施可能会有效：

　　i. 扩大有效种群的规模；

　　ii. 限制每个亲本的后代数量；

　　iii. 采用控制和管理亲缘关系的配种方案。

14.7.1　扩大种群规模

　　第一项扩大种群规模的措施是：为了降低父系和母系的选择强度，选择更多的父系和

动物育种和遗传学

母系作为下一代的亲本。这有助于将全群的父系和母系纳入其中，从而确保保留谱系中的全部变异。高选择强度的作用则相反：它很容易导致不能代表系谱中全部变异的有限个体被选中作为下一代的亲本。特别是选择有限数量的父系，就像松散的育种规划（马的育种规划和犬的育种规划）中经常发生的那样，增加了群体未来的亲缘关系，并导致未来这些父系的后代间必须进行（被动的）交配，从而造成近交。因此，使用较多的父系和母系有利于平均加性遗传关系，但应认识到这将减少遗传改良。

第二项扩群措施是引入生活在其他国家的同种动物。在相同品种的国外群体中，可能会找到本地动物家系中找不到的祖先或较少的共同祖先。鉴于繁殖技术的发展，我们可以进口国外动物的精液或胚胎，用于本地种群的繁衍后代。于是，这些外来的家系减少了本地种群的平均加性遗传关系。这种方法有时可以用于犬和马，但如果将系谱追溯得久远一些，往往就会出现相同的早期祖先。品种由有限数量的祖先组成，它们的后代遍布各个国家。

第三种扩群措施是将有限数量的选定亲本与其他品种的选定亲本进行杂交。在多数情况下，购买另一个品种精选的有限父系的精液，并用这些精液给自己品种选定数量的母系进行人工授精是可行的。"外来"品种的选择至关重要：当初始品种和外来品种之间的体格和大小、适应性特征和育种目标性状之间的差异较大时，需要经过许多代才能获得可接受的后代，很难获得个体育种者的支持。在许多物种和品种中，"品种纯度"是一个需要考虑的现实问题，不能威胁到育种标准。

第二种和第三种扩群方法都可能会因为种群间育种目标性状（水平和组合特征）之间的巨大遗传差异而受阻。

含有渐渗结构的方案才是恰当的杂交育种方案（参见有关杂交育种的章节）：

$$A \times B$$
$$\downarrow$$
$$F_1 (AB) \times A$$
$$\downarrow$$
$$F_2 \times A$$
$$\cdots$$

其中，A 是原始纯种，B 是"外来"品种。B 品种的动物只用于生产 F_1。在 F_1 和 F_2 代中，尽可能对所有动物进行处于风险状态的 A 品种的育种目标性状的选择。育种组织应保持对 F_1 和 F_2 使用的完全控制。当这些动物的特征明显偏离 A 品种的育种目标时，要随时终止其遗传物质在 A 中的渗入。

这种杂交育种方法仅在种群中近交速率非常高，导致遗传缺陷对种群造成严重威胁时才建议使用。在一些犬品种中，会考虑引入其他品种的基因。在过去，荷兰盖尔德兰德马中也引入了几次外来基因。

为什么这三种措施都可以增加有效种群的规模？因为这三种方法都增加了系谱中祖先的变化，从而减少了其后代的被动近交。引入另一品种的动物对此非常有效。然后，系谱中没有共同祖先的父系和母系可以进行交配，F_1动物的近交系数为零，急剧降低了平均加性遗传关系。

14.7.2 限制亲本的过度使用

在控制和管理良好的育种规划中，目标是以相同的强度使用选定的父系和母系。在下一代中，它们将获得相同数量的后代。通过这种方式可以维持种群的遗传变异。父母的所有祖先都将在下一代的动物家谱中出现。这样的育种规划是最优和可持续的，未来几代仍然存在所有的选择机会。在控制较少的松散种群中，我们有很多例子（如奶牛、马和犬的品种中），过去曾大量使用少数父系。对少数繁殖动物的过度使用，使种群的平均加性遗传关系显著增加，造成了后代的近亲交配问题。相当于在种群中人为创造了遗传瓶颈。

过度使用受欢迎的公畜往往导致其他公畜的使用受到限制，甚至是被忽视。这加剧了遗传瓶颈效应。

为了避免过度使用少数动物，我们的第一反应是限制它们的使用，如限制公畜交配的最大次数。在控制较少的育种规划中，个别育种者和公畜所有者热衷过度使用少数公畜。我们的经验是，公畜在下一代中的后代数量不超过总数的5%。

针对这种过度使用，我们的积极做法是制定并推广一项方案，方案中明确指出所有选定的雄性有相同数量的交配机会。这种做法是接近良好控制的育种规划的最优和可持续方案。

14.7.3 控制和管理亲缘关系的配种方案

在受控的育种规划中，会使用一系列的完善的配种方案，这些方案将持续使用数代。这些配种方案有两个原则：①每头公畜和每头母畜都会产下后代，其中至少选择一个个体（雄性或雌雄）作为下一代的父母；②采用循环交配，这意味着如果使用25头公畜，那么需要经过25代，其后代才会相互交配，开启这头公畜上的近交。这种方案被应用于猪和家禽的商业育种中，以保持和发展纯种选育系。

在较少控制的育种规划中，如在荒地绵羊的育种规划中，参与循环交配的羊群采用了公羊环。在这些荒地绵羊群中，会放养大量的母羊和若干公羊。这意味着个别荒地绵羊的父系是未知的。图14-10对公羊环进行了解释。

在这个例子中，有6个不同的羊群参与了循环交配。这意味着，一头拥有红色羊群1/6基因的公羊要经过6代才能通过土黄色群体出生的公羊再次回到红色羊群，这将产生第一次近交。如果有更多的羊群参与，就需要更多的世代才能开始近亲交配，这样就能降低近交水平。这是一个非常有效的方案，可以将近

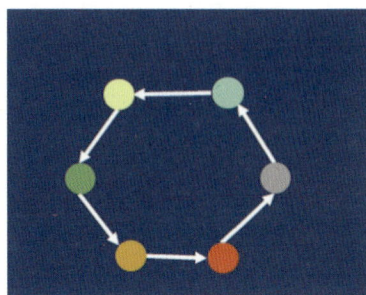

图14-10 公羊环的示例。每个彩色圆点代表一群羊。红色羊群（每年）从土黄色羊群中获取小公羊，并将小公羊送给灰色羊群，以此类推

交控制在较低水平，降低近交速率。在考虑实施这种方案时，需要深入研究羊群之间的遗传差异和交换公羊的固定顺序。育种者必须接受一直使用来自同一个羊群的公羊。

对于奶牛核心群育种规划中的选种和选配，发展出了最优贡献法。衡量父系和母系的育种值，以及它们和核心群的平均亲缘关系。给出每个个体的配种次数。根据相互关系配对，旨在降低每对动物间的亲缘关系。核心群以外，父系和母系间的选配，会依据一个父系建议计划进行，这个计划以补偿配种为目标，即母系育种值中表现较弱的性状，用同一性状表现较强的父系进行补偿。

针对个体选配而言，实际操作中的指导意见是，三代中有共同祖先的公母畜间不要配种。这意味着公畜与母畜间的加性关系始终低于 12.5%，且后代的近交系数低于 6.25%。

注意：基因库在配种规划中的价值！

对于小群体，如果最初使用的父系（意外地）没有产生可用于下一步繁殖的后代，基因库可以提供再次使用该父系的机会。例如，在瑞典，自从引入人工授精技术以来，坚持将进入人工授精站的每头公牛的精液都储存在基因库中。如此，人工授精站的工作人员就有机会在需要时再次使用公牛。

14.8 遗传多样性的关键事项

（1）遗传多样性是指物种之间、物种内的品种之间以及品种内个体间由于 DNA 的差异而表现出来的差异。

（2）在农场动物中，在育种规划或农场活动开始的时候，品种间的性能差异很重要。在给定的生产环境下，哪个品种最好？哪个品种最适合我们确定的育种目标？全球对有限数量的品种的集中使用导致越来越多的品种被认为无利可图，从而有了灭绝的风险，品种之间的差异也少了。

（3）品种间的变异是随机漂变、迁移、选择和突变的结果。标准化的品种是利用地方品种和选育系通过杂交育种和后续的选择创造的。

（4）品种的活体保存需要一个精心设计的育种规划。这个规划涉及的动物数量较少，需要育种者严格遵守并经常评估。活体保存的主要目的是促进这些品种在农村地区的使用，包括：①自然管理；②生产具有高附加值的区域性产品；③维护文化历史活动。

（5）活体保存和体外保存是相辅相成的。如果我们两项措施都做了，就可以通过保护稀有品种确保育种规划的灵活性，并有可能将稀有品种应用于当前的育种活动。基因库在支持小型稀有品种方面发挥着重要作用，并有助于使这些种群再次复壮。

（6）一个关于品种遗传变异的可靠信息来源是血统记录，即每个个体的父系和母系的记录，积累了几代。需要通过记录动物的系谱来确定这些关系，至少要有足够的系谱深度以识别造成个体动物之间关系的父系和母系。系谱越久远，计算出的真实亲缘关系越准确。

（7）信息量丰富的 DNA 标记可以通过两种方式帮助评估遗传多样性。第一种方式是克服某些物种系谱可能不能直接观察或者观察成本非常昂贵的问题。通过在所有后代和所有可能的父母中检测少数多态性标记的基因型，就有可能确定几乎所有后代的父系和母系。第二种方式是在基因组的所有染色体上进行广泛的基因分型，从而更精确地估计同胞或其他亲属共有的 DNA 比例，而不仅仅依赖于系谱提供的亲属之间共有 DNA 的期望值。

（8）要监测育种群的规模大小、近交速率和世代间隔。

（9）扩大有效种群的规模，限制每个亲本的后代数量，以及采用控制和管理亲缘关系的配种方案可以降低近交速率。异型杂交在控制种群亲缘关系方面非常有效。

（10）对于小群体，如果最初使用的父系（意外地）没有产生可用于下一步繁殖的后代，基因库可以提供再次使用该父系的机会。

图书在版编目（CIP）数据

动物育种和遗传学 /（荷）科尔·奥尔登布鲁克，
（荷）莉丝贝特·范德·瓦依编；乔瑞敏译 .—北京：
中国农业出版社，2023.12
书名原文：Animal breeding and genetics
ISBN 978-7-109-31638-6

Ⅰ.①动…　Ⅱ.①科…②莉…③乔…　Ⅲ.①动物—
遗传育种　Ⅳ.①Q953

中国国家版本馆 CIP 数据核字（2024）第 003264 号

动物育种和遗传学
DONGWU YUZHONG HE YICHUANXUE

中国农业出版社出版
地址：北京市朝阳区麦子店街 18 号楼
邮编：100125
责任编辑：刘　伟
版式设计：杨　婧　　责任校对：吴丽婷
印刷：北京通州皇家印刷厂
版次：2023 年 12 月第 1 版
印次：2023 年 12 月北京第 1 次印刷
发行：新华书店北京发行所
开本：787mm×1092mm　1/16
印张：15
字数：340 千字
定价：168.00 元